普通高等教育机械类

机械设计

JIXIE SHEJI

李　彬　李红涛　主编
王荣先　温广宇　宋亚虎　副主编

化学工业出版社
·北京·

内 容 简 介

本书依据高等工科院校机械设计课程的教学基本要求以及机械工程专业工程认证需要，结合编者多年教学实践经验精心编写而成。全书章节体系严密，逻辑清晰，深入探究连接、机械传动、轴系零部件和其他零部件等方面内容。同时，书中还融入了新技术和新成果，并附有知识导图、学习目标、拓展阅读、配套课件和参考答案，力求使教材兼具先进性与工程实用性，为读者带来启发与帮助。

全书共 12 章，内容包括绪论、机械零件设计概论、连接、带传动、链传动、齿轮传动、蜗杆传动、滑动轴承、滚动轴承、轴、联轴器和离合器，以及其他常用零部件。

本书可作为高等院校机械类专业教材，也可供其他相关专业的师生及工程技术人员参考。

图书在版编目（CIP）数据

机械设计 / 李彬, 李红涛主编；王荣先, 温广宇,
宋亚虎副主编. --北京 ： 化学工业出版社, 2025. 6.
（普通高等教育机械类教材）. -- ISBN 978-7-122-47911-
2

Ⅰ. TH122

中国国家版本馆 CIP 数据核字第 20257QN023 号

责任编辑：张海丽 　　　　　　文字编辑：周 　童 　孙月蓉
责任校对：边 　涛 　　　　　　装帧设计：刘丽华

出版发行：化学工业出版社
　　　　　（北京市东城区青年湖南街 13 号 　邮政编码 100011）
印 　　　装：河北延风印务有限公司
787mm×1092mm 　1/16 　印张 17 　字数 379 千字 　
2025 年 7 月北京第 1 版第 1 次印刷

购书咨询：010-64518888 　　　　　售后服务：010-64518899
网 　　　址：http://www.cip.com.cn
凡购买本书，如有缺损质量问题，本社销售中心负责调换。

定 　　价：52.00 元

前　言

随着科学技术的不断进步，机械工程领域正经历着深刻的变革。先进的设计理念、智能化的制造技术以及高效的自动化系统不断涌现，这对机械专业人才的知识与技能提出了更高的要求。机械设计作为机械学科的核心课程，在机械工程专业课程建设中占据着至关重要的地位。

为了顺应这一发展趋势，我们依据多年的教学与工程实践经验，结合当前专业工程认证教学改革及一流课程建设的要求，精心编撰了这本教材。在编写过程中，我们将理论知识与工程实践案例紧密结合，摒弃晦涩的表述方式，运用简明的图例、生动的案例讲解复杂的理论；从基础概念逐步拓展至工程实践，层层递进，构建起完整的知识框架。本教材以知识导图、学习目标作为导读，精心挑选例题和习题，并辅以拓展阅读内容，旨在拓宽读者的视野，为其今后的学习和工作奠定坚实的基础。

本书为新形态教材，配套有机械设计课件、习题参考答案等教学资源，读者可扫描书中二维码获取。

全书共 12 章，由李彬、李红涛担任主编，王荣先、温广宇、宋亚虎担任副主编，王荣先负责统稿。参与本书编写工作的有：李彬（第 1 章），宋亚虎、温广宇（第 2 章），吕纯洁（第 3 章），李红涛（第 4、5 章），王荣先、宋亚虎（第 6 章），宋亚虎（第 7 章），葛述卿（第 8、11 章），王俊峰（第 9、10 章），贾文沆（第 12 章）。

本书在编写过程中参考了许多文献，在此表示诚挚的谢意。

期望本书能成为读者打开机械设计世界大门的钥匙，使读者在创新设计的征程上扬帆远航，为机械行业注入新生知识力量，催生出更多创新成果。

编者殷切希望广大读者在使用过程中对本书的欠妥之处批评指正。对本书的意见及建议请发送至邮箱：wrx@lit.edu.cn。

编者
2024 年 12 月

本书配套资源

目　录

第7章 蜗杆传动 / 143

第8章 滑动轴承 / 162

第9章 滚动轴承 / 184

第10章 轴 / 210

第11章 联轴器和离合器 / 233

第12章 其他常用零部件 / 245

第 **1** 章 绪论

1.1 机械设计的研究对象及内容

1.1.1 机械设计研究对象

机械设计是机械类专业中研究通用零件设计的一门核心技术基础课，它以机械制图、材料力学和机械原理等课程为基础，研究机械零件强度计算与结构设计的基本方法。

机械设计的研究对象是机器，机器是将其他形式能量转换为机械能的装置，由各种金属和非金属部件组成，这些部件按照预定方式传递和变换力与运动，从而产生预期的效果或完成特定的工作。在一部现代化的机器中，通常包含机械、电气、液压、气动、润滑、冷却、控制和监测等系统的部分或全部，但是机器的主体仍然是机械系统。机械系统由一些机构组成，每个机构又由许多零件组成，所以机器的基本组成要素是机械零件。

1.1.2 机械设计应满足的基本要求

机械设计是指规划和设计实现预期功能的新机械或改进现有机械的性能。机械设计应满足以下基本要求。

① 使用功能要求：机械应在规定使用期限内保证实现预定功能，达到规定的性能。使用功能是机械设计中需要首要考虑的重要要求，机器需要承担人所不能或不便进行的工作，并且有效提高工作效率。机器在不同领域的应用十分广泛：交通工具，如汽车、火车和飞机等，确保了出行的安全和快捷；医疗设备，如 CT 扫描仪和手术机器人等，提供了高精度的诊断和治疗；家用电器，如洗衣机、冰箱和空调等，给日常生活带来了极大便利。

② 经济性要求：简单来说就是要降低机器的生产成本。从经济性考虑，采用可以外购的标准件取代需要加工的零件，采用廉价材料替代贵重材料，采用无余量和少余量的毛坯以及轻型结构以减少零件的用料，采用加工工序和加工面尽可能少的零件结构以减少加工工时，采用装配工艺性良好的结构以减少装配工序和工时。这些措施均可有效降低成本。

③ 劳动保护要求：要求所设计的机器操作方便安全，对周围环境影响小。设计机器时操作机构要适应人的生理条件，使操作轻便省力，还要保证机器使用人员的人身安全，配备安全防护装置。除此之外，还应降低机器噪声，防止有害介质的渗漏，减轻对环境的

污染，协调机器的外形和色彩，符合工程美学的要求以美化工作环境。

④ 可靠性要求：机器的可靠性是指在规定的使用寿命和工况条件下，机器完成规定功能的能力。可靠性高说明机器使用过程中发生故障的概率小，能正常工作的时间长。组成机器的所有零件必须具有相应的工作能力，否则就会失效，为避免在预定寿命内失效，机械零件应具有强度大、刚度足、抗疲劳、耐磨损和耐腐蚀等性能。

⑤ 其他专用要求：对某种类型机器提出的一些特有要求。这类要求主要取决于机器的类型，如食品机器应能保持产品清洁，建筑机器应便于拆装和搬运，飞机应具有质量轻、飞行阻力小且运载能力大的性能等。

1.1.3 机械设计的标准化

在机械设计中，标准化的作用非常重要。标准化包括三方面的内容，即零件标准化、产品系列化和部件通用化。

① 零件标准化：是在零件尺寸、结构要素、材料性能、检验方法、设计方法和制图要求等方面，制定出各类统一标准，供设计者共同遵守。

② 产品系列化：是产品在同一基本结构或基本尺寸的条件下，可以按一定规律组合成若干个不同规格尺寸的产品。

③ 部件通用化：是在系列产品内部或跨系列产品之间可以采用同一结构和尺寸的零部件。

标准化在简化设计工作、缩短设计周期、提高设计质量、便于专业化生产、扩大互换性、便于维修、保证产品质量和降低成本等方面具有重要意义，我国现行标准有国家标准（GB）、行业标准和企业标准等，对于出口产品，通常需符合国际标准（ISO），设计时尽量参阅最新标准。

1.1.4 机械设计的方法

机械设计的方法可以分为常规设计方法和现代设计方法两大类。

常规设计方法在过去被长期采用，主要包括以下 3 种。

① 理论设计：根据长期研究与实践总结出来的设计理论和实验数据进行设计，其计算过程一般分为设计计算和校核计算两部分。理论设计可得到比较精确可靠的结果，重要的机器大多选择这种方法。

② 经验设计：根据机器已有设计、使用实践归纳出的经验关系式或设计者工作经验，用类比的办法进行设计。经验设计多用于一些次要机器，理论上不够成熟和虽有理论但没必要用繁复高级理论进行设计的机器也可采用这种方法。

③ 模型实验设计：把初步设计的机器做成小模型或小尺寸样机，通过实验手段对其各方面特性进行检验，根据实验结果对设计进行逐步修改使机器达到完善。这种方法费时且昂贵，用于特别重要的设计中，如新型重型设备、飞机机身和新型舰船船体等。

现代设计方法是相对传统设计方法而言的，随着社会不断进步，并无明确的定义边界，按近几十年的发展来说包括以下几种。

① 优化设计方法：将最优原理和计算机技术应用于设计领域，把经验的、感性的、类比的传统设计方法转变为科学的、理性的、立足于计算分析的设计方法。灵活运用该方法从众多方案中寻找尽可能完美适宜的设计，可以有效提高复杂问题设计的效率和质量。

② 可靠性设计：根据可靠性评价指标（如可靠度、失效率和平均寿命等）对设备进行相应设计，使设备的各个方面均符合相应指标的要求，保证产品的安全可靠性。

③ 系统设计方法：产品在设计时与相关过程进行集成，通过系统设计可以避免在产品研制后期出现不必要的返工和重复性工作。

④ 可持续发展设计：在产品整个生命周期内，着重考虑产品的环境属性（包括可拆卸性和可回收性等），并将其作为产品设计的重要目标，在满足环境要求的同时保证产品的功能、使用寿命和质量。

⑤ 基于 TRIZ 理论的创新设计：TRIZ 理论是解决发明问题，实现发明创造、创新设计和概念设计的有效方法，该理论具有预见性，能有效缩短设计周期并提高设计成功率。

现代设计方法还包括计算机辅助设计、并行设计、虚拟设计和智能设计等，这些方法各有特点，适用于不同的设计场景和需求，在实际应用中需要根据具体情况选择合适的设计方法并综合运用。

1.2　本课程的任务、目标与学习方法

机械设计课程主要介绍整台机器机械部分设计的基本知识，重点讨论一般尺寸和常用工作条件下通用零件的设计，包括基本设计理论、通用计算方法、相关标准要求和技术资料等。本课程的具体任务如下。

① 概论部分：理解机器及零件设计的基本要求和一般步骤，掌握零件的失效形式和设计准则，掌握疲劳强度和接触强度的分析计算，理解摩擦、磨损和润滑方面的基本知识；

② 连接设计：掌握螺纹连接和键连接的设计；

③ 传动设计：掌握带传动、链传动、齿轮传动和蜗杆传动的设计；

④ 轴系设计：理解滑动轴承和滚动轴承，理解联轴器和离合器，掌握轴及轴上零件的设计；

⑤ 其他部分：理解弹簧、机座、箱体和减速器等方面的基本知识。

通过对通用零件基本概念和设计方法等知识的学习，学生能够掌握机械零件强度设计与机构设计的基本方法，为后续课程的学习和毕业后从事机械设计制造类专业技术工作打下基础，具体课程目标是培养学生具有如下能力。

① 掌握通用零件的类型特征、设计原理等基本知识，了解机械设计发展前沿，具有正确的设计思想。

② 掌握通用零件的设计方法，能够对机械工程领域实际问题进行较为全面、细致的分析和优化设计，寻求合理的解决方案。

③ 综合运用所学知识，改进或开发新的零部件，设计简单的机械装置，了解影响机

械设计的各种因素。

在机械设计课程的学习过程中，学生需要具有正确的设计思想并勇于创新探索，具有运用标准、规范、手册、图册和查阅有关技术资料的能力，关注机械设计的前沿发展。充分利用网络教学资源，如通过精品在线课程、虚拟仿真实验以及机械相关论坛等，进行在线学习与交流，拓宽学习视野，充实知识储备，提升专业素养。在持续学习的过程中，综合运用先修课程中所学的有关知识与技能，结合各个教学和实践环节进行基本训练，逐步提高理论水平和构思能力，培养提出问题、分析问题和解决问题的能力，顺利过渡到专业课程的学习，为后续进行机械设计奠定坚实基础。

拓展阅读

机械设计是机械工业的重要组成部分，其发展历程可以追溯到古代，并随着时代的变迁而不断演进。纵观古今中外，机械设计发展史可分为以下几个阶段。

（1）古代机械设计阶段（17 世纪前）

在这一阶段，人类学会创造和使用各种简单机械，如杠杆、车轮、滑轮、斜面和螺旋等，这些机械的应用主要是满足生活、农业、运输和建筑等领域的基本需求。中国古代劳动人民发明了许多具有创造性的机械，如纺织机械、小型船舶、火药制造设备和指南针制造工具等。同时在这一时期还出现了许多机械理论的萌芽，如《考工记》等手工艺专著对机械制造进行了详细记载。欧洲文艺复兴时期是机械设计的重要发展阶段，达·芬奇等学者和艺术家进行了大量创造活动，有效推动了机械设计的发展。这一时期的机械设计主要依赖个人经验、直觉和手艺，缺乏必要的理论分析与计算。

（2）近代机械设计阶段（17 世纪至第二次世界大战）

17 世纪至第二次世界大战，欧洲航海和纺织等工业的兴起，对机械设计提出了许多技术需求，同时数学和力学等学科的发展为机械设计提供了新的理论和计算方法。这一时期的机械设计开始涉及复杂系统和机构，涌现出了一批杰出的机械设计师，如詹姆斯·瓦特和尼古拉斯·奥托等，瓦特改良的蒸汽机为工业革命提供了强大动力，推动了机械化生产的发展。在近代设计中，工业革命带来了先进的批量化生产方式，机器被用于各个生产领域，引发了一系列重大变革。工业化大生产所要求的劳动分工精细化和生产过程复杂化，使得设计从制造业中分离出来，成为一门独立的专业。

（3）现代机械设计阶段（第二次世界大战结束至今）

第二次世界大战后，和平与竞争的国际环境促进了经济和科技的进步。计算机的出现和广泛应用推动了机械设计的变革，使机械设计更加专业化、高效化和精确化，CAD（计算机辅助设计）、CAE（计算机辅助工程）和 CAM（计算机辅助制图）等技术的应用使得机械设计过程更加数字化和智能化。在现代机械设计中，动态设计、精度设计、优化设计、人机设计和绿色设计等新方法层出不穷，同时随着材料科学、控制理论、传感技术等学科的发展，机械设计的整体水平不断提升。现代机械设计不仅关注产品的性能和精度，还注重可持续性、经济性和用户体验，通过将物理世界与数字世界无缝连接，设计、仿真和制造等环节被高度集成化，进一步提高了机械设计的效率和精度。随着产品复杂性的增加和各种技术的快速发展，相关从业者需要不断更新知识和技能。如今可持续性作为全球关注的焦点，如何在设计中平衡性能、经济性和环境影响成为设计时需要面临的重要问题，未来机械设计的发展方向将更加注重数字化和智能化。

综上所述，从古代简单机械到现代高度自动化和智能化机械，机械设计不断突破和创新，为人类社会的进步做出了重要贡献。

第 2 章 机械零件设计概论

本章知识导图

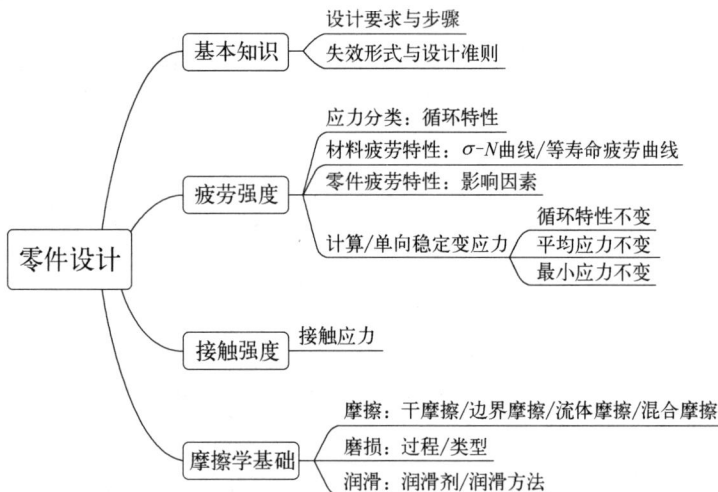

本章学习目标

（1）了解机械零件设计的一般步骤；

（2）掌握机械零件的失效形式及设计准则；

（3）掌握机械零件的强度计算；

（4）了解摩擦、磨损和润滑的基本知识。

机械零件是构成机械设备的基础功能单元，通过传递动力、连接部件、支撑结构或调节系统等方式实现机械系统的整体运作。根据功能差异，机械零件可分为连接件、传动件、轴系零件、密封件、结构支撑件及特殊功能件等类别。机械零件的制造工艺涵盖传统铸造、切削加工到现代增材制造等技术，其设计须兼顾功能性、可靠性、标准化、轻量化与经济性等，并广泛采用金属、非金属及复合材料。掌握机械零件知识不仅是理解机械系统运行逻辑的基石，也是推动制造业创新升级的关键。

2.1 机械零件应满足的基本要求和设计的一般步骤

2.1.1 机械零件应满足的基本要求

机器是由零件组成的，机器在实际运行时所呈现出的性能水平高低与构成机器的零件自身性能优劣息息相关。若期望设计出具备卓越性能的机器，首先必须设计好零件，因此机械零件设计是机器设计的基础。

一般来说，机械零件按其功能和结构特点可分为两类：一类称为通用零件，在许多机械中都会遇到，如螺钉、齿轮、链轮、轴、弹簧等；另一类称为专用零件，仅在特定类型机械中才用到，如内燃机的活塞与曲轴、涡轮机叶片、飞机的螺旋桨、机床的床身等。工程实践中，通常把由一组协同工作零件所组成的独立制造或独立装配的组合体称为部件，如减速器和离合器等。

设计机械零件时应满足的基本要求有以下几点。

（1）避免在预期寿命内失效要求

机械零件由于某种原因不能正常工作，称为失效。防止零件失效，确保其在预期的寿命内具有预定的工作能力是机械零件设计的关键内容，后续章节将针对不同零件分别进行分析。

（2）结构工艺性要求

机械零件的结构工艺性是指所设计的零件在保证产品使用性能的基础上，能以生产率高、劳动量小、生产成本低的方式制造出来。它应从毛坯制造、机械加工过程及装配等几个生产环节加以综合考虑。在进行零件结构设计时，除满足零件功能需求外，还应重视零件在加工、测量、安装、维修、运输等方面的要求，使零件的结构能全面满足上述各方面要求。

（3）经济性要求

零件的经济性首先表现在零件本身的生产成本上。降低零件的成本，可采用简洁的零件机构，减少材料消耗；采用少余量、无余量的毛坯或简化零件机构，以缩短工时。

此外，采用现代化设计手段，提高设计质量和效率，缩短设计周期，降低设计费用；用标准化的零部件取代特殊加工的零部件；采用廉价且供应充足的材料代替贵重金属材料均有助于降低零件的生产成本。

（4）可靠性要求

零件可靠性的定义与机器可靠性的定义是一致的，即在规定的使用时间（寿命）内和给定的环境条件下，零件能够正常地完成其功能的概率。机器的可靠性是依靠其零部件的可靠性及系统构成来保证的。为提高机械零件的可靠性，应从工作条件和零件性能两方面综合考虑，减小其随机变化。此外，在使用中加强维护与检测，也能提高零件的可靠性。

（5）小质量要求

对绝大多数机械零件而言，都应力求减小其质量。一方面可以节约材料；另一方面，对于运动的零件，能减小惯性，改善机器动力性能，降低作用在构件上的惯性载荷。

减小零件质量的措施可以从以下几个方面考虑：在零件应力较小处削减部分材料，使零件受力均匀，提高材料利用率；采用安全装置限制作用在主要零件上的最大载荷；用轻型薄壁的冲压件或焊接件来代替铸、锻零件等。

2.1.2　机械零件设计的一般步骤

机械零件的设计大体要经过以下几个步骤。

① 分析零件在机器中的作用，依据机器对零件的工作要求，选定零件的类型与结构。有时可能存在多种适用类型，需同时设计多个方案，经比较后择优确定。

② 分析零件的工作情况，考虑影响载荷的各项因素，确定零件的计算载荷。

③ 根据零件的工作条件以及对零件的特殊要求（例如耐高温、耐腐蚀等），选择适宜的材料和热处理方法。

④ 通过工作情况分析，判定零件的失效形式，确定其计算准则，进而确定零件的基本尺寸，并加以圆整或取标准值。

⑤ 根据零件的主要尺寸及工艺性、标准化的要求，进行零件的结构设计。

⑥ 结构设计完成后，如有必要，需对重要零件进行详细的校核计算，保证其可靠性。

⑦ 绘制零件的工件图，编写计算说明书。

2.2 机械零件的失效形式及设计准则

2.2.1 机械零件的失效形式

机械零件的失效形式主要有以下几种。

（1）断裂

零件在静应力作用下，当危险截面上应力超过其强度极限时，会导致整体断裂；零件在变应力作用下，当危险截面产生微观裂纹并不断扩展时，会导致疲劳断裂。断裂不但会使零件或机器无法工作，甚至会所引起其他比较严重的后果。

（2）塑性变形

塑性材料制成的零件，若载荷引起的工作应力超过其屈服极限时，会产生卸载后无法消除的塑性变形。塑性变形会改变零件的尺寸与形状，破坏零件与零件间相互位置及配合关系，使零件或机器无法正常工作。

（3）刚度失效

机械零件受载时，必然会产生弹性变形。在允许范围内的微小的弹性变形，对机器的工作通常不会产生较大影响；但过大的弹性变形，会影响机器和零件的正常工作，甚至会引发强烈的振动和冲击。例如，机器中的轴若刚度不够，在齿轮径向力作用下将会产生过大的弯曲弹性变形，导致齿轮沿齿宽方向受载不均而影响正常工作。

（4）表面失效

表面失效主要包括点蚀、磨损和腐蚀等。工作零件的表面尺寸、形状及表面精度均有严格要求，若发生较大改变会降低运动性能，增大摩擦，导致能耗上升，严重时会使零件丧失工作能力。

（5）破坏正常工作条件引起的失效

部分零件只有在特定工作条件下才能正常运行，一旦这些必备条件遭到破坏，便会引发不同类型的失效。例如，液体摩擦的润滑轴承若无法保证润滑油膜存在的条件，就会出现过热、胶合、磨损等失效形式；带传动若传递的有效圆周力超过临界摩擦力，就会发生打滑失效。

零件究竟常发生哪种形式的失效，与诸多因素有关，且在不同行业、不同机器上也不尽相同。

2.2.2　机械零件的设计准则

为避免机械零件在寿命周期内失效，确保其能够安全可靠地工作，在开展设计工作之前，需依据零件可能面临的失效形式来确定对应的设计准则。一般来讲有以下几种。

（1）强度准则

强度是机械零件抵抗整体断裂、塑性变形或表面疲劳破坏的能力。为保证零件具有足够的强度，计算时，应使其在载荷作用下，危险截面或工作表面的工作应力不超过零件的许用应力，其表达式为

$$\sigma \leqslant [\sigma] = \frac{\sigma_{\text{lim}}}{S} \tag{2-1}$$

式中　σ——零件的工作正应力，MPa；

σ_{lim}——材料的极限应力，MPa；

$[\sigma]$——零件的许用应力；

S——设计安全系数（简称安全系数）。

强度准则的另一种表达方式是：零件工作时，危险截面或工作表面上的计算安全系数 S_{ca} 不小于设计安全系数 S，即

$$S_{\text{ca}} = \frac{\sigma_{\text{lim}}}{\sigma} \geqslant S \tag{2-2}$$

（2）刚度准则

刚度是指在一定条件下，零件抵抗弹性变形的能力。刚度准则要求零件在给定的工作条件下产生的弹性变形量 y（广义代表任何弹性变形）小于或等于机器工作性能所能允许的极限值 $[y]$（即许用变形量）。其表达式为

$$y \leqslant [y] \tag{2-3}$$

式中，y 为弹性变形量，可按各种求变形量的理论或试验方法确定；$[y]$ 为许用变形量，主要依据机器工作要求、零件使用场合等，通过理论计算或工程经验来确定合理数值。

（3）寿命准则

腐蚀、磨损与接触疲劳是影响机械零件寿命的主要因素。对于腐蚀和磨损，目前尚未提出实用且有效的寿命计算方法，因而无法列出相应计算准则。对于疲劳寿命，通常以求出使用寿命时的疲劳极限或额定载荷作为计算依据。

（4）振动稳定性准则

机器在运转中一般都有振动，但轻微的振动并不妨碍机器的正常工作。机器中存在着很多周期性变化的激振源，如齿轮的啮合、滚动轴承中的振动、弹性轴的偏心转动等。当

某一零件自身固有频率与激振源频率重合或者成整数倍关系时，该零件就会发生共振。一旦共振发生，零件振幅会急剧增大，导致零件破坏或机器工作情况失常。所谓振动稳定性准则，是指在设计时，确保使机器内受激振作用影响的各零件固有频率 f 与激振源频率 f_p 相互错开。其表达式为

$$0.85f > f_p \text{ 或 } 1.15f < f_p \tag{2-4}$$

上式中，由于激振源频率通常为确定值，所以当不能满足上述条件时，可采用改变零件及系统的刚性、改变支承位置、减少或增加辅助支承等办法来改变零件固有频率 f，以避免发生共振。此外，也可以采用其他防振或减振措施。

（5）散热性准则

机械零件过度发热会引起硬度降低、热变形和润滑失效等问题。为保证零件在高温下正常工作，除合理设计其结构及合理选材外，对发热较大的零部件（如蜗杆传动、滑动轴承等）还要进行热平衡计算，必要时采用冷却降温措施。

（6）可靠性准则

对于重要的机械零件要求计算其可靠度。如果有一大批某种零件，其件数为 N_0，在一定的工作条件下进行试验。如在时间 t 后仍有 N 件在正常地工作，则此零件在该工作环境条件下工作时间 t 的可靠度 R 可近似表示为

$$R \approx \frac{N}{N_0} \tag{2-5}$$

一个由多个零件组成的串联系统，其中任何一个零件的失效都会使整个机器失效，设 R_1、R_2，…，R_n 分别为各个零件的可靠度，则整个系统的可靠度为

$$R = R_1 R_2 \cdots R_n \tag{2-6}$$

2.3 机械零件的强度

2.3.1 载荷与应力的分类

（1）载荷的分类

① 名义载荷与计算载荷。在理想平稳工况下，作用于零件上的载荷称为名义载荷，可依据额定功率通过力学公式计算。机器实际运转时零件会承受各种附加动载荷，通常以载荷系数 K 来估计这些因素的影响。载荷系数与名义载荷的乘积，称为计算载荷，各种零件的载荷系数 K 是不相同的。依据名义载荷经力学公式求得的应力，称为名义应力；依据计算载荷求得的应力，称为计算应力。

② 静载荷与变载荷。静载荷是指不随时间变化或变化缓慢的载荷，如物体的重力；变载荷是指随时间做周期性变化或非周期性变化的载荷。

（2）应力的分类

　　按照随时间变化的情况，应力可分为静应力和变应力。

　　① 静应力。静应力是不随时间变化的应力 [图 2-1 （a）]，零件受静应力作用可能出现断裂或塑性变形失效。现实中纯粹的静应力是没有的，一般将变化缓慢的应力视为静应力，如拧紧螺母所引起的应力。

　　② 变应力。变应力是应力的大小、方向随时间变化的应力。变应力既可由变载荷产生，也可由静载荷产生。受静载荷作用却产生变应力的零部件有齿轮、带、滚动轴承等。零件受变应力作用时常见失效形式是疲劳破坏。

　　具有周期性的变应力称为循环变应力，如图 2-1（b）所示，其中，T 代表应力循环周期。

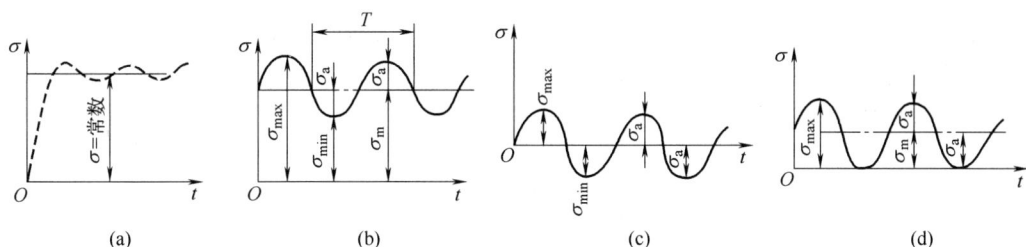

图 2-1　应力的种类

　　以正应力 σ 为例，变应力的基本参数见表 2-1。

表 2-1　变应力的基本参数

序号	名称	符号	定义
1	最大应力	σ_{max}	循环中的最大应力
2	最小应力	σ_{min}	循环中的最小应力
3	平均应力	σ_m	$\sigma_m = \dfrac{\sigma_{max}+\sigma_{min}}{2}$，相当于循环中应力不变的部分
4	应力幅	σ_a	$\sigma_a = \dfrac{\sigma_{max}-\sigma_{min}}{2}$，相当于循环中应力变动的部分
5	循环特性（应力比）	r	$r = \dfrac{\sigma_{min}}{\sigma_{max}}$，表示变应力的不对称程度，其值为 $-1 \leqslant r \leqslant 1$

　　当 $\sigma_{max}=-\sigma_{min}$ 时，循环特性 $r=-1$，称为对称循环变应力，用符号 σ_{-1} 表示，如图 2-1（c）所示，此时，$\sigma_a=\sigma_{max}=-\sigma_{min}$，$\sigma_m=0$；当 $\sigma_{max}\neq0$，$\sigma_{min}=0$ 时，循环特性 $r=0$，称为脉动循环变应力，用符号 σ_0 表示，如图 2-1（d）所示，此时，$\sigma_a=\sigma_m=\sigma_{max}/2$；当 $\sigma_{max}=\sigma_{min}$ 时，循环特性 $r=+1$，即为静应力，用符号 σ_{+1} 表示。任何一种应力循环均可视为由一个不变的平均应力 σ_m 和一个对称循环变化的应力幅 σ_a 叠加而成。

　　构件受变切应力 τ 作用时，以上概念仍适用，只需将公式中的 σ 替换成 τ 即可。通常零件承受拉压和弯曲作用时产生正应力，承受剪切和扭转作用时产生切应力。

2.3.2 材料的疲劳特性

（1）材料的疲劳现象

绝大多数机械零件在变应力作用下失效时表现为疲劳断裂。对于表面无宏观缺陷的金属材料，疲劳过程分为三个阶段：①零件的表面或表层在变应力作用下萌生微裂纹；②伴随循环次数的增多，微裂纹逐渐扩展；③当微裂纹尺寸达到临界状态时，即剩余未开裂截面积无法承载外载荷时，零件瞬间断裂。零件的断口处能清晰地看到这种情况，如图 2-2 所示。

疲劳断裂具有如下特征：①疲劳断裂的最大应力远比静应力下材料的强度极限低；②无论是脆性材料还是塑性材料，其断口均表现为无明显塑性变形的脆性突然断裂；③疲劳断裂是损伤累积的结果。

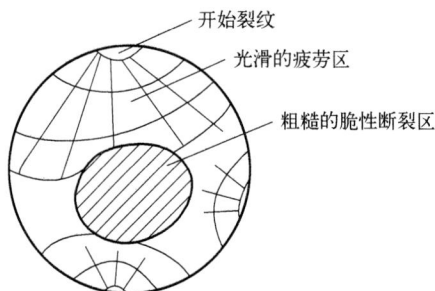

开始裂纹
光滑的疲劳区
粗糙的脆性断裂区

图 2-2 典型的疲劳断口示意图

（2）材料的疲劳曲线

疲劳断裂不同于一般静力断裂，它是损伤累积到一定程度后才发生的突然断裂。因而与应力循环次数（即使用期限或寿命）密切相关。

疲劳曲线是通过对一批标准试件进行疲劳试验获取的。将规定的循环特性 r（通常取 $r=1$ 或 $r=0$）的变应力加于标准试件，经过 N 次循环后，未发生疲劳破坏的最大应力称为疲劳极限应力，用 σ_{rN} 表示。表示循环次数 N 与疲劳极限应力 σ_{rN} 之间的关系曲线，称为疲劳曲线，即 $\sigma\text{-}N$ 曲线。典型的疲劳曲线如图 2-3 所示。

在循环次数小于 10^3 时，对应曲线 AB 段，使材料试件发生破坏的最大应力值基本不变，或者说下降很小，因此，当 $N \leqslant 10^3$ 时，可按静应力强度计算。

曲线的 BC 段，随着循环次数的增多，材料疲劳破坏的最大应力不断下降。这一阶段的疲劳破坏已伴有材料的塑性变形，所以用应变-循环次数来描述材料的疲劳情况，称为应变疲劳。由于此阶段应力循环次数相对较少，因此也称为低周疲劳。

有些机械零件在整个使用寿命期间内，应力变化次数仅为几百到几千次，但应力值较大，故其疲劳属于低周疲劳范畴，例如飞机的起落架、炮筒和压力容器等的疲劳即为此类。由于绝大多数通用零件在承受变应力作用时，应力循环次数一般都大于 10^4，所以本书不探讨低周疲劳问题。

当循环次数大于 10^4 时，如图 2-3 所示，曲线 CD 和 D 点以后的线段所代表的疲劳通常统称为高周疲劳，大多数机械零件的疲劳失效皆由高周疲劳引起。高周疲劳阶段的疲劳曲线以 D 点为分界点，可划分为无限寿命区和有限寿命区。D 点对应的循环次数 N_D 称为循环基数，用 N_0 表示。

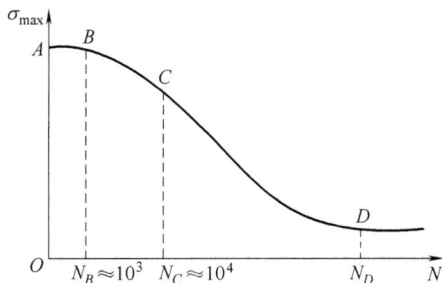

图 2-3　疲劳曲线

① 无限寿命区。当 $N>N_0$ 时，疲劳曲线趋于水平线，对应的疲劳极限为一定值，称为持久疲劳极限，用 σ_r 表示。对称循环时用 σ_{-1} 表示，脉动循环时用 σ_0 表示。

所谓无限寿命，是指零件承受的变应力水平低于或等于材料的持久疲劳极限 σ_r，工作应力总循环次数可大于循环基数 N_0，并不是说永远不会产生破坏。

② 有限寿命区。当 $10^4 \leqslant N \leqslant N_0$ 时，此区域称为有限寿命区，如图 2-3 所示的曲线 CD 段。在有限寿命区内，材料试件经过一定次数的交变应力后必然会发生疲劳破坏，曲线 CD 段上任何一点所代表的疲劳极限，称为有限寿命疲劳极限。有限寿命区的疲劳方程为

$$\sigma_{rN}^m N = \sigma_r^m N_0 = C \tag{2-7a}$$

式中，C 和 m 均为材料常数。对于钢材，在弯曲疲劳和拉压疲劳时，$m=6\sim20$，$N_0=(1\sim10)\times10^6$。在初步计算中，钢制零件受弯曲疲劳作用，中等尺寸零件取 $m=9$，$N_0=5\times10^6$，大尺寸零件取 $m=9$，$N_0=10^7$。

若已知循环基数 N_0 和持久疲劳极限 σ_r，由式（2-7a）能够求得对应循环次数 N 的疲劳极限 σ_{rN}，即

$$\sigma_{rN} = \sigma_r \sqrt[m]{\frac{N_0}{N}} = K_N \sigma_r \tag{2-7b}$$

式中，K_N 为寿命系数，$K_N = \sqrt[m]{\dfrac{N_0}{N}}$。

应当注意，材料的疲劳极限 σ_r 是在 $N=N_0$ 时求得的，当 $N>N_0$ 时，应取 $N=N_0$ 计算。各种金属材料的 N_0 大致为 $1\times10^6\sim25\times10^7$，不过通常材料的疲劳极限是在 10^7（亦有定义为 10^6 或 5×10^6）循环次数下通过试验获得的，故计算 K_N 时取 $N_0=10^7$。对于硬度低于 350HBW 的钢，若 $N>10^7$，取 $N=N_0=10^7$，$K_N=1$；硬度高于 350HBW 的钢，若 $N>25\times10^7$，取 $N=25\times10^7$。对于有色金属，同样规定当 $N>25\times10^7$，取 $N=25\times10^7$。

③ 等寿命疲劳曲线（极限应力线图）。在给定循环次数情况下（一般取 $N = N_0$），表征疲劳特性的线图称为等寿命疲劳曲线，如图 2-4 所示。其横坐标为平均应力 σ_m，纵坐标为应力幅 σ_a，曲线近似呈抛物线分布，点 A 为对称循环点，点 B 为脉动循环点，点 C 为静强度屈服极限点。零件承受周期性变应力（尤其是对称循环）作用时，一般采用塑性材料进行加工制造。

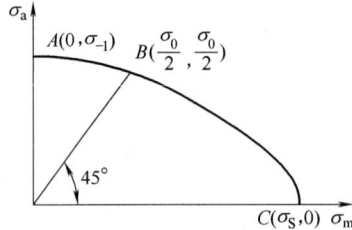

图 2-4 等寿命疲劳曲线（极限应力线图）

实际应用中，为便于计算，常以折线来近似代替抛物线，如图 2-5 所示，也可称为材料的极限应力线图。

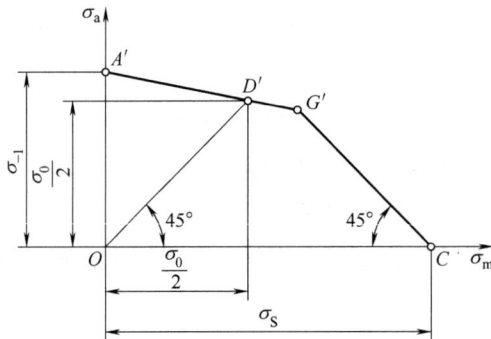

图 2-5 材料的极限应力线图

由于对称循环变应力的平均应力 $\sigma_m = 0$，应力幅等于最大应力，故对称循环疲劳极限在图 2-5 中以纵坐标轴上的点 A' 来表示。脉动循环变应力的平均应力及应力幅均为 $\sigma_m = \sigma_a = \sigma_0/2$，所以脉动循环疲劳极限以由原点 O 所作 45° 射线上的点 D' 来表示。连接点 A'、D' 得到直线 $A'D'$。由于该直线与在不同应力比的情况下通过试验所求得的疲劳极限应力曲线极为接近，因而用此直线替代曲线是可行的，即直线 $A'D'$ 上任何一点都代表了一定应力比时的疲劳极限。横轴上的任何一点都代表应力幅为零的应力，也就是静应力。取 C 点的坐标值等于材料的屈服极限 σ_S，并自 C 点作一条与 CO 成 45° 夹角的直线，交 $A'D'$ 的延长线于点 G'，则 CG' 上任何一点均代表 $\sigma_{max} = \sigma'_m + \sigma'_a = \sigma_S$ 的变应力状况。

于是，材料试件的极限应力曲线即为折线 $A'G'C$。材料中发生的应力若处于 $OA'G'C$

区域以内，则表示不发生破坏；若在该区域以外，则意味着必然会发生破坏；若恰好处于折线上，则表示工作应力状况恰好达到极限状态。

图 2-5 中直线 $A'G'$ 的方程依据两点坐标 A'（0，σ_{-1}）及 D'（$\sigma_0/2$，$\sigma_0/2$）求得，即

$$\sigma_{-1} = \sigma_a' + \psi_\sigma \sigma_m' \tag{2-8a}$$

直线 CG' 的方程为

$$\sigma_m' + \sigma_a' = \sigma_S \tag{2-8b}$$

式中　σ_m'、σ_a'——试件受循环弯曲应力时疲劳极限的平均应力与应力幅值；

　　　ψ_σ——试件受循环弯曲应力时的材料常数，其值为：

$$\psi_\sigma = \frac{2\sigma_{-1} - \sigma_0}{\sigma_0} \tag{2-8c}$$

根据试验结果，碳钢 $\psi_\sigma \approx 0.1 \sim 0.2$，合金钢 $\psi_\sigma \approx 0.2 \sim 0.3$。

2.3.3　机械零件的疲劳强度计算

（1）零件的极限应力线图

受零件几何形状、尺寸大小以及加工质量等诸多因素的影响，零件的疲劳极限会低于材料试件的疲劳极限。通常采用综合影响系数 K_σ 来表示材料对称循环弯曲疲劳极限 σ_{-1} 与零件对称循环弯曲疲劳极限 σ_{-1e} 之间的比例关系，即

$$K_\sigma = \frac{\sigma_{-1}}{\sigma_{-1e}} \tag{2-9a}$$

这表明，一旦已知 K_σ 与 σ_{-1}，便可依下式估算出零件的对称循环弯曲疲劳极限 σ_{-1e}：

$$\sigma_{-1e} = \frac{\sigma_{-1}}{K_\sigma} \tag{2-9b}$$

对于非对称循环，K_σ 为试件极限应力幅与零件极限应力幅的比值，把零件材料的极限应力线图（2-5）中的 $A'D'G'$ 按比例 K_σ 向下移，成为图 2-6 所示的直线 ADG。而图 2-5

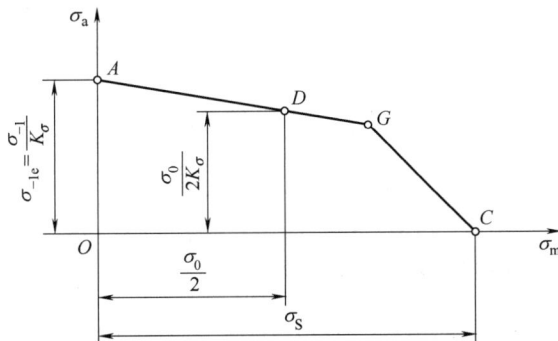

图 2-6　零件的极限应力线图

中的 $G'C$ 部分，因按静应力要求来考虑，所以无须进行修正。综上所述，零件的极限应力曲线可由折线 $ADGC$ 来表示。

直线 AG 的方程，由已知的两点坐标 $A\left(0,\dfrac{\sigma_{-1}}{K_{\sigma}}\right)$ 及 $D\left(\dfrac{\sigma_0}{2},\dfrac{\sigma_0}{2K_{\sigma}}\right)$ 求得

$$\sigma_{-1e}=\frac{\sigma_{-1}}{K_{\sigma}}=\sigma_{ae}'+\psi_{\sigma e}\sigma_{me}' \tag{2-10a}$$

或

$$\sigma_{-1}=K_{\sigma}\sigma_{ae}'+\psi_{\sigma}\sigma_{me}' \tag{2-10b}$$

直线 GC 的方程为

$$\sigma_{ae}'+\sigma_{me}'=\sigma_{S} \tag{2-10c}$$

式中　σ_{-1e}——零件的对称循环弯曲疲劳极限；

σ_{ae}'——零件受循环弯曲应力时的极限应力幅；

σ_{me}'——零件受循环弯曲应力时的极限平均应力；

$\psi_{\sigma e}$——零件受循环弯曲应力时的材料常数。

$\psi_{\sigma e}$ 可按下式计算：

$$\psi_{\sigma e}=\frac{\psi_{\sigma}}{K_{\sigma}}=\frac{1}{K_{\sigma}}\times\frac{2\sigma_{-1}-\sigma_0}{\sigma_0} \tag{2-10d}$$

式中　K_{σ}——弯曲疲劳极限的综合影响系数。

K_{σ} 可按下式计算：

$$K_{\sigma}=\left(\frac{k_{\sigma}}{\varepsilon_{\sigma}}+\frac{1}{\beta_{\sigma}}-1\right)\frac{1}{\beta_{q}} \tag{2-11}$$

式中　k_{σ}——零件的有效应力集中系数（角标 σ 表示在正应力条件下，下同）；

ε_{σ}——零件的尺寸及截面形状系数；

β_{σ}——零件的表面质量系数；

β_{q}——零件的强化系数。

以上各系数的值可参见有关资料。

同样，当零件受切应力时，也可仿照上述式（2-10a）及式（2-10c），并以 τ 代换 σ，得出极限应力曲线的方程为

$$\tau_{-1e}=\frac{\tau_{-1}}{K_{\tau}}=\tau_{ae}'+\psi_{\tau e}\tau_{me}' \tag{2-12a}$$

或

$$\tau_{-1}=K_{\tau}\tau_{ae}'+\psi_{\tau}\tau_{me}' \tag{2-12b}$$

及

$$\tau_{ae}'+\tau_{me}'=\tau_{S} \tag{2-12c}$$

式中　$\psi_{\tau e}$——零件受循环切应力时的材料常数。

$\psi_{\tau e}$ 可按下式计算：

$$\psi_{\tau e}=\frac{\psi_{\tau}}{K_{\tau}}=\frac{1}{K_{\tau}}\times\frac{2\tau_{-1}-\tau_0}{\tau_0} \tag{2-12d}$$

式中　ψ_{τ}——试件受循环切应力时的材料常数，$\psi_{\tau}\approx0.5\psi_{\sigma}$；

K_{τ}——剪切疲劳极限的综合影响系数。

K_τ 可按下式计算：

$$K_\tau = \left(\frac{k_\tau}{\varepsilon_\tau} + \frac{1}{\beta_\tau} - 1\right)\frac{1}{\beta_q} \tag{2-13}$$

式中，k_τ、ε_τ、β_τ 的含义分别与上述 K_σ、ε_β、β_σ 相对应，脚标 τ 则表示在切应力条件下。

（2）单向稳定变应力时机械零件的疲劳强度计算

机械零件疲劳强度计算的一般步骤如下。

① 依据零件危险截面上的最大工作应力 σ_{max} 和最小工作应力 σ_{min}，计算得出工作应力的平均应力 σ_m 和应力幅 σ_a。

② 结合已知条件（σ_S、σ_{-1}、σ_0、K_σ）绘制零件的极限应力线图，并于图的坐标中标出其工作点 M（σ_m，σ_a）或 N，如图 2-7 所示。

③ 在零件极限应力线图中 AGC 上确定相应的极限应力点（σ'_{me}，σ'_{ae}）。

④ 求解零件的安全系数。

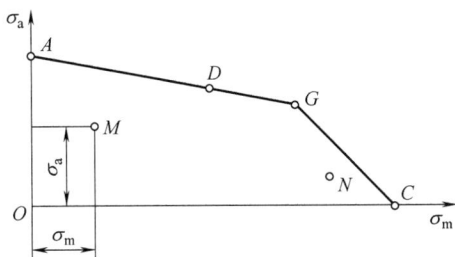

图 2-7　零件的工作应力在极限应力线图中的位置

在进行强度计算时，所用的极限应力为零件极限应力线图中 $ADGC$ 折线上的某一点所代表的应力数值。至于究竟选取哪一个点来表示极限应力才恰当，这要依据零件中因结构的约束而使应力可能发生的变化规律来决定。根据零件载荷的变化规律以及零件与相邻零件相互约束情况的不同，可能发生的典型的应力变化规律常有下述三种。

① 变应力的应力比保持不变，即 $r=C$，例如绝大多数转轴中的应力状态。

② 变应力的平均应力保持不变，即 $\sigma_m=C$，例如振动着的受载弹簧的应力状态。

③ 变应力的最小应力保持不变，即 $\sigma_{min}=C$，例如紧螺栓连接中螺栓受轴向变载荷时的应力状态。

下面分别讨论这三种情况。

① $r=C$ 的情况。

当 $r=C$ 时，为确定与工作应力点相对应的极限应力点，可自坐标原点引出通过工作应力点 M 或 N 的射线，该射线与极限应力曲线交于点 M'_1 或 N'_1，得到 OM'_1 或 ON'_1，如图 2-8 所示，则有

$$\tan \angle MOC = \frac{\sigma_a}{\sigma_m} = \frac{\sigma_{max} - \sigma_{min}}{\sigma_{max} + \sigma_{min}} = \frac{1-r}{1+r}$$

因为 $r=C$，则 $\tan\angle MOC$ 为常数，故在此射线上任何一点所代表的应力循环都具有相同的应力比。又因点 M_1' 或 N_1' 为极限应力曲线上的一点，其代表的应力值即为强度计算时所用的极限应力。

联立 AG 和 OM 两条直线的方程，能够求解出点 M_1' 的坐标值 σ_{me}' 和 σ_{ae}'，将二者相加起来，便可求得对应于点 M 的零件的疲劳极限，即

$$\sigma_{max}' = \sigma_{ae}' + \sigma_{me}' = \frac{\sigma_{-1}(\sigma_m + \sigma_a)}{K_\sigma\sigma_a + \psi_\sigma\sigma_m} = \frac{\sigma_{-1}\sigma_{max}}{K_\sigma\sigma_a + \psi_\sigma\sigma_m} \tag{2-14a}$$

计算安全系数 S_{ca} 及强度条件式为

$$S_{ca} = \frac{\sigma_{lim}}{\sigma} = \frac{\sigma_{max}'}{\sigma_{max}} = \frac{\sigma_{-1}}{K_\sigma\sigma_a + \psi_\sigma\sigma_m} \geqslant S \tag{2-14b}$$

分析可知，当工作应力点位于 OAG 区时，对应的极限应力为 AG 直线上的疲劳极限，故该区域为疲劳安全区，如图 2-8 所示。

对应于 N 点的极限应力点 N_1' 位于直线 CG 上，此时的极限应力即为屈服极限 σ_S。这就是说，工作应力为 N 点时，可能发生的是屈服失效，故只需进行静强度计算。在工作应力为单向应力时，强度条件式为

$$S_{ca} = \frac{\sigma_{lim}}{\sigma} = \frac{\sigma_S}{\sigma_{max}} = \frac{\sigma_S}{\sigma_a + \sigma_m} \geqslant S \tag{2-14c}$$

分析可知，当工作应力点位于 OGC 区域内时，对应的极限应力为 GC 直线上的屈服极限，该区域为静强度安全区，如图 2-8 所示。

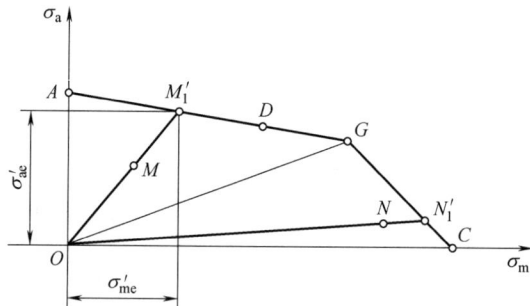

图 2-8 $r=C$ 时极限应力的确定

② $\sigma_m=C$ 的情况。

当 $\sigma_m=C$ 时，需找到一个其平均应力与零件工作应力的平均应力相同的极限应力。如图 2-9 所示，过工作应力点 M 或 N 作与纵轴平行的直线，交 $ADGC$ 于 M_2' 或 N_2' 点，则该直线上任意一点所代表的循环应力都具有相同的平均应力值。因为点 M_2' 或 N_2' 为极限应力曲线上的点，所以其代表的应力值就是计算时要用到的极限应力。

MM_2' 的方程为 $\sigma_{me}' = \sigma_m'$。联立 MM_2' 及 AG 两直线的方程式，求出点 M_2' 的坐标 σ_{me}' 及 σ_{ae}'，将其相加，就可以得到对应于点 M 的零件的疲劳极限 σ_{max}' 为

$$\sigma'_{\max} = \sigma_{-1e} + \sigma_{m}\left(1 - \frac{\psi_{\sigma}}{K_{\sigma}}\right) = \frac{\sigma_{-1} + (K_{\sigma} - \psi_{\sigma})\sigma_{m}}{K_{\sigma}} \tag{2-15a}$$

同时可求得零件的极限应力幅为

$$\sigma'_{ae} = \frac{\sigma_{-1} - \psi_{\sigma}\sigma_{m}}{K_{\sigma}} \tag{2-15b}$$

根据最大应力求得的计算安全系数 S_{ca} 及强度条件式为

$$S_{ca} = \frac{\sigma_{\lim}}{\sigma} = \frac{\sigma'_{\max}}{\sigma_{\max}} = \frac{\sigma_{-1} + (K_{\sigma} - \psi_{\sigma})\sigma_{m}}{K_{\sigma}(\sigma_{m} + \sigma_{a})} \geqslant S \tag{2-15c}$$

也有文献建议，在 $\sigma_{m}=C$ 的情况下，按照应力幅来校核零件的疲劳强度，即按应力幅求得的安全系数计算值为

$$S'_{a} = \frac{\sigma'_{ae}}{\sigma_{a}} = \frac{\sigma_{-1} - \psi_{\sigma}\sigma_{m}}{K_{\sigma}\sigma_{a}} \geqslant S \tag{2-15d}$$

分析图 2-9 所知，当工作应力点位于 $OAGH$ 区域时，对应的极限应力为 AG 直线上的疲劳极限，故该区域为疲劳安全区。

对应于点 N 的极限应力点 N'_{2} 位于直线 CG 上，此时的极限应力为屈服极限 σ_{S}，故只需进行静强度计算。计算方法与 $r=C$ 时的方法完全相同，即按式（2-14c）计算。GHC 区域为静强度安全区。

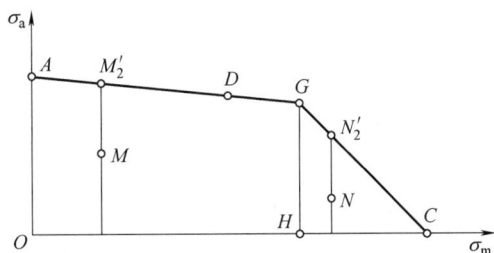

图 2-9　$\sigma_{m}=C$ 时极限应力的确定

③ $\sigma_{\min}=C$ 的情况。

当 $\sigma_{\min}=C$ 时，需找到一个其最小应力与零件工作应力的最小值相同的极限应力，因为 $\sigma_{\min} = \sigma_{m} - \sigma_{a} = C$，故过工作应力点 M 或 N 作一条与横轴成 45°夹角的直线，交 AGC 于 M'_{3} 或 N'_{3}，该直线上任意一点的最小应力均相同，所以直线与极限应力线图的交点 M'_{3}（或 N'_{3}）所代表的应力值即计算时所采用的极限应力。通过点 O 及点 G 作与横坐标轴夹角为 45°的直线，即得 OJ 及 IG，如此可将安全工作区域划分成三部分，如图 2-10 所示。

若工作应力点位于 AOJ 区域时，最小应力均为负值。在实际的机械结构中，此类情形极为罕见，因而无须针对该情况展开深入探讨。

若工作应力点处于 IGC 区域时，极限应力均为屈服极限，故该区域为静强度安全区，只需按式（2-14c）进行静强度计算即可。

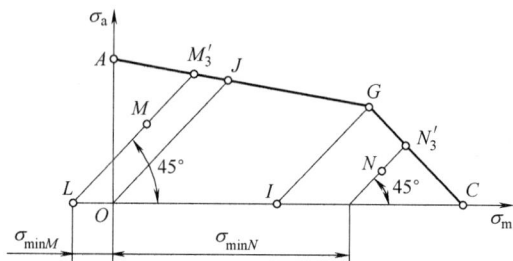

图 2-10 $\sigma_{\min}=C$ 时极限应力的确定

若工作应力点位于 $OJGI$ 区域时，因极限应力在疲劳极限应力曲线 AG 上，故该区域为疲劳安全区。计算时所用的分析方法和前述两种情况相同，得到的计算安全系数 S_{ca} 及强度条件式为

$$S_{ca}=\frac{\sigma'_{\max}}{\sigma_{\max}}=\frac{2\sigma_{-1}+\left(K_{\sigma}-\psi_{\sigma}\right)\sigma_{\min}}{\left(K_{\sigma}+\psi_{\sigma}\right)\left(2\sigma_a+\sigma_{\min}\right)}\geqslant S \qquad (2\text{-}16a)$$

在 $\sigma_{\min}=C$ 的条件下，也可以写出按极限应力幅求得的计算安全系数 S'_a 及强度条件为

$$S'_a=\frac{\sigma'_{ae}}{\sigma_a}=\frac{\sigma_{-1}-\psi_{\sigma}\sigma_{\min}}{\left(K_{\sigma}+\psi_{\sigma}\right)\sigma_a}\geqslant S_a \qquad (2\text{-}16b)$$

在具体设计零件时，如果难以确定应力可能的变化规律，往往采用 $r=C$ 时的公式。

（3）提高机械零件疲劳强度的措施

在零件的设计阶段，除选用更好的材料和适当增大危险结构尺寸等一般措施提高零件的强度外，还可采用如下措施提高机械零件的疲劳强度。

①降低零件上应力集中。

合理的结构形状设计可以减少应力集中，从而提高零件的疲劳强度。如零件设计时应尽量增大过渡处的圆角半径；避免不必要的钻孔与开槽，若有必要，应将其布置于低应力区。在不可避免地要产生较大应力集中的结构部位，可采用减载槽来降低应力集中的作用。

② 采用热处理等强化工艺。

对零件表面进行热处理或冷加工均可使表层材料硬化并形成有利的残余压应力，增强材料表层抵抗裂纹萌生与扩展的能力，进而提高疲劳强度。

③ 提高零件的表面质量。

因零件表层应力通常较大，且表面刀痕、损伤会引起应力集中，极易形成疲劳裂纹。故对应力较高区域的零件表面，应加工得较为光洁；对在腐蚀性介质中工作的零件，需规定适当的表面保护措施。

2.3.4 机械零件的接触强度

机械系统中各零件之间力的传递，需要通过两零件的接触予以实现，面接触时称为低副，线接触或点接触时称为高副。在通用机械零件中，渐开线直齿圆柱齿轮齿面间的接触为线接触，滚动轴承中钢球与套圈的接触为点接触。

若两个零件在受载前是线接触或点接触状态，实际受载之后，接触部位会产生弹性变形，形成微小的接触面积，表层产生的局部应力极大，称为接触应力，与之对应的零件强度称为接触强度。

零件在接触处产生的接触应力绝大多数都是随时间变化的。在交变应力的作用下，历经若干次循环后，首先会在表层深约 20μm 处产生初始疲劳裂纹；然后裂纹逐渐扩展，若存在润滑油，润滑油将挤入裂纹并产生高压，加速裂纹的扩展；最终致使表层金属呈小片状剥落，形成一个个小坑，如图 2-11 所示，这种现象被称为疲劳点蚀。发生疲劳点蚀后，接触面积减少，零件的光滑表面被损坏，因而零件的承载能力也会降低，同时还会引发振动和噪声。疲劳点蚀是齿轮和滚动轴承等常见高副接触零件的主要失效形式，直接决定着零件的使用寿命。

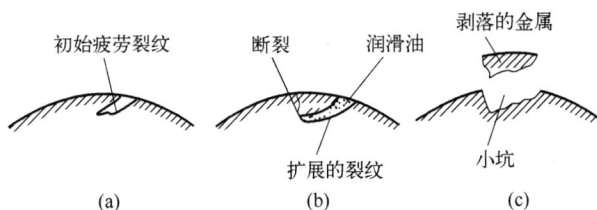

图 2-11 疲劳点蚀

由弹性力学可知，当两个轴线平行的圆柱体在外载荷 F_n 作用下，会因接触表面产生局部弹性变形，而形成一狭长的矩形接触区，如图 2-12 所示。

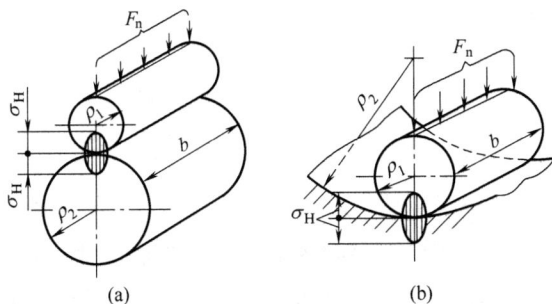

图 2-12 两圆柱的接触应力

最大接触应力出现在接触区中线上，其值为

$$\sigma_H = \sqrt{\dfrac{F_n}{\pi b} \times \dfrac{\dfrac{1}{\rho_1} \pm \dfrac{1}{\rho_2}}{\dfrac{1-\mu_1^2}{E_1} + \dfrac{1-\mu_2^2}{E_2}}} \qquad (2\text{-}17)$$

式中　F_n——作用在圆柱体上的载荷；

　　　b——接触线长度；

　　　ρ_1——零件 1 初始接触处线处的曲率半径；

　　　ρ_2——零件 2 初始接触处线处的曲率半径；

　　　μ_1——零件 1 材料的泊松比；

　　　μ_2——零件 2 材料的泊松比；

　　　E_1——零件 1 材料的弹性模量；

　　　E_2——零件 2 材料的弹性模量。

式（2-17）中，正号用于外接触，负号用于内接触。该公式也称赫兹公式，是为了纪念首先解决接触应力计算问题的德国物理学家赫兹。

当接触位置连续改变时，零件上任一点处的接触应力只能在 0 到 σ_H 之间改变，故接触应力属于脉动循环变应力。

接触疲劳强度的判定条件为

$$\sigma \leqslant [\sigma_H] \qquad (2\text{-}18)$$

式中　$[\sigma_H]$——许用接触应力，$[\sigma_H] = \dfrac{\sigma_{Hlim}}{S_H}$。其中，$\sigma_{Hlim}$ 为由试验测得的材料接触疲劳极限；S_H 为安全系数。

2.4　摩擦、磨损及润滑

2.4.1　摩擦与磨损

（1）摩擦

在正压力作用下相互接触的两个物体，受到切向力的作用而发生相对滑动或有相对滑动趋势时，在接触表面上会产生抵抗滑动的阻力，称为滑动摩擦力。滑动摩擦是一种不可逆过程，其结果必然有能量损耗和摩擦表面物质的丧失或迁移，即磨损。

摩擦分为两类：一类是发生在物质内部，阻碍分子间相对运动的摩擦称为内摩擦；另一类是发生在物质外部，当相互接触的两个物体发生相对滑动或有相对滑动趋势时，在接触表面上产生的阻碍相对滑动的摩擦称为外摩擦。仅有相对滑动趋势的摩擦称为静摩擦，相对滑动进行中的摩擦称为动摩擦。根据两物体相对运动的方式不同，动摩擦又分为滑动摩擦和滚动摩擦。本节仅讨论滑动摩擦。

根据摩擦面间存在润滑剂的情况，滑动摩擦又可分为干摩擦、边界摩擦（边界润滑）、流体摩擦（流体润滑）及混合摩擦（混合润滑），如图 2-13 所示。

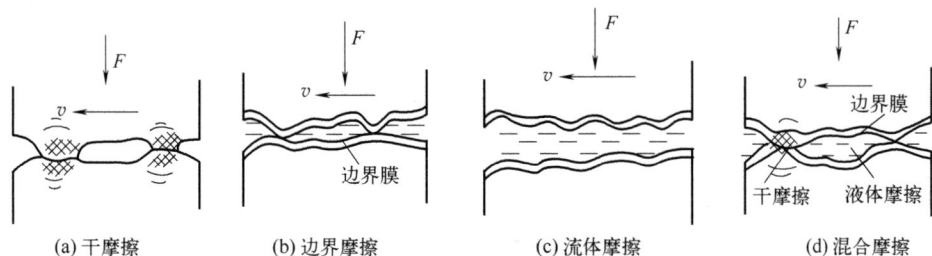

(a) 干摩擦　　　(b) 边界摩擦　　　(c) 流体摩擦　　　(d) 混合摩擦

图 2-13　摩擦状态

① 干摩擦。干摩擦 [图 2-13 (a)] 是指两摩擦表面间无任何润滑剂或保护膜，即纯净表面间的摩擦。实际上，在工程领域中并不存在绝对意义上的干摩擦。因为任何零件表面不仅会因氧化形成氧化膜，且或多或少会被润滑剂所湿润。在机械设计中，通常把未经人为润滑的摩擦状态当作干摩擦处理。

干摩擦的摩擦阻力最大，磨损最严重，零件使用寿命最短，应力求避免。

② 边界摩擦（边界润滑）。边界摩擦 [图 2-13 (b)] 是指两摩擦表面各附有一层极薄的边界膜，两表面仍是凸峰接触的摩擦。与干摩擦相比，边界摩擦的摩擦状态有很大改善，其摩擦和磨损程度取决于边界膜的性质、材料表面的力学性能和表面形貌。

合理选择摩擦副材料和润滑剂，降低表面粗糙度，在润滑剂中加入适量的油性添加剂和极压添加剂，都能提高边界膜强度。

③ 流体摩擦（流体润滑）。流体摩擦 [图 2-13 (c)] 是指两摩擦表面完全被液体层隔开，表面凸峰不直接接触的摩擦。流体摩擦是在流体内部的分子之间进行，摩擦系数极小（油润滑时为 0.001~0.008）。此时不会有磨损产生，是理想的摩擦状态。

④ 混合摩擦（混合润滑）。混合摩擦 [图 2-13 (d)] 是指两表面间同时存在干摩擦、边界摩擦和流体摩擦的状态。混合摩擦在一定条件下，能有效降低摩擦阻力，其摩擦系数要比边界摩擦小得多。但因表面间仍有轮廓峰的直接接触，所以磨损仍不可避免。

上述边界摩擦、流体摩擦和混合摩擦，都必须在一定的润滑条件下实现，故相应的润滑状态常分别称为边界润滑、流体润滑及混合润滑。

（2）磨损

磨损是因运动副间的摩擦导致零件表面材料逐步丧失或迁移的现象。磨损会消耗能量，影响机器的效率，降低工作可靠性，甚至可能会造成机器提前报废。在设计阶段应预先考虑磨损问题，以确保机器达到设计寿命。磨损通常难以避免，只要在机器的设计寿命周期内，零件的磨损量未超过允许值，便可认定为正常磨损。并非所有的磨损都是有害的，工程领域中也有不少利用磨损作用的场合，如精加工中的磨削和抛光、机器的磨合过程等。

在一定的摩擦条件下，一个零件的磨损过程大致可划分为三个阶段，即磨合阶段、稳定磨损阶段以及剧烈磨损阶段，如图 2-14 所示。

① 磨合阶段。磨合阶段包括摩擦表面轮廓峰的形状变化和表面材料被加工硬化两个过程。由于机械加工后的零件表面总有一定的粗糙度，在磨合阶段初期，仅有为数不多的

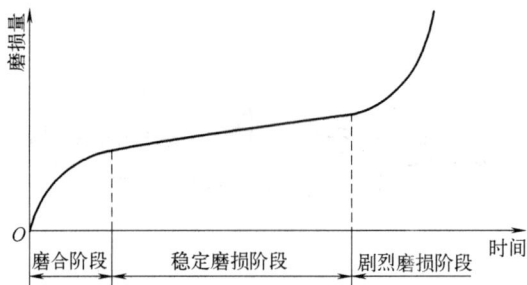

图 2-14 机件的磨损量与工作时间的关系（磨损曲线）

微凸体相互接触，致使摩擦副实际接触面积偏小，压强相对较大，所以磨损速度快。随着磨合进行，实际接触面积逐步增大，磨损速度随之渐渐放缓。磨合是磨损的不稳定阶段，在整个工作时间内所占的比率很小。

② 稳定磨损阶段。此阶段磨损缓慢且稳定，属正常工作阶段。磨损曲线的斜率近似为一常数，斜率越小则意味着磨损率越低。该阶段持续时间的长短代表零件使用寿命的长短，即磨损率越小，零件的使用寿命越长。

③ 剧烈磨损阶段。经过稳定磨损阶段后，零件表面遭到破坏，运动副间隙增大，进而引起额外的动载荷，使得机器出现振动、冲击和噪声等问题，最终致使零件迅速报废。故一旦进入该阶段，务必停机并及时更换零件。

设计或使用机器时，应力求缩短磨合阶段，延长稳定磨损阶段，推迟剧烈磨损阶段的到来。

目前关于磨损尚无统一的分类方法，但大体上可概括为两种：一种是根据磨损结果和磨损表面外观来分类，如点蚀磨损、胶合磨损、擦伤磨损等；另一种是根据磨损机理来分类，如黏着磨损、磨粒磨损、疲劳磨损、腐蚀磨损和微动磨损等。现按后一种分类依次对其进行简要的说明。

① 黏着磨损：在磨合阶段接触处压强很高，能使材料产生塑性流动。同时因摩擦而产生的高温，造成基体金属发生"焊接"现象，使接触峰顶牢固地黏着在一起，当摩擦表面发生相对运动时，材料便从一个表面转移到另一个表面，形成了黏着磨损。这种被转移的材料，有时也会附着在原先的表面上，出现逆迁移，或脱离所黏着的表面形成游离颗粒。载荷越大，表面温度越高，黏着现象就越严重。严重的黏着磨损会导致运动副咬死。黏着磨损是金属摩擦副之间最普通的一种磨损形式。

② 磨粒磨损：由外部进入摩擦面间的游离硬质颗粒（如尘土或磨损造成的金属微粒）或坚硬的轮廓峰尖，在相对较软的材料表面刨出很多沟纹，进而引起材料脱落的微切削过程称为磨粒磨损。磨粒磨损与摩擦副材料的硬度和磨粒的硬度有关。

③ 疲劳磨损：在交变接触应力的作用下，一旦该应力超出材料所对应的接触疲劳极限，便会使摩擦副表面或表面以下一定深度处萌生出疲劳裂纹。伴随裂纹逐步扩展延伸，金属微粒将会从零件的工作表面剥落，使得表面呈现麻点状的损伤现象，此为疲劳磨损，亦称作疲劳点蚀。

④ 腐蚀磨损：在摩擦过程中，摩擦表面与周围介质发生化学或电化学反应而引起的

表面损伤，即腐蚀与磨损同时起作用的磨损称为腐蚀磨损。常见的腐蚀磨损类型包括氧化磨损以及特殊介质腐蚀磨损。

⑤ 微动磨损：它是一种典型的复合磨损。这种磨损发生在名义上相对静止，实际上存在循环的微幅相对滑动的两个紧密接触的表面上。如滚动轴承套圈的配合面、花键连接和旋合螺纹的工作面等。

微动磨损不仅损坏配合表面的品质，而且会导致疲劳裂纹的萌生，从而急剧地降低零件的疲劳强度。

2.4.2　润滑

对于绝大多数机械设备而言，润滑是解决摩擦与磨损问题的主要手段。在摩擦面之间添加润滑剂，不但能够减小摩擦、预防或减轻磨损，而且还具备降低工作表面温度、避免零件锈蚀、清除污物和实现密封等功效。

润滑剂可以分为气体、液体、半固体和固体四种基本类型，分别介绍如下。

液体润滑剂中应用最为广泛的是润滑油，包括矿物油、化学合成油、动植物油以及各种乳剂。其中，矿物油凭借来源充足、成本低廉、适用范围广且稳定性良好等优势，成为应用最广的一类。化学合成油作为通过化学合成手段制取的新型润滑油，能够适用于矿物油所不能适用的某些特性场合，诸如高温、低温、高速、重载或其他场合。不过，因其多是针对特殊需求定制，所以适用范围较窄，成本偏高，一般机械设备较少采用。动植物油是最早使用的润滑油，由于其含有较多的硬脂酸，所以在边界润滑状态下润滑性能优异，但稳定性欠佳且来源受限，故实际应用也相对较少。

半固体润滑剂主要是指各种润滑脂，它是润滑油和稠化剂的稳定混合物，是除润滑油外应用最多的一类润滑剂。根据调制润滑脂所用皂基的不同，润滑脂可分为钙基润滑脂、钠基润滑脂和锂基润滑脂等几类。

固体润滑剂是指在相对运动的两个物体表面，为防止接触表面破坏或减少摩擦和磨损所用的粉末状或薄膜状的固体，如石墨、二硫化钼、聚四氟乙烯等。固体润滑剂主要适用于怕污染、不易维护的环境和特殊工况（如载荷极大、速度极低、低温、高温、抗辐射、太空或真空等）中。

在气体润滑剂中，最为常用的是空气，它对环境无污染，事实上任何气体均可充当气体润滑剂。由于气体润滑剂黏度极低，因而摩擦阻力小，温升幅度低，所以特别适宜应用于高速运转场合。不过，气体润滑剂的气膜厚度较薄，承载能力也相对较弱。

常见润滑油的主要性能指标如下。

① 黏度。黏度是指流体流动时内摩擦力的量度，是润滑油选用的基本参数。黏度越大，内摩擦力越大，流动性越差。

② 油性。油性是指润滑油中极性分子与金属表面吸附形成一层边界油膜，以减小摩擦和磨损的性能。油性愈好，油膜与金属表面的吸附能力愈强。在低速、重载或润滑不充分的场合，油性具有特别重大的意义。

③ 极压性。极压性是指在润滑油中加入含硫、氯、磷的有机化合物后，油中极性分子在金属表面生成耐磨、耐高压的化学反应边界膜的性能。它在重载、高速、高温条件下，可改善边界润滑性能。

④ 闪点。闪点是指润滑油在标准容器中加热所蒸发出的油蒸气，在遇到火焰时能发出闪光的最低温度。闪点是衡量润滑油易燃性的指标。通常应使润滑油的工作温度低于其闪点 40℃。

⑤ 凝点。凝点是指润滑油在规定条件下冷却至不能自由流动时的最高温度。凝点是润滑油在低温下工作的重要指标，直接影响机器在低温工况下的启动性能和磨损情况。

⑥ 氧化稳定性。从化学意义上讲，矿物油是很不活泼的，但当其暴露在高温气体中时，也会发生氧化并生成含硫、氯、磷的酸性化合物。这些化合物是一些胶状沉积物，不但腐蚀金属，而且会加剧零件的磨损。

常见润滑脂的主要性能指标如下。

① 针入度。针入度是指在 25℃恒温下，质量为 1.5N 的标准锥体在 5s 内沉入润滑脂的深度（以 0.1mm 计算）。针入度标志着润滑脂内阻力的大小和流动性的强弱，针入度越小，表明润滑脂越稠。针入度是润滑脂的一项主要指标，润滑脂的牌号就是该润滑脂的针入度等级。

② 滴点。滴点是指在规定的加热条件下，润滑脂从标准测量杯的孔口滴下第一滴液态油时的温度。滴点决定了润滑脂的工作温度。使用润滑脂时，其工作温度至少应低于滴点 20℃。

润滑油和润滑脂的供应方法在设计中很重要，尤其是润滑油的供应方法与零件在工作时所处润滑状态关系密切。常见的油润滑方式有手工用油壶或油枪向注油杯内注油、滴油润滑、油环润滑、飞溅润滑及压力循环润滑等；脂润滑只能间歇供应润滑脂，其中旋盖式油脂杯是应用最广的脂润滑装置。

本章小结

本章重点阐述了机械零件设计中的共性问题，包括机械零件设计需满足的基本要求和设计步骤，机械零件的失效形式和计算准则，机械零件的疲劳强度计算和接触强度计算，摩擦与润滑方面的基本知识，为后续的具体设计工作提供理论基础与实践指导。

本章重点：机械零件的失效形式及计算准则、机械零件的强度计算。

本章难点：单向稳定变应力时机械零件的疲劳强度计算。

习题

2-1　机械零件中常见的失效形式有哪些？

2-2　机械零件设计大致有哪几个步骤？

2-3　零件的静应力是由静载荷产生的，那么变应力是否一定是由变载荷产生？为什么？试举例说明。

2-4　零件的等寿命疲劳曲线与材料试件的等寿命疲劳曲线有何区别？在相同应力变化规律下，零件和材料试件的失效形式是否总是相同的？为什么？

2-5　试说明承受循环变应力的机械零件，在什么情况下可按静强度计算，什么情况下可按疲劳强度计算。

拓展阅读

机械设计理论与方法近几十年来得到了较快的发展，并产生和发展了以动态、优化和计算机为核心的现代设计方法，如有限元分析、优化设计、可靠性设计、计算机辅助设计和摩擦学设计。除此之外，还有一些新的设计方法，如概念设计、模块化设计、并行设计等。这些设计方法使得机械设计学科发生了很大变化，现介绍几种常用的方法。

（1）机械优化设计

机械优化设计是将设计问题的物理模型转化为数学模型，运用最优化数学理论，选用适当的优化方法，并借助计算机求解该数学模型，从而得出最佳设计方案的一种设计方法。

（2）计算机辅助设计

计算机辅助设计是利用计算机运算快而准确、存储量大、逻辑判断功能强等特点进行信息处理，并通过人机交互作用完成设计工作的一种设计方法。

（3）有限元分析

有限元分析是将连续体简化为有限个单元组成的离散化模型，再对这一模型进行数值求解的一种实用有效方法。

（4）可靠性设计

可靠性设计是以概率论和数理统计为基础，以失效分析、失效预测及各种可靠性试验为依据，以保证产品的可靠性为目标的一种现代设计方法。可靠性理论首先应用于电子工业，近年来在机械产品中得到广泛的运用和重视。

（5）并行设计

并行设计也称并行工程，是一种面向整个产品生命周期的一体化设计过程，在设计阶段就从总体上并行地考虑其整个生命周期中功能结构、工艺规划、可制造性、可装配性、可测试性、可靠性及可维修性等方面的要求与相互关系，避免串行设计中可能发生的干涉与返工，从而迅速开发出质优、价廉和能耗低的产品。

（6）模块化设计

模块化设计是在对一定应用范围内的不同功能或相同功能不同特性、不同规格的机械产品进行功能分析的基础上，划分并设计出一系列功能模块，然后通过模块的选择和组合构成不同产品的一种设计方法。

由此可见，学习机械设计和从事机械设计工作，必须努力学习和掌握新技术，不断提高，与时俱进，才能跟上机械设计学科的发展。

第 3 章 连接

本章知识导图

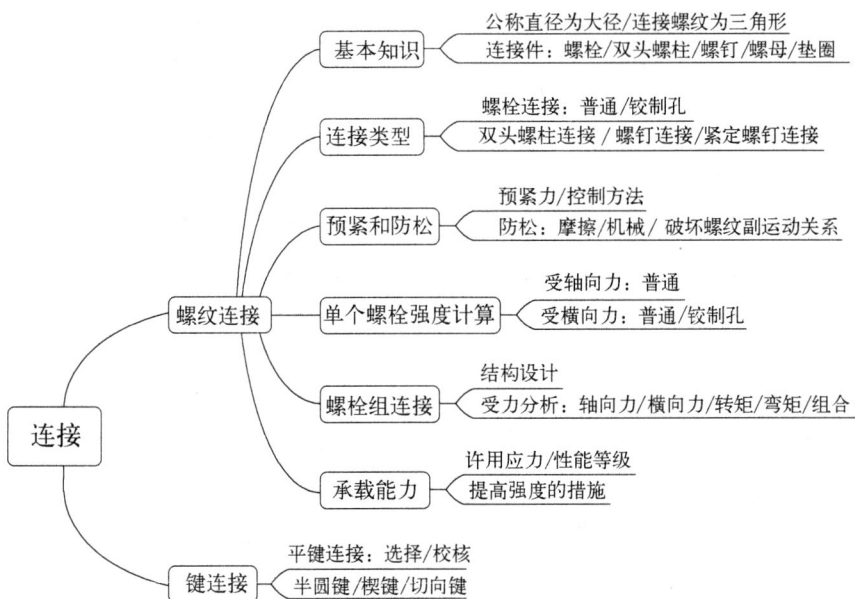

```
                                                    公称直径为大径/连接螺纹为三角形
                                        基本知识 ─┤
                                                    连接件：螺栓/双头螺柱/螺钉/螺母/垫圈

                                                    螺栓连接：普通/铰制孔
                                        连接类型 ─┤
                                                    双头螺柱连接 / 螺钉连接/紧定螺钉连接

                                                    预紧力/控制方法
                                        预紧和防松 ─┤
                                                    防松：摩擦/机械/ 破坏螺纹副运动关系

                            螺纹连接                受轴向力：普通
                                        单个螺栓强度计算 ─┤
                                                    受横向力：普通/铰制孔

                                                    结构设计
                                        螺栓组连接 ─┤
             连接                                   受力分析：轴向力/横向力/转矩/弯矩/组合

                                                    许用应力/性能等级
                                        承载能力 ─┤
                                                    提高强度的措施

                                        平键连接：选择/校核
                            键连接 ─┤
                                        半圆键/楔键/切向键
```

本章学习目标

  （1）熟悉螺纹的主要参数，熟悉螺纹连接的基本类型及特点；

  （2）熟悉螺纹连接的预紧和防松；

  （3）掌握典型受力状态下单个螺栓和螺栓组的强度计算方法；

  （4）了解键连接的类型和强度校核方法。

  在机器和设备中各零部件之间会采用各种连接方式，连接是将两个或两个以上的零部件连成一体，被连接的零部件之间一般不允许产生相对运动，连接分为可拆连接和不可拆连接两大类。可拆连接在不损坏连接中任一零件的情况下可将被连接件拆开，如螺纹连接、键连接和销连接等，可多次装拆而不影响零件使用性能；不可拆连接必须在破坏或损伤连接件或被连接件的情况下才能拆开，如焊接、铆接和黏接等，成本比较低廉。

3.1　螺纹连接的类型和标准件

3.1.1　螺纹的主要参数

如图 3-1 所示，在圆柱体表面上用不同形状的刀具沿着螺旋线切制出的沟槽称为螺纹。下面以常见的圆柱普通外螺纹为例说明螺纹的主要几何参数。

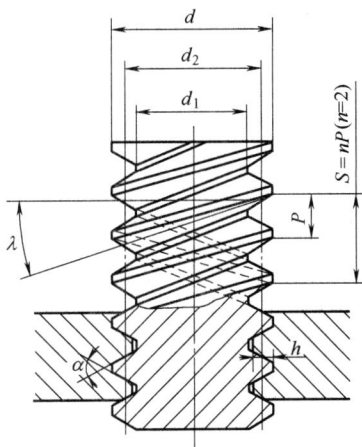

图 3-1　螺纹的主要几何参数

① 大径 d——螺纹的最大直径，即与螺纹牙顶重合的假想圆柱面的直径，在标准中称为公称直径。

② 小径 d_1——螺纹的最小直径，即与螺纹牙底重合的假想圆柱面的直径，在强度计算中常作为螺杆危险截面的计算直径。

③ 中径 d_2——通过螺纹轴向截面内牙型上的沟槽和突起宽度相等处的假想圆柱面的直径，近似等于螺纹的平均直径，$d_2 \approx (d + d_1)/2$。

④ 线数 n——螺纹的螺旋线数目。常用的连接螺纹要求具有自锁性，故多用单线螺纹；传动螺纹要求传动效率高，故多用双线或三线螺纹。为了便于制造，一般线数 $n \leqslant 4$。

⑤ 螺距 P——螺纹相邻两个牙型上对应点间的轴向距离。

⑥ 导程 S——螺纹上任一点沿同一条螺旋线旋转一周所移动的轴向距离。单线螺纹 $S=P$，多线螺纹 $S=nP$。

⑦ 螺纹升角 λ——螺旋线的切线与垂直于螺纹轴线的平面的夹角。在螺纹的不同直径处升角各不相同，通常按螺纹中径 d_2 处计算，即

$$\lambda = \arctan \frac{S}{\pi d_2} = \arctan \frac{nP}{\pi d_2} \tag{3-1}$$

⑧ 牙型角 α——螺纹轴向截面内螺纹牙型两侧边的夹角。螺纹牙型的侧边与螺纹轴线垂直平面的夹角称为牙侧角 β，对称牙型的牙侧角 $\beta=\alpha/2$。

⑨ 螺纹接触高度 h——内外螺纹旋合后的接触面的径向高度。

其中，螺纹的牙型、大径、螺距、线数和旋向称为螺纹五要素，只有五要素相同的内螺纹和外螺纹才能互相旋合，牙型、大径和螺距都符合国标的称为标准螺纹。

螺纹的分类：

① 按所在位置不同，分为内螺纹和外螺纹，在圆柱孔的内表面形成的螺纹为内螺纹，在圆柱体的外表面形成的螺纹为外螺纹；

② 按螺纹牙型，分为三角形螺纹、矩形螺纹、梯形螺纹和锯齿形螺纹等，三角形螺纹多用于连接，矩形、梯形和锯齿形螺纹多用于传动；

③ 按母体形状，分为圆柱螺纹和圆锥螺纹，圆锥螺纹多用于管件的密封连接；

④ 按螺旋线旋向，分为左旋螺纹和右旋螺纹，顺时针旋转时旋入的螺纹是右旋螺纹，逆时针旋转时旋入的螺纹是左旋螺纹，机械制造中常用右旋螺纹；

⑤ 按螺旋线的数目，可分为单线螺纹和多线螺纹，单线螺纹是沿一条螺旋线形成的螺纹，用于连接，多线螺纹是沿两条或两条以上且在轴向等距离分布的螺旋线所形成的螺纹，用于传动。

3.1.2　常用螺纹的类型、特点及应用

（1）三角形螺纹

三角形螺纹具有牙根厚、强度高、牙型角大和自锁性能好的特点，适用于连接。国家标准中，把牙型角 $\alpha=60°$ 的三角形米制螺纹称为普通螺纹，如图 3-2（a）所示，普通螺纹是最常用的连接螺纹，广泛用于各种紧固连接。公称直径（即螺纹大径）以 mm 为单位，同一公称直径可以有多种螺距的螺纹，其中螺距最大的称为粗牙螺纹，其余都称为细牙螺纹。细牙螺纹多用于薄壁或细小零件以及受变载、冲击和振动的连接中，还可用作轻载和精密微调机构中的螺旋副，自锁性能很好，能够在一定程度上防松，但是容易滑扣；粗牙螺纹应用最广，其基本尺寸见表 3-1。

表 3-1　粗牙普通螺纹的基本尺寸 　　　　　　　　　　　　　　　　　　　　　　　　　　单位：mm

公称直径 d	螺距 P	中径 d_2	小径 d_1	公称直径 d	螺距 P	中径 d_2	小径 d_1
6	1	5.35	4.92	20	2.5	18.38	17.29
8	1.25	7.19	6.65	（22）	2.5	20.38	19.29
10	1.5	9.03	8.38	24	3	22.05	20.75
12	1.75	10.86	10.11	（27）	3	25.05	23.75
（14）	2	12.70	11.84	30	3.5	27.73	26.21
16	2	14.70	13.84	（33）	3.5	30.73	29.21
（18）	2.5	16.83	15.29	36	4	33.40	31.67

（2）管螺纹

管螺纹也是连接螺纹，牙型角 $\alpha=55°$，牙顶呈圆弧形，旋合螺纹间无径向间隙，紧密性好。公称直径为管子的外螺纹大径，螺距以每英寸❶的牙数表示，属于英制螺纹。如图3-2（b）所示为用螺纹密封的管螺纹（图中 φ 为锥度），螺纹旋合后，利用本身的变形就可以保证连接的紧密性，不需要任何填料，密封简单。如图 3-2（c）所示为非螺纹密封的管螺纹，适用于管接头、旋塞、阀门，以及其他附件，若要求连接后具有密封性，可压紧被连接件螺纹副外的密封面，也可在密封面间添加密封物。

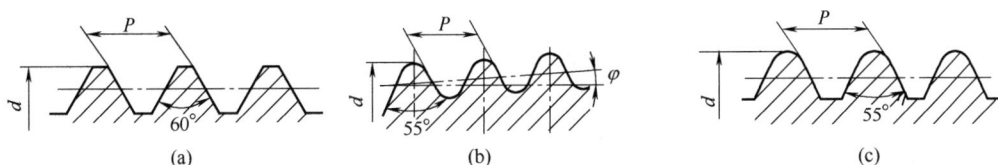

图 3-2　连接螺纹

（3）梯形螺纹

牙型为等腰梯形，牙型角 $\alpha=30°$，如图 3-3（a）所示。工艺性好，对中性好，牙根强度高，传动效率略低，是最常见的传动螺纹，常用于丝杠中。

（4）矩形螺纹

牙型为正方形，牙型角 $\alpha=0°$，牙厚为螺距的一半，如图 3-3（b）所示。传动效率较其他螺纹高，但牙根强度弱，精确制造比较困难，对中精度低，磨损后不易修复，一般用于力的传递，如千斤顶和小型压力机等。

（5）锯齿形螺纹

牙型为不等腰梯形，牙型角 $\alpha=33°$，工作面的牙侧角为 3°，非工作面的牙侧角为 30°，如图 3-3（c）所示。工作时兼具矩形螺纹和梯形螺纹的优点，外螺纹的牙底有相当大的圆角以减少应力集中，但只能用于单向受力的螺旋传动中，如螺旋压力机等。

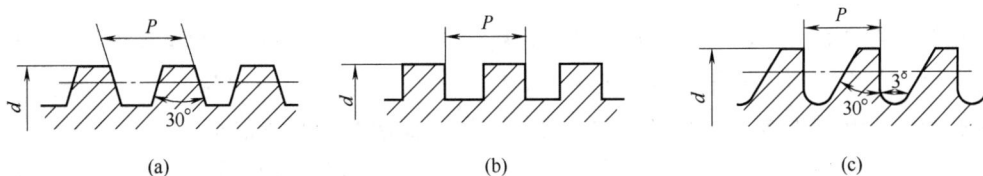

图 3-3　传动螺纹

3.1.3　螺纹连接件

螺纹连接件的类型很多，在机械制造中常用的螺纹连接件有螺栓、双头螺柱、螺钉、

---

❶ 英寸：长度单位，缩写为 in，1in=2.54cm。

紧定螺钉、螺母和垫圈等，这些零件的结构和尺寸都已标准化，设计时可根据有关标准按具体工况选用。

六角头螺栓如图3-4所示，种类很多，应用最广，精度分为A、B和C三级。A级最高，用于要求配合精度高或防止振动等重要零件的连接，B级用于受载较大、载荷变动或需要经常装拆调整的连接，C级多用于通用机械制造中。螺栓杆部可依需求制出一段螺纹或全螺纹，螺纹可用粗牙或细牙。

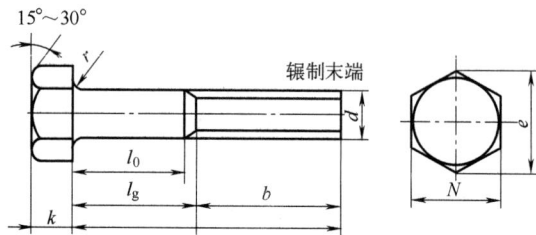

图 3-4 六角头螺栓

双头螺柱如图3-5所示，两端都制有螺纹，两端螺纹可相同或不同，螺柱可带退刀槽或制成腰杆，也可制成全螺纹。螺柱的一端常用于旋入铸铁或有色金属的螺纹孔中，旋入后一般不拆卸，另一端则用于安装螺母以固定其他零件。

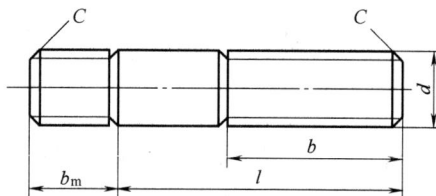

图 3-5 双头螺柱

螺钉如图3-6所示，头部形状有圆头、扁圆头、六角头、圆柱头和沉头等，头部槽型有一字槽、十字槽和内六角孔等。十字槽螺钉头部强度高、对中性好，便于自动装配，内六角孔螺钉连接强度高，可代替六角头螺栓，用于要求结构紧凑的场合。

紧定螺钉如图3-7所示，常用的末端形状有锥端、平端和圆柱端等。锥端适用于被顶紧零件的表面硬度较低或不经常拆卸的场合；平端适用于顶紧硬度较大的平面或经常拆卸的场合；圆柱端适用于对轴上零件有定位要求的场合，需将圆柱端压入轴上的凹坑中。

自攻螺钉如图3-8所示，头部形状有圆头、六角头、圆柱头和沉头等，头部槽型有一字槽和十字槽等，末端形状有锥端和平端等。自攻螺钉多用于连接金属薄板、轻合金或塑料零件，被连接件上可不预先制出螺纹，连接时利用螺钉直接攻出螺纹。

六角螺母如图3-9所示，根据六角螺母厚度不同，分为标准六角螺母和薄六角螺母两种。六角螺母的制造精度和螺栓相同，分为A、B和C三级，分别与相同级别的螺栓配用。

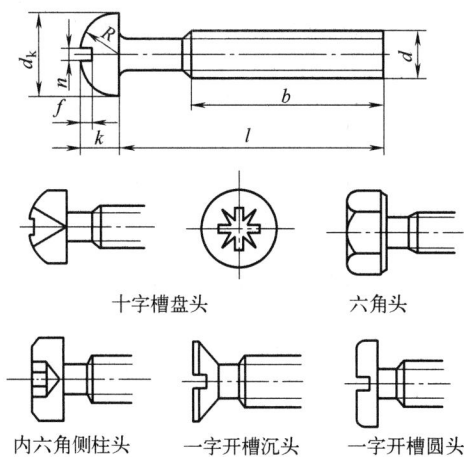

十字槽盘头　　　　　六角头

内六角侧柱头　　一字开槽沉头　　一字开槽圆头

图 3-6　螺钉

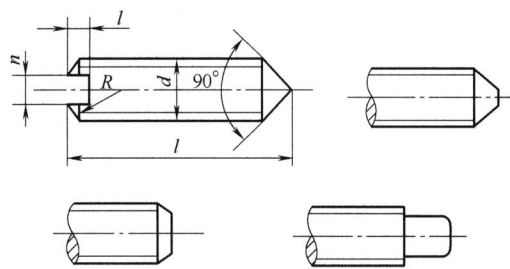

图 3-7　紧定螺钉

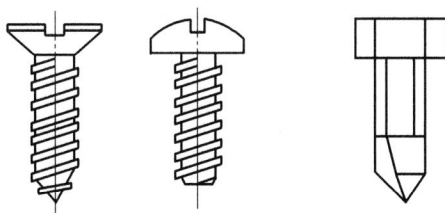

图 3-8　自攻螺钉

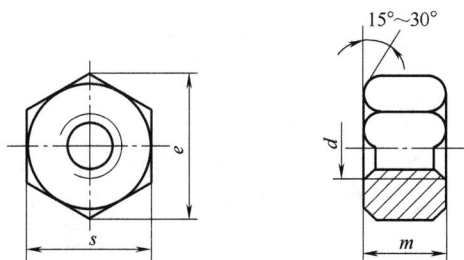

图 3-9　六角螺母

圆螺母如图 3-10 所示,常与止动垫圈配用。装配时将止动垫圈内舌插入轴上的槽内,将止动垫圈外舌嵌入圆螺母的槽内,螺母即被锁紧,多用于轴上零件的轴向固定。

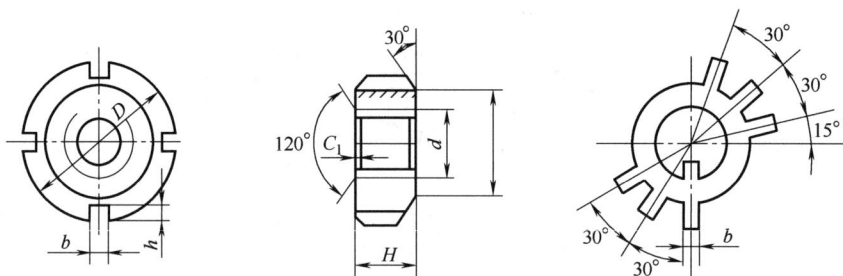

图 3-10 圆螺母

垫圈如图 3-11 所示,是螺纹连接中不可缺少的零件,常放置在螺母和被连接件之间起保护支承面等作用。平垫圈按加工精度分为 A 级和 C 级两种,用于同一螺纹直径的垫圈又分为特大、大、普通和小四种规格,特大垫圈主要在铁木结构上使用。斜垫圈用于倾斜的支承面上,不宜重复使用。

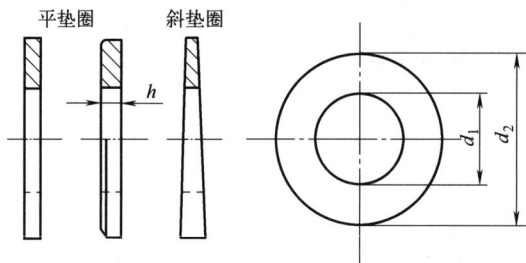

图 3-11 垫圈

3.1.4 螺纹连接类型

螺纹连接有四种基本类型,即螺栓连接、双头螺柱连接、螺钉连接和紧定螺钉连接。

（1）螺栓连接

螺栓连接使螺栓穿过被连接件上的通孔并用螺母锁紧,如图 3-12 所示,可分为普通螺栓连接（a）和铰制孔螺栓连接（b）两种。

普通螺栓连接用来连接两个不太厚能钻成通孔的零件,螺栓穿过两被连接件上的通孔,加上垫圈后拧紧螺母。被连接件无须切制螺纹,装配后孔与杆间有间隙,装拆方便,可多次使用,结构简单应用广泛,加工简便成本低廉。工作时螺栓受轴向拉力,称为受拉螺栓连接。

铰制孔螺栓连接的被连接件上的孔是用高精度铰刀加工而成,螺栓杆与孔之间一般采用过渡配合，孔与螺栓杆之间没有间隙，主要用于需要螺栓承受横向载荷或需靠螺杆精确固定被连接件相对位置的场合。工作时螺栓受剪向载荷，称为受剪螺栓连接。

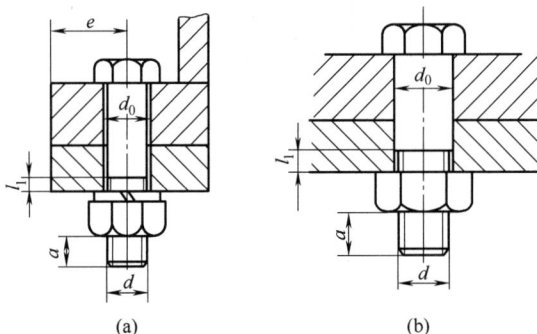

图 3-12　螺栓连接

图 3-12 中，l_1 为螺纹余量长度，静载荷时 $l_1 \geq (0.3\sim0.5)d$，变载荷时 $l_1 \geq 0.75d$，铰制孔用螺栓应尽可能小；螺纹伸出长度 $a=(0.2\sim0.3)d$；螺纹轴线到边缘的距离 $e=d+(3\sim6)$mm。

（2）双头螺柱连接

双头螺柱连接如图 3-13 所示，螺柱两端都有螺纹，其中一端全部旋入被连接件的螺纹孔内，称为旋入端，另一端穿过另一被连接件的通孔，加上垫圈后旋紧螺母。拆装时只需拆螺母，不用将双头螺柱从被连接件中拧出，适用于被连接件之一较厚不便穿孔且结构要求紧凑或经常拆卸的场合。

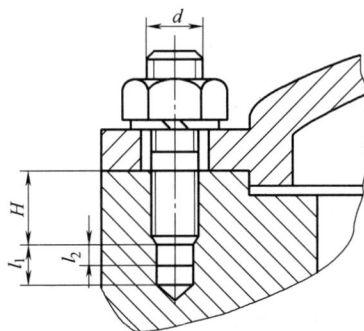

图 3-13　双头螺柱连接

图 3-13 中，螺纹拧入深度 H 由被连接件材料决定，钢或青铜 $H \approx d$，铸铁 $H=(1.25\sim1.5)d$，铝合金 $H=(1.5\sim2.5)d$，其他数值和普通螺栓连接情况一致。

（3）螺钉连接

螺钉连接如图 3-14 所示，不需要螺母，螺钉直接旋入被连接件的螺纹孔中，被连接的零件中一个为通孔，另一个为不通的螺纹孔。适用于受力不大、被连接件之一较厚且另一端不能装螺母或不经常拆装的场合，在结构上比双头螺柱连接简单。

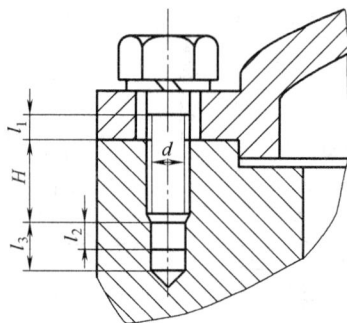

图 3-14　螺钉连接

（4）紧定螺钉连接

紧定螺钉连接如图 3-15 所示，利用螺钉末端顶住另一零件表面或旋入零件相应的缺口中以固定零件的相对位置，可传递不大的力或转矩。

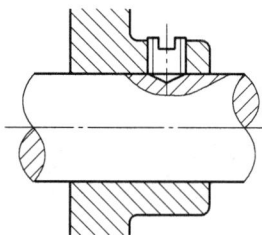

图 3-15　紧定螺钉连接

3.2　螺纹连接的预紧和防松

3.2.1　螺纹连接的预紧

绝大多数螺纹连接在装配时都必须拧紧，使连接在承受工作载荷之前预先受到力的作用，该过程称为预紧，该力称为预紧力。预紧的目的在于增强连接的可靠性和紧密性，以防止受载后被连接件间出现缝隙或发生相对滑移。对于受拉螺栓连接，预紧还可提高螺栓的疲劳强度，特别是像气缸盖、管路凸缘和齿轮箱轴承盖等紧密性要求较高的螺纹连接。但过大的预紧力会导致整个连接的结构尺寸增大，也会使连接件在装配或偶然过载时被拉断。为了保证连接所需要的预紧力又不使螺纹连接件过载，重要的螺纹连接在装配时要控制预紧力。

对于 M10~M64 的粗牙普通螺纹的钢制螺栓，预紧时扳手拧紧力矩 T 用于克服螺纹摩擦阻力矩 T_1 和螺母端环形面与被连接件间的摩擦力矩 T_2，即 $T=T_1+T_2$。按照机械原理中的理论推导并结合经验进行简化后可以近似得到 $T≈0.2F_0d$。其中，F_0 为拧紧之后由于变形产生的预紧力，d 为螺纹大径。

一般规定,拧紧后螺纹连接件的预紧力 F_0 的数值不得超过其材料屈服极限 σ_S 的 80%。如果不能严格控制预紧力的大小，只靠安装经验来拧紧螺纹连接件时，不宜使用小于 M12 的螺栓。控制预紧力的方法很多，通常是借助测力矩扳手或定力矩扳手，如图 3-16 所示，利用控制拧紧力矩的方法来控制预紧力的大小。测力矩或定力矩扳手操作简便，但准确性不够，精度较高的方法是通过测量预紧前后螺栓伸长量来控制预紧力。

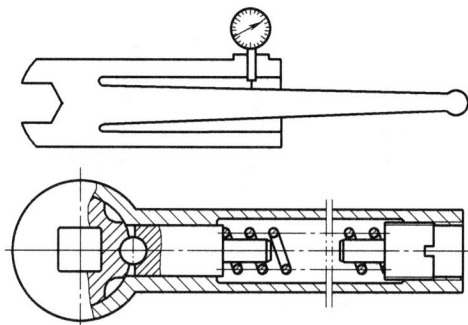

图 3-16　测力矩扳手和定力矩扳手

3.2.2　螺纹连接的防松

螺纹连接件一般采用单线普通螺纹，螺纹升角小于螺纹副的当量摩擦角，满足自锁条件，具有自锁性。螺母及螺栓头部支承面上的摩擦力具有防松作用，在静载荷、冲击振动不大或温度变化不明显时，这种摩擦力能够有效地保持螺纹连接的稳定性，防止松脱。但外载荷有振动、变化或材料高温蠕变时，螺纹副中的正压力可能会受到影响而减小，这会造成摩擦力减小，甚至在极端情况下正压力可能会在某一瞬间消失导致摩擦力为零，从而使螺纹连接松动，如经反复作用螺纹连接就会因松弛而失效。

螺纹连接一旦出现松脱，轻者会影响机器的正常运转，重者会造成严重事故。为了防止连接松脱，保证连接安全可靠，设计时必须采取有效的防松措施。防松的根本在于防止螺纹副在受载时发生相对转动，按工作原理可分为摩擦防松、机械防松和破坏螺纹副运动关系防松等。

（1）摩擦防松

摩擦防松的工作原理是通过保证螺纹副中始终存在不随外载荷变化而减小的摩擦力，来达到防松目的。摩擦防松比较简单，容易安装，标准化的程度较高，可以重复使用，是当前螺纹防松最多的形式，但没有机械防松可靠。

对顶螺母防松如图 3-17 所示，两螺母对顶拧紧后，旋合螺纹间始终受到附加压力和摩擦力的作用，工作载荷有变动时该摩擦力仍然存在。旋合螺纹间的接触情况为下螺母螺纹牙受力较小，因此其高度可小些，但为了防止装错，两螺母的高度取成相等为宜。此防松方式结构最为简单，适用于平稳、低速和重载的固定装置上的连接。

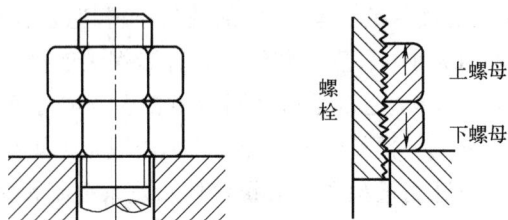

图 3-17 对顶螺母防松

自锁螺母防松如图 3-18 所示，螺母一端制成非圆形收口或开缝后径向收口，当螺母拧紧后收口胀开，利用收口的弹力使旋合螺纹间压紧。此防松方式结构简单，防松可靠，可多次装拆而不降低防松性能。

锁紧锥面螺母

图 3-18 自锁螺母防松

弹簧垫圈防松如图 3-19 所示，螺母拧紧后靠弹簧垫圈压平而产生的弹性反力使旋合螺纹间压紧，弹簧垫圈斜口尖端抵住螺母与被连接件的支承面也起到防松作用。此防松方式结构简单，使用方便，但由于弹簧垫圈上产生的弹力不均，冲击和振动工况下效果比较差，一般用于不是特别重要的连接。

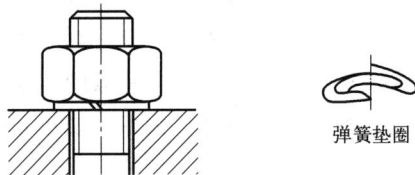

弹簧垫圈

图 3-19 弹簧垫圈防松

（2）机械防松

机械防松需要采用止动元件直接锁住螺纹副，来阻止螺纹间的相对运动。机械防松可靠性很好，适合于重要连接，特别是机械内部不易检查的连接。

开口销与六角开槽螺母防松如图 3-20 所示，六角开槽螺母拧紧后，将开口销穿入螺栓尾部小孔和六角开槽螺母的槽内，然后将开口销尾部掰开与六角开槽螺母侧面紧贴。如果用普通螺母代替六角开槽螺母，拧紧普通螺母后需要再配钻销孔，适用于承受较大冲击和振动的高速机械中运动部件的连接。

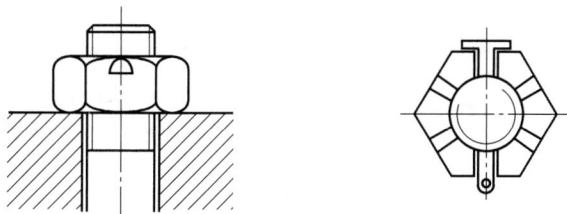

图 3-20 开口销与六角开槽螺母防松

止动垫圈防松如图 3-21 所示，螺母拧紧后将单耳或双耳止动垫圈分别向螺母和被连接件的侧面折弯贴紧，即可将螺母锁住。若两个螺栓需要双联锁紧时，可采用双联止动垫圈，使两个螺母互相制动，此防松方式结构简单且使用方便。

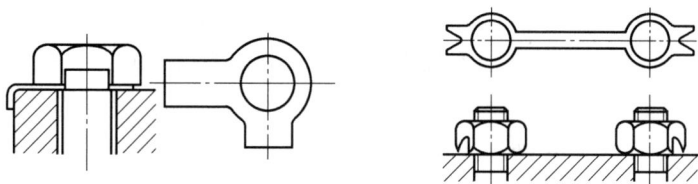

图 3-21 止动垫圈防松

串联钢丝防松如图 3-22 所示，用低碳钢丝穿入各螺钉头部的孔内，将各螺钉串联起来使其相互制动。适用于螺钉组连接，使用时必须注意钢丝的穿入方向，此防松方式装拆不方便。

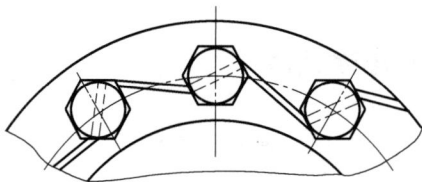

图 3-22 串联钢丝防松

（3）破坏螺纹副运动关系防松

破坏螺纹副运动关系防松就是通过黏合、焊接、冲点和铆接等方法破坏螺纹副关系，让螺纹副无法转动。如图 3-23 所示，黏合法是将黏合剂涂于螺纹旋合表面，拧紧螺母后黏合剂能自行固化；冲点法是在螺纹件旋合好后，用冲头在旋合缝处或端面打冲，冲出冲点防松。此类防松方式不能拆卸，防松效果较好但是装配效率较低，在大规模高效率安装工况下一般不会采用。

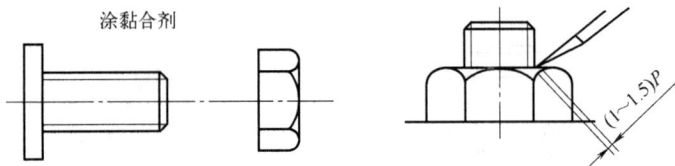

图 3-23 破坏螺纹副运动关系防松

3.3 螺栓连接的强度计算

螺纹连接包括螺栓连接、双头螺柱连接和螺钉连接等类型，下面以螺栓连接为代表讨论螺纹连接的强度计算方法，此方法对双头螺柱连接和螺钉连接也同样适用。对构成整个连接的螺栓组而言，所受的载荷可能包括轴向载荷、横向载荷、转矩和弯矩等，但对其中每一个具体的螺栓而言，其受载的形式不外乎是受轴向力或横向力。对于普通螺栓连接，主要破坏形式是螺栓杆和螺纹部分发生塑性变形或断裂，其设计准则是保证螺栓的静力或疲劳抗拉强度；对于铰制孔螺栓连接，主要破坏形式是螺栓杆和孔壁的贴合面上出现压溃或螺栓杆被剪断，其设计准则是保证连接的挤压强度和螺栓的剪切强度。

螺栓连接的强度计算，首先根据连接的类型、连接的装配情况（预紧或不预紧）和载荷状态等条件，确定螺栓的受力，然后按相应的强度条件计算螺栓危险截面的直径（螺纹小径）或校核其强度。螺栓的其他部分（螺纹牙、螺栓头、光杆等）、螺母和垫圈的结构尺寸，是根据等强度条件及使用经验规定的，无须计算，通常按螺栓螺纹的公称直径在标准中选定。螺栓的长度取决于被连接件的厚度和螺纹的公称直径，一般按推荐系列选取，在螺栓组设计中有时还须考虑螺栓间距。

3.3.1 受轴向力作用的螺栓连接

工作载荷为轴向力时，一般采用普通螺栓连接。

（1）松螺栓连接

如图 3-24 所示起重滑轮的连接中，螺母不需要拧紧，且承受工作载荷前不受力，但这种连接应用范围有限。

设工作时承受轴向载荷 F 作用，其强度条件为

$$\sigma = \frac{F}{\frac{\pi}{4}d_1^2} \leqslant [\sigma] \qquad (3\text{-}2)$$

上式为校核公式，d_1 为螺杆危险截面直径（即螺纹的小径），σ 为连接螺栓所受拉应力，$[\sigma]$ 为连接螺栓的许用拉应力。设计公式为

$$d_1 \geqslant \sqrt{\frac{4F}{\pi[\sigma]}} \tag{3-3}$$

计算出 d_1 后从有关设计手册中可以查得螺纹的公称直径 d。

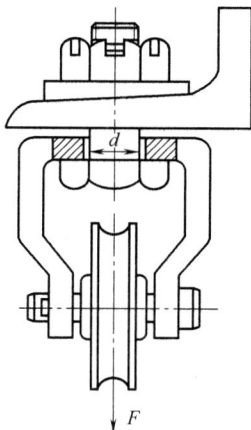

图 3-24　起重滑轮的松螺栓连接

（2）紧螺栓连接

紧螺栓连接未承受外载之前需要拧紧螺母进行装配，在拧紧力矩作用下，螺栓除受预紧力 F_0 作用产生拉伸正应力（拉应力）σ 外，还受螺纹摩擦力矩 T_1 作用产生扭转切应力 τ，计算时应综合考虑拉伸正应力和扭转切应力的作用。

螺栓危险截面上的拉伸正应力为

$$\sigma = \frac{F_0}{\frac{\pi}{4}d_1^2} \leqslant [\sigma]$$

螺栓危险截面上的扭转切应力为

$$\tau = \frac{T_1}{\frac{\pi d_1^3}{16}} = \frac{F_0 \tan(\lambda + \phi_v)d_2/2}{\frac{\pi d_1^3}{16}}$$

式中　　ϕ_v——接触面间当量摩擦角。

对于常用的单线三角形螺纹普通螺栓（M10~M68），$\tau \approx 0.5\sigma$，根据第四强度理论可求出当量应力 σ_{ca} 为

$$\sigma_{ca} = \sqrt{\sigma^2 + 3\tau^2} = \sqrt{\sigma^2 + 3 \times (0.5\sigma)^2} \approx 1.3\sigma$$

螺栓危险截面为小径所在面，其强度条件为

$$\sigma_{ca} = \frac{1.3F_0}{\frac{\pi}{4}d_1^2} \leqslant [\sigma] \tag{3-4}$$

由此可见，紧连接螺栓的强度也可按纯拉伸计算，只是需将拉力增大30%。

螺纹预紧之后承受轴向工作载荷，这种受力形式在紧螺栓连接中比较常见和重要。扳手力矩消失之后预紧力仍存在是因为螺栓和被连接件之间的弹性变形，后续轴向工作载荷的施加会影响之前存在的变形，载荷不具备叠加性，螺栓所受的总拉力并不等于预紧力和工作拉力之和。如图3-25所示的汽缸与汽缸盖螺栓组连接就是这种连接的典型例子（图中 p 为压强），除了需要足够强度，压力容器还应保证连接的紧密性。

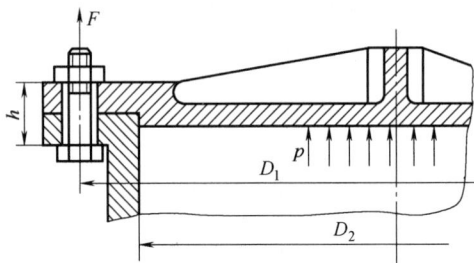

图 3-25　压力容器的螺栓受力

结合图3-26进行变形分析。

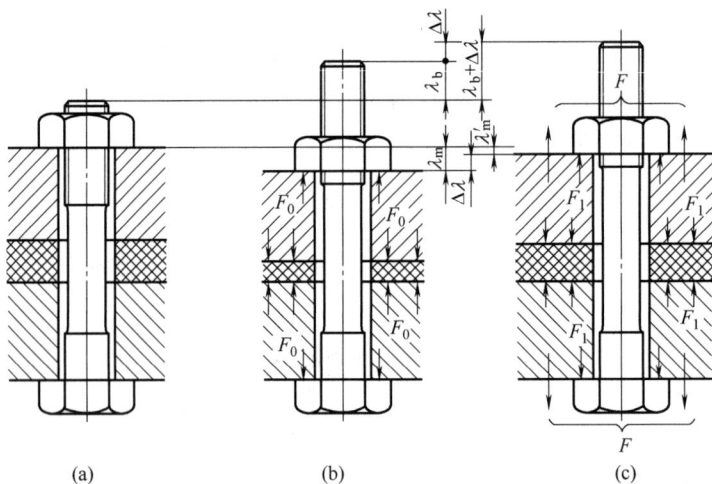

图 3-26　承受轴向载荷紧螺栓连接受力变形图

图3-26（a）是螺母刚好与被连接件相接触，但尚未拧紧，此时螺栓和被连接件都不受力，因而也不产生变形。图（b）是螺母已拧紧，但尚未承受工作载荷，此时螺栓受预紧力 F_0 的拉伸作用，其伸长量为 λ_b，被连接件受 F_0 的压缩作用，其压缩量为 λ_m。图（c）

是承受工作载荷时的情况，此时若螺栓和被连接件的材料均在弹性变形范围内，则两者受力与变形的关系符合拉压胡克定律。当螺栓承受工作载荷后，因所受的拉力由 F_0 增至 F_2 而继续伸长，其伸长量增加 $\Delta\lambda$，总伸长量为 $\lambda_b+\Delta\lambda$。与此同时原来被压缩的被连接件，因螺栓伸长而被放松，其压缩量随之减小。根据连接的变形协调条件，被连接件压缩变形的减小量等于螺栓拉伸变形的增加量，总压缩量为 $\lambda_m-\Delta\lambda$。

结合图 3-27 进行受力分析。

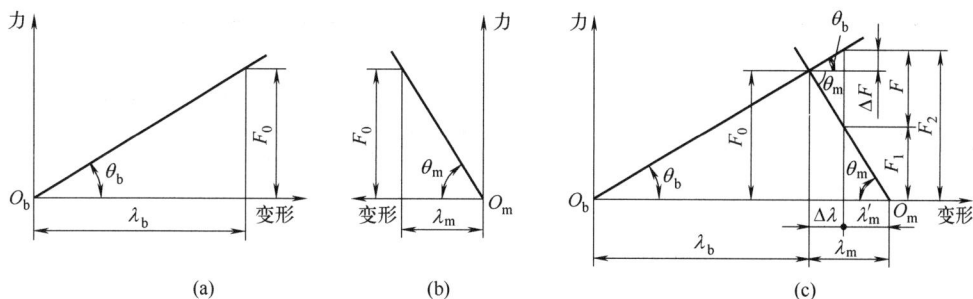

图 3-27 承受轴向载荷紧螺栓连接受力变形关系图

随着工作载荷的增加，被连接件的压缩力由 F_0 减至 F_1，F_1 称为残余预紧力。显然连接受载后，由于预紧力的变化，螺栓的总拉力 F_2 并不等于预紧力 F_0 与工作拉力 F 之和，而等于残余预紧力 F_1 与工作拉力 F 之和。

图 3-27 中图（a）和图（b）为只有预紧力时螺栓和被连接件的受力与变形关系，图（c）为承受工作载荷后螺栓和被连接件的受力与变形关系，螺栓和被连接件的刚度分别记为 C_b 和 C_m，可得

$$\Delta\lambda = \frac{F_2-F_0}{C_b} = \frac{F+F_1-F_0}{C_b} = \frac{F_0-F_1}{C_m}$$

整理得

$$F_0 = F_1 + (1-\frac{C_b}{C_b+C_m})F = F_1 + \frac{C_m}{C_b+C_m}F$$

$$F_2 = F_0 + \frac{C_b}{C_b+C_m}F \tag{3-5}$$

连接安装后，C_b 和 C_m 均为定值，$C_b/(C_b+C_m)$ 称为螺栓的相对刚度，其大小与螺栓和被连接件的结构尺寸、工作载荷的作用位置、材料，以及垫圈等因素有关，数值在 0 到 1 之间变动。若被连接件的刚度很大而螺栓的刚度很小（如细长或中空螺栓），则螺栓的相对刚度趋于零，工作载荷作用后螺栓所受的总拉力增加很少。反过来，当螺栓的相对刚度较大时，工作载荷作用后螺栓所受的总拉力将会有较大的增加。为了降低螺栓的受力，提高螺栓连接的承载能力，应使相对刚度值尽量小些，其值可通过计算或实验确定。

对于有紧密性要求的连接，为防止连接受载后接合面间产生缝隙，残余预紧力必须大于零。推荐采用的 F_1 数值见表 3-2。

表 3-2　残余预紧力的推荐值

连接性质		残余预紧力的推荐值
紧固连接	F 无变化	（0.2~0.6）F
	F 有变化	（0.6~1.0）F
紧密连接		（1.5~1.8）F
地脚螺栓连接		$\geqslant F$

设计时，可先根据连接的受载情况，求出螺栓的工作拉力 F，再根据连接的工作要求选取 F_1 值，然后计算螺栓的总拉力 F_2。螺栓危险截面的抗拉强度条件为

$$\sigma_{ca} = \frac{1.3F_2}{\frac{\pi}{4}d_1^2} \leqslant [\sigma] \tag{3-6}$$

设计公式为

$$d_1 \geqslant \sqrt{\frac{4 \times 1.3F_2}{\pi[\sigma]}} \tag{3-7}$$

3.3.2　受横向力作用的螺栓连接

工作载荷为横向力时，可以采用普通螺栓连接或铰制孔螺栓连接。

（1）普通螺栓连接

如图 3-28 所示，普通螺栓连接由于螺栓杆与被连接件的孔壁之间有间隙，因此螺栓不能直接承受横向载荷 F_R 的作用。但预先拧紧螺栓会使被连接件接合面间产生压力，继而产生摩擦力以平衡横向载荷，当最大静摩擦力之和大于或等于横向载荷时，被连接件间不会产生滑移，即可达到连接目的。

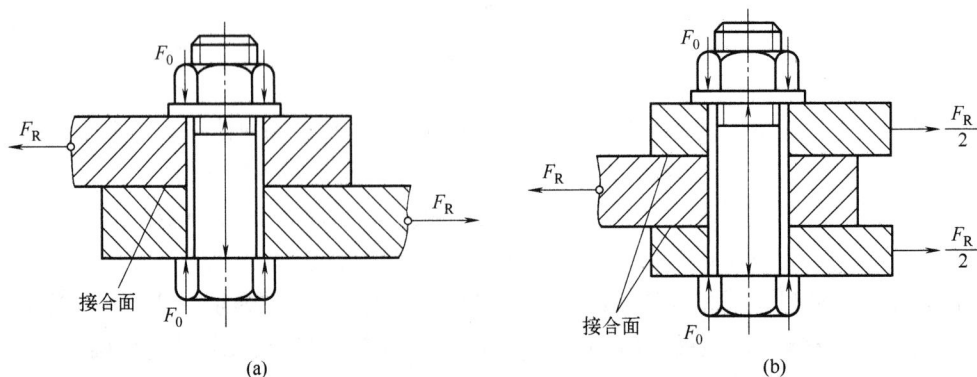

图 3-28　承受横向载荷的普通螺栓连接

为保证连接可靠，需引入防滑系数（可靠性系数）K_f，一般取 1.1~1.3，并考虑接合面的数目 n [图 3-28（a）为 1，图 3-28（b）为 2]，因此其最小预紧力为

$$F_0 \geqslant \frac{K_f F_R}{fn} \tag{3-8}$$

式中　f——摩擦系数。

摩擦系数 f 与被连接件材料和接触表面状态相关，数值见表 3-3。

表 3-3　连接接触面间的摩擦系数

被连接件	表面状态	静滑动摩擦系数
钢或铸铁零件	干燥的加工表面	0.10~0.16
	润滑的加工表面	0.06~0.10
钢结构	喷丸处理	0.45~0.55
	涂富锌漆	0.35~0.40
	轧制表面	0.30~0.35
铸铁对杨榆木（混凝土、砖）	干燥表面	0.40~0.50

当 f=0.15、K_f=1.2 和 n=1 时，可得 F_0=8F_R，即要使连接不发生滑动，螺栓要承受 8 倍横向外载荷的预紧力。当横向工作载荷较大时，采用普通螺栓连接会导致结构笨重、尺寸大和不经济。此外，在振动、冲击或变载荷作用下，由于摩擦系数可能变动，会使连接的可靠性降低，导致连接出现松脱。为避免此种现象，可以考虑增加如图 3-29 所示的辅助件，利用减载键、减载套筒和减载销等零件改善承载效果，或者直接采用铰制孔螺栓来进行连接。

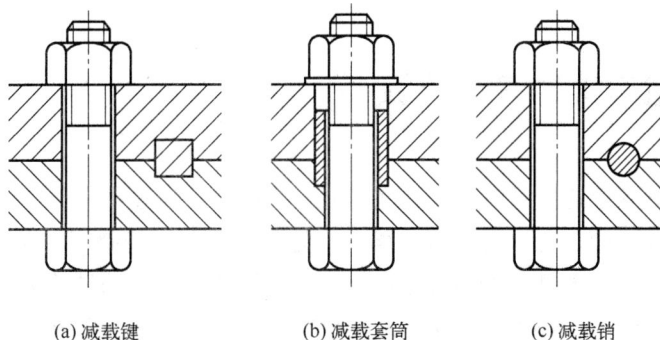

(a) 减载键　　　　　　(b) 减载套筒　　　　　　(c) 减载销

图 3-29　承受横向载荷的减载零件

（2）铰制孔螺栓连接

如图 3-30 所示，螺栓杆与被连接件的孔壁之间无间隙，采用过渡配合，螺栓受载前可以不预紧，依靠螺栓本身承受工作时横向载荷 F 的作用。螺栓在连接接合面处受剪切作用，螺栓杆与被连接件的孔壁互相挤压，设计时应分别按剪切及挤压强度条件进行计算。

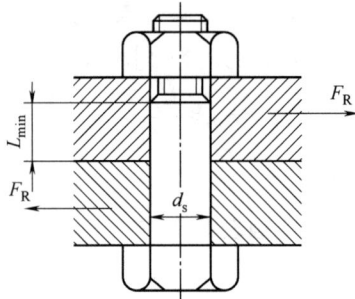

图 3-30 承受横向载荷的铰制孔螺栓

螺栓杆的剪切强度条件为

$$\tau = \frac{F}{\frac{\pi}{4}d_0^2} \leqslant [\tau] \tag{3-9}$$

螺栓杆与孔壁的挤压强度条件为

$$\sigma_p = \frac{F}{d_0 L_{min}} \leqslant [\sigma_p] \tag{3-10}$$

式中　L_{min}——螺栓杆与孔壁接触表面的最小长度；

　　　σ_p——螺栓杆所受挤压应力；

　　　$[\tau]$——螺栓杆材料的许用切应力；

　　　$[\sigma_p]$——螺栓杆与孔壁中较弱材料的许用挤压应力。

注意，挤压破坏也可以发生在孔壁处。当连接件和被连接件的接触面为平面时，实际接触面面积就是挤压面面积；当连接件和被连接件的接触面为圆柱面时，以圆柱的直径平面面积为挤压面面积。

3.4　螺栓组连接的设计计算

机器中大多数螺纹连接件都是成组使用的，其中螺栓连接最具有典型性，以下讨论的螺栓组连接的设计问题，也适用于双头螺柱组连接和螺钉组连接等。

设计螺栓组连接首先是结构设计，即设计被连接件接合面的结构和形状，选定螺栓的数目和分布形式，然后根据强度条件确定螺栓连接的结构尺寸。对于不重要的连接或有成熟实例的连接可采用类比法；对于重要连接应根据连接的结构和受力情况，找出受力最大的螺栓及其所受的载荷，然后运用单个螺栓连接的强度计算方法进行螺栓的设计或校核。

3.4.1　结构设计原则

螺栓组结构设计中，要求合理地确定连接接合面的几何形状和螺栓的布置形式，力求各螺栓和连接接合面间受力均匀，便于加工和装配，一般应遵循以下原则。

① 螺栓布置应尽可能对称和简单。连接接合面形状应和机器的结构形状相适应，螺栓组中心应和连接接合面形心重合（有利于分度、划线和钻孔等），螺栓的布置应便于加工被连接件和对称布置螺栓，保证螺栓受力均匀。常见的布置形式如图 3-31 所示。

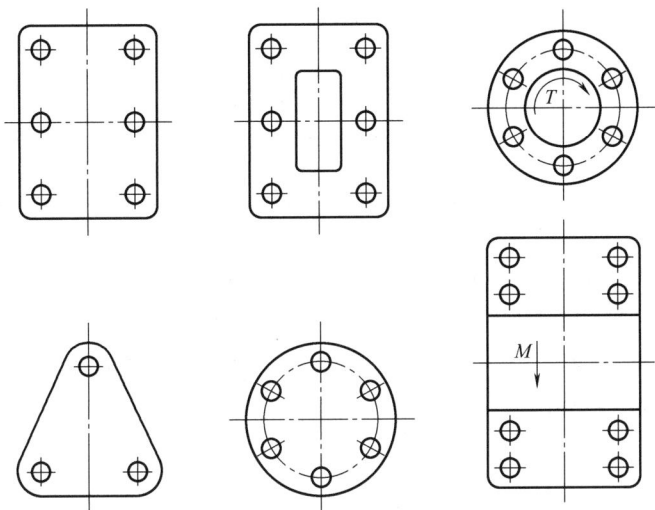

图 3-31 螺栓组连接接合面常见布置形式

② 螺栓布置应使各螺栓受力合理。当螺栓组承受转矩 T 时，应使螺栓组的对称中心和接合面的形心重合；当螺栓组承受弯矩 M 时，应使螺栓组的对称轴与接合面中性轴重合，并要求各螺栓尽可能远离形心和中性轴，以充分利用各个螺栓的承载能力。如果连接在受到轴向载荷的同时，还受到较大的横向载荷，可采用套、销或键等零件来分担横向载荷，以减小螺栓的预紧力和结构尺寸；受剪切力的螺栓组采用铰制孔螺栓连接时，不要在外载作用方向布置 8 个以上螺栓，以免受力不均；受弯扭组合作用的螺栓组，要适当靠接缝边缘布局，否则受力不均。

③ 螺栓布置应有合理的间距和边距。布置螺栓时，各螺栓之间以及螺栓和箱体壁之间应留有扳手操作空间，如图 3-32 所示，扳手空间的尺寸可以查阅相关手册。

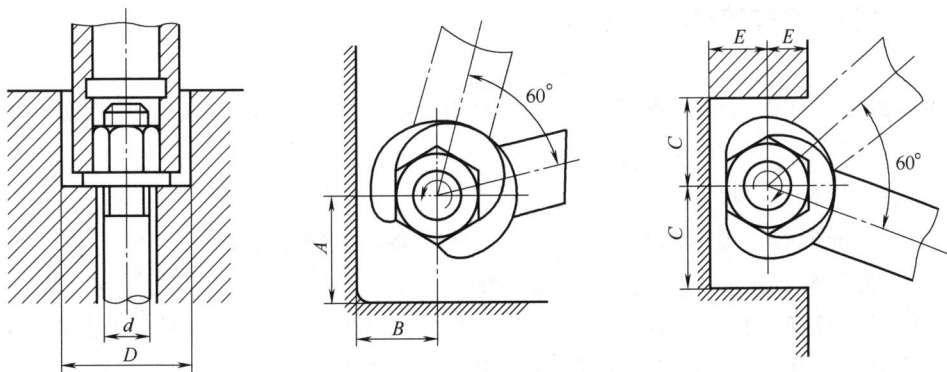

图 3-32 扳手操作空间

对于压力容器等紧密性要求高的重要连接，各螺栓轴线的间距见表3-4。

表 3-4　紧密连接的螺栓间距

	工作压力/MPa					
	≤1.6	1.6~4	4~10	10~16	16~20	20~30
	螺栓间距 t_0/mm					
	7d	5.5d	4.5d	4d	3.5d	3d

④ 避免螺栓承受附加弯曲载荷。制造和安装的误差及被连接件的变形等因素会引起附加弯曲应力，螺栓和螺母支承面不平也可能会引起附加弯曲应力，故支承面必须经过适当加工。为了减小加工面，可将支承面做成凸台或凹坑等，对特殊的支承面（如倾斜支承面和球面等）可采用斜垫圈和球面垫圈等，如图3-33所示。

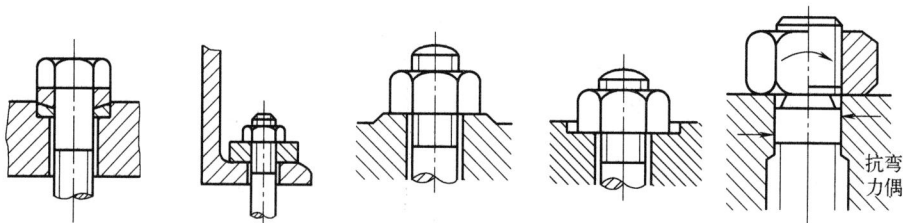

图 3-33　避免承受附加弯曲载荷的措施

⑤ 分布在同一圆周上的螺栓数目应取3、4、6和8等易于等分的数目。
⑥ 在同一螺栓组中螺栓的材料、直径和长度均应相同。

螺栓组连接的结构设计在综合考虑以上各点的同时，也要根据螺栓组连接的工作条件，合理选择防松装置。

3.4.2　螺栓组连接的受力分析

螺栓组受力分析的目的是，根据螺栓组连接的结构和受载情况，求出受载最大的螺栓及其受力。受力分析是在如下假设条件下进行的。

① 各螺栓材料、尺寸和预紧力均相同；
② 接合面形心与螺栓组形心重合，受力后其接合面仍保持平面；
③ 受力后材料变形（应变）在弹性范围内。

螺栓组受载变形的基本形式有轴向拉伸（受轴向载荷作用）、剪切（受横向载荷作用）、扭转（受转矩作用）和平面弯曲（受弯矩作用）四种基本形式，组合作用情况下可按照叠加原理进行计算。

（1）受轴向载荷作用的螺栓组连接

如果工作载荷 P 的作用方向平行于螺栓轴线并通过螺栓组的对称中心，则认为各螺栓平均受载，每个螺栓所受的轴向工作载荷为

$$F=P/Z \qquad (3-11)$$

（2）受横向载荷作用的螺栓组连接

如果工作载荷 Q 的作用方向垂直于螺栓轴线并通过螺栓组的对称中心，则无论是普通螺栓组连接还是铰制孔螺栓组连接，都可认为各螺栓平均受载，每个螺栓所受的横向工作载荷为

$$F=Q/Z \qquad (3-12)$$

（3）受转矩作用的螺栓组连接

如果转矩 T 作用在连接接合面内，在转矩 T 的作用下，底板将绕通过螺栓组对称中心 O 并与接合面相垂直的轴线转动。

① 普通螺栓组连接。

如图 3-34 所示，采用普通螺栓组时，靠连接预紧后在接合面间产生的摩擦力矩来抵抗转矩。设各螺栓的预紧程度相同，所受预紧力均为 F_0，由预紧力产生的摩擦力 fF_0 作用在各螺栓的中心处，并垂直于螺栓中心与接合面中心 O 的连线。

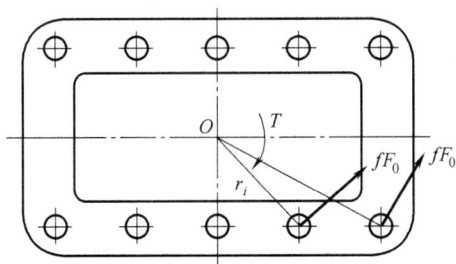

图 3-34 普通螺栓组连接受转矩作用

由静平衡条件得连接件不产生相对滑动的条件为

$$fF_0r_1 + fF_0r_2 + \cdots + fF_0r_Z \geq K_fT$$

各个螺栓所需的预紧力为

$$F_0 \geq \frac{K_fT}{f\sum_{i=1}^{Z}r_i} \qquad (3-13)$$

② 铰制孔螺栓组连接。

由图 3-35 所示，采用铰制孔螺栓组时，各螺栓受到剪切和挤压作用。

由变形协调条件可知，各个螺栓的受力大小与其中心到接合面形心的距离成正比，即

$$\frac{F_1}{r_1} = \frac{F_2}{r_2} = \cdots = \frac{F_Z}{r_Z} = \frac{F_{max}}{r_{max}}$$

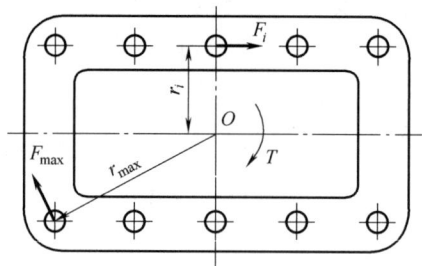

图 3-35 铰制孔螺栓组连接受转矩作用

由静平衡条件得

$$\sum_{i=1}^{Z} F_i r_i = \sum_{i=1}^{Z} \frac{F_{max}}{r_{max}} r_i r_i = \frac{F_{max}}{r_{max}} \sum_{i=1}^{Z} r_i^2 = T$$

距离旋转中心 O 最远处的螺栓受载最大,其最大横向工作载荷为

$$F_{max} = \frac{T r_{max}}{\sum\limits_{i=1}^{Z} r_i^2} \tag{3-14}$$

当各螺栓位于同一圆周上时,式（3-14）可简化为 $F=T/Zr$,即各螺栓所受的横向工作载荷相同,如常见的凸缘联轴器等。

（4）受弯矩作用的螺栓组连接

如图 3-36（a）所示,弯矩 M 作用在连接接合面内,在弯矩 M 的作用下,底板将绕螺栓组和接合面的对称轴 O-O 转动,故工程上一般将弯矩称为倾覆力矩或翻转力矩。此时左侧底板被放松,螺栓受拉伸;右侧底板被压缩,螺栓被放松。

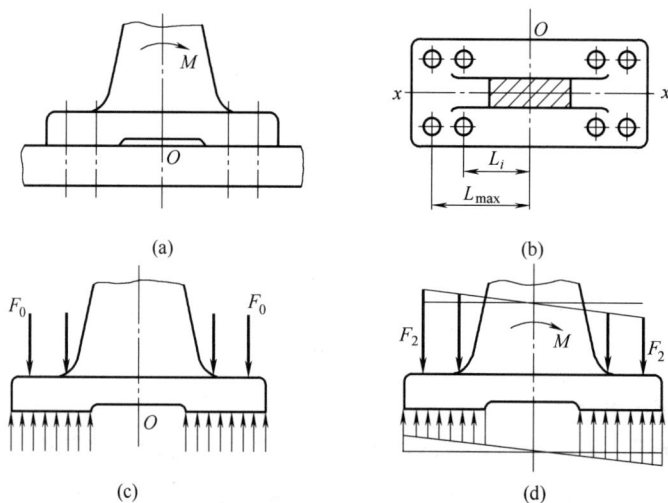

图 3-36 普通螺栓组连接受弯矩作用

由变形协调条件可知，各个螺栓的受力大小与其中心到接合面对称轴的距离成正比，即

$$\frac{F_1}{L_1} = \frac{F_2}{L_2} = \cdots = \frac{F_Z}{L_Z} = \frac{F_{max}}{L_{max}}$$

由静平衡条件得

$$\sum_{i=1}^{Z} F_i L_i = \sum_{i=1}^{Z} \frac{F_{max}}{L_{max}} L_i L_i = \frac{F_{max}}{L_{max}} \sum_{i=1}^{Z} L_i^2 = M$$

距离对称轴 *O-O* 最远处的螺栓受载最大［图 3-36（b）］，其最大轴向工作载荷为

$$F_{max} = \frac{M L_{max}}{\sum\limits_{i=1}^{Z} L_i^2} \tag{3-15}$$

受弯矩作用的机座类螺栓组连接，除螺栓要满足其强度条件外，还应保证左侧接合面处不出现间隙，右侧接合面处不发生压溃破坏。图 3-36（c）为只有预紧力 F_0 时接合面的受载情况，图 3-36（d）为弯矩 M 作用后接合面的受载情况。左侧接合面处不出现间隙的条件为

$$\sigma_{pmin} = \frac{Z F_0}{A} - \frac{M}{W} \geqslant 0 \tag{3-16}$$

右侧接合面处不发生压溃破坏的条件为

$$\sigma_{pmax} = \frac{Z F_0}{A} + \frac{M}{W} \geqslant [\sigma_p] \tag{3-17}$$

式中　F_0——螺栓的预紧力；

　　　A——底座与支承面的接触面积；

　　　W——底座与支承面间接合面的抗弯截面模量；

　　　$[\sigma_p]$——连接接合面中较弱材料的许用挤压应力。

实际使用中，螺栓组连接所受载荷可能是以上四种简单受力状态的不同组合，计算时要分别算出螺栓组在简单受力状态下每个螺栓的工作载荷，然后分别叠加起来，得到每个螺栓的总工作载荷，再对受力最大的螺栓进行强度计算。需要注意的是，螺栓组仅承受轴向载荷或弯矩时不采用铰制孔螺栓连接。

3.4.3　螺纹连接件的材料和许用应力

（1）螺纹连接件的材料

螺栓常用的材料有普通碳素结构钢 Q215、Q235 和优质碳素结构钢 35、45 等，重要和有特殊要求的场合可采用 15Cr、40Cr 和 30CrMnSi 等力学性能较高的合金钢。有耐蚀或导电要求时，也可采用铜及其合金或其他有色金属，近年来还出现了高强度塑料螺栓和螺母。常用螺栓材料的力学性能见表 3-5。

国标规定螺纹连接件的性能等级代号按材料的力学性能划分，一般为 9 级，自 4.6 到 12.9。性能等级代号是由点隔开的两部分数字组成，点左边的数字表示抗拉强度极限的 1/100，点右边的数字表示屈服极限和抗拉强度极限的比值，例如性能等级为 8.8 的螺栓，其螺栓材质的抗拉强度极限为 800MPa，屈服极限为 640MPa。螺纹连接件性能等级具体

数值见表 3-6。

表 3-5 常用螺栓材料的力学性能　　　　　　　　　　　　　　　　　　　　　　　单位：MPa

钢号	抗拉强度极限	屈服极限	疲劳强度极限	
			弯曲	拉压
Q215	335~450	215	170~220	120~160
35	540	320	220~300	170~220
45	610	360	250~340	190~250
40Cr	750~1000	650~900	320~440	240~340

表 3-6 螺纹连接件性能等级

性能等级	4.6	4.8	5.6	5.8	6.8	8.8	9.8	10.9	12.9
抗拉强度极限 /MPa	400		500		600	800	900	1000	1200
屈服极限/MPa	240	320	300	400	480	640	720	900	1080
硬度 HBW	114	124	147	152	181	245	286	316	380

（2）螺纹连接件的许用应力

螺纹连接材料的许用应力与材料性能、结构尺寸、载荷性质和装配情况等因素有关，许用应力等于极限应力除以安全系数。

对于塑性材料如低碳钢等，极限应力为屈服极限 σ_S，即

$$[\sigma]=\sigma_S/S \qquad [\tau]=\sigma_S/S_\tau \qquad [\sigma_p]=\sigma_S/S_p$$

式中，S_τ 为剪切安全系数；S_p 为挤压安全系数。

对于脆性材料如铸铁等，极限应力为抗拉强度极限 σ_b，即

$$[\sigma_p]=\sigma_b/S_p$$

安全系数 S 的选择见表 3-7。

表 3-7 螺纹连接的安全系数

载荷类型					静载荷		动载荷	
松螺栓连接					1.2 ~1.7			
紧螺栓连接	普通螺栓连接	控制预紧力			1.2 ~1.5		2.5~4	
		不控制预紧力	材料		M6 ~ M16	M16 ~ M30	M6 ~ M16	M16 ~ M30
			碳钢		3 ~ 4	2 ~ 3	6.5 ~ 10	6.5
			合金钢		4 ~ 5	2.5 ~ 4	5 ~ 7.5	5
	铰制孔螺栓连接	被连接件材料			剪切	挤压	剪切	挤压
		钢			2.5	1.25	3.5~5	1.5
		铸铁				2.0~2.5		2.5~3

　　显然，不控制预紧力的紧螺栓连接中，安全系数 S 的选择与螺栓直径 d 有关，d 越小 S 越大，许用应力也就越低。因为如果不控制预紧力，螺栓直径越小拧紧时螺杆因过载而损坏的可能性就越大。在 d 未知时选择 S 要用试算法，即根据经验先假定一个螺栓直径范围查取 S，然后根据强度计算公式计算出 d_1 值，d_1 值与假定符合即可，否则还须重算。

　　【例题 3-1】　如图 3-37 所示气缸螺栓组连接中，气缸盖与缸体凸缘采用普通螺栓连接，气缸压力 p=2MPa，气缸内径 D=500mm，螺栓分布直径 D_0=650mm。为保证气密性，要求残余预紧力 F_1=1.8F，螺栓间距 $t\leqslant5.5d$。螺栓材料的许用拉应力 $[\sigma]$=120MPa，确定螺栓的数目和尺寸。

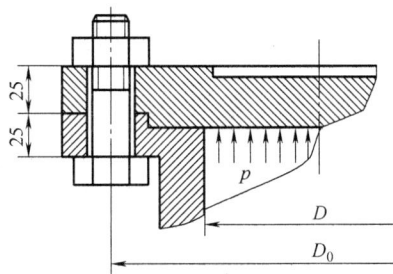

图 3-37　气缸螺栓组连接

　　解：取螺栓数目 Z 为 16 或 24。

单个螺栓所受的轴向工作载荷 F 为

$$F_{(16)}=\frac{p\dfrac{\pi D^2}{4}}{Z}=\frac{2\pi\times500^2}{4\times16}=24531.25(\mathrm{N})$$

$$F_{(24)}=\frac{p\dfrac{\pi D^2}{4}}{Z}=\frac{2\pi\times500^2}{4\times24}=16354.17(\mathrm{N})$$

单个螺栓所受的总拉力 F_2 为

$$F_{2(16)}=F_1+F=1.8F+F=2.8F=2.8\times24531.25=68687.5(\mathrm{N})$$
$$F_{2(24)}=F_1+F=1.8F+F=2.8F=2.8\times16354.17=45791.67(\mathrm{N})$$

所需的螺栓小径 d_1 为

$$d_{1(16)}\geqslant\sqrt{\frac{4\times1.3F_2}{\pi[\sigma]}}=\sqrt{\frac{4\times1.3\times68687.5}{\pi\times120}}=30.788(\mathrm{mm})$$

$$d_{1(24)}\geqslant\sqrt{\frac{4\times1.3F_2}{\pi[\sigma]}}=\sqrt{\frac{4\times1.3\times45791.67}{\pi\times120}}=25.139(\mathrm{mm})$$

可以选取

$$\text{M 36}\qquad d_{1(16)}=31.67(\mathrm{mm})$$

$$M\ 30 \qquad d_{1(24)}=26.21(mm)$$

校核螺栓间距 t 有

$$t_{(16)}=\frac{\pi D_0}{Z}=\frac{650\pi}{16}=127.56(mm)<5.5d=5.5\times36=198(mm)$$

$$t_{(24)}=\frac{\pi D_0}{Z}=\frac{650\pi}{24}=85.04(mm)<5.5d=5.5\times30=165(mm)$$

计算螺栓长度 L 有

$$L_{(16)}\geqslant25+25+36+（0.2\sim0.3）\times36\approx93\sim97(mm)$$
$$L_{(24)}\geqslant25+25+30+（0.2\sim0.3）\times30\approx86\sim89(mm)$$

选用 16 个 M32 长 100mm 螺栓，或者 24 个 M30 长 90mm 螺栓。

注：螺栓长度的计算过程中，不考虑螺栓头，螺母厚度约等于螺栓大径，计算后需要按推荐系列选择。

【例题 3-2】如图 3-38 所示凸缘联轴器螺栓组连接，允许传递的最大转矩 T=630N·m，两半联轴器采用 4 个 M12 的铰制孔用螺栓连接，螺栓性能等级为 8.8 级，联轴器材料为 HT200。

（1）校核其连接强度。

（2）若改用普通螺栓连接，两半联轴器接合面间摩擦系数 f=0.15，防滑系数 K_f=1.2，计算螺栓的直径。

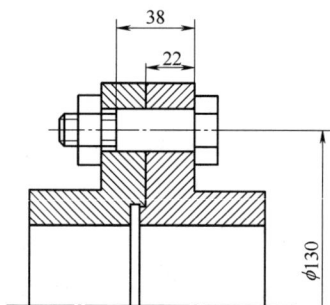

图 3-38 凸缘联轴器螺栓组连接

解：螺栓 σ_S=640MPa，取 S_τ=2.5 和 S_p=1.25，得 $[\tau]$=256MPa 和 $[\sigma_p]$=512MPa。铸铁 σ_b=200MPa，取 S_p=2.5，得 $[\sigma_p]$=80MPa。

（1）单个螺栓所受的工作横向载荷 F 为

$$F=\frac{Tr_{max}}{\sum_{i=1}^{Z}r_i^2}=\frac{2\times630}{4\times130\times10^{-3}}=2423.08(N)$$

校核螺杆的剪切强度（螺栓光杆直径可以按螺纹大径取值，计算偏安全）

$$\tau=\frac{F}{\frac{\pi}{4}d_0^2}=\frac{2423.08}{\frac{\pi}{4}\times12^2}=21.42(MPa)\leqslant[\tau]$$

校核螺杆和联轴器的剪切强度

$$L_{min}=38-22=16(mm)$$

$$\sigma_p = \frac{F}{d_0 L_{min}} = \frac{2423.08}{12\times16} = 12.62(MPa) \leqslant [\sigma_p]$$

均满足安全要求，考虑到余量较大，可以改用普通螺栓连接。

（2）控制预紧力，取 $S=1.5$，得 $[\sigma]=427MPa$。

单个螺栓所需的预紧力 F_0 为

$$F_0 \geqslant \frac{K_f T}{f \sum\limits_{i=1}^{z} r_i} = \frac{1.2\times630\times2}{0.15\times4\times130\times10^{-3}} = 19384.62(N)$$

所需的螺栓小径 d_1 为

$$d_1 \geqslant \sqrt{\frac{4\times1.3F_0}{\pi[\sigma]}} = \sqrt{\frac{4\times1.3\times19384.62}{\pi\times427}} = 8.674(mm)$$

可以选取 M12 螺栓，$d_1=10.11mm$，强度合适。

3.4.4　提高螺栓连接强度的措施

影响螺栓强度的因素很多，主要涉及螺纹牙的载荷分配、应力变化幅度、应力集中、附加应力、材料的力学性能和制造工艺等几个方面。下面分析各种因素对螺栓强度的影响以及提高强度的相应措施。

（1）降低影响螺栓疲劳强度的应力幅

理论和实践证明，受轴向变载荷的紧螺栓连接，在最小应力不变的条件下，应力幅越小则螺栓越不容易发生疲劳破坏，连接的可靠性越高。当螺栓所受的工作拉力在 0 到 F 之间变化时，螺栓的总拉力将在 F_0 和最大总拉力 F_2 之间变动。在保持预紧力 F_0 不变的条件下，若减小螺栓的刚度 C_b 或增大被连接件的刚度 C_m，都可以达到减小总拉力变动范围（即减小应力幅）的目的。但在预紧力 F_0 给定的条件下，减小螺栓的刚度 C_b 或增大被连接件的刚度 C_m，都将引起残余预紧力 F_1 减小，从而降低连接的紧密性。若在减小 C_b 和增大 C_m 的同时，适当增加 F_0，就可以使 F_1 不致减小太多或保持不变。

减小螺栓刚度的常用措施如图 3-39 所示。图（a）为适当增加螺栓长度或减小螺栓杆直径（腰杆螺栓）；图（b）为将螺栓做成中空的结构（柔性螺栓），螺栓受力时变形大，吸收能量作用强，可以用于承受冲击和振动；图（c）为在螺母下面安装弹性元件，也能起到同图（b）相同的效果。

为了增大被连接件的刚度，可以不用垫圈或者采用刚度大的垫圈。对于有紧密性要求的连接，采用较软的气缸垫圈并不合适，采用较硬的金属垫圈或密封环效果较好。

（2）改善螺纹牙间载荷分布不均的现象

由于螺栓和螺母的刚度及变形性质不同，因此即使制造和装配都很精确，各圈螺纹牙上的受力也是不同的。如图 3-40 所示，当连接受载时，螺栓受拉伸作用，外螺纹的螺距

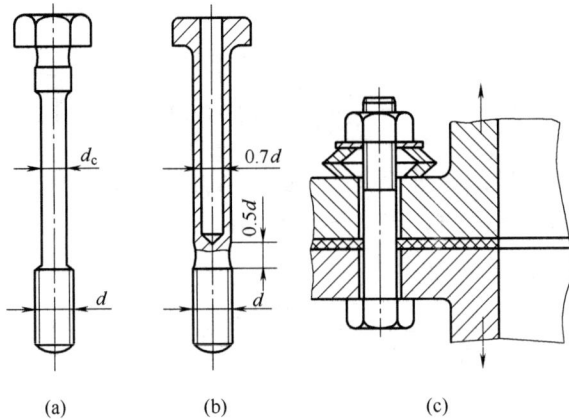

图 3-39 降低应力幅的措施

增大,螺母受压缩作用,内螺纹的螺距减小,旋合圈数越多载荷分布不均的程度就越显著。螺纹螺距的变化差以旋合的第一圈处为最大,以后各圈递减,实验证明,约有1/3的载荷集中在第一圈上,第八圈以后的螺纹牙几乎不承受载荷。

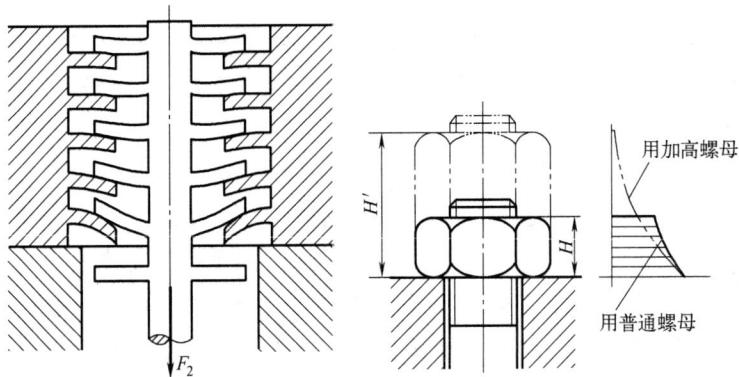

图 3-40 旋合螺纹的变形和载荷分布

采用螺纹牙圈数过多的加厚螺母,并不能提高连接的强度,可以采用如图 3-41 所示具有均载作用的特殊结构螺母。

图 3-41(a)为悬置(受拉)螺母,螺母的旋合部分全部受拉,变形性质和螺栓相同,从而减小两者的螺距变化差,使螺纹牙上载荷分布趋于均匀;图(b)为环槽螺母,螺母内缘下端(螺栓旋入端)局部受拉起到均载作用;图(c)为内斜螺母,螺母下端受力大的几圈制成 10°~15° 的斜角,螺纹牙受力面逐渐外移,下端易变形使载荷上移趋向均匀;图(d)兼有环槽螺母和内斜螺母的作用,加工比较复杂,制造成本较高,一般用于重要或大型的连接。

(3)采用合理的制造工艺

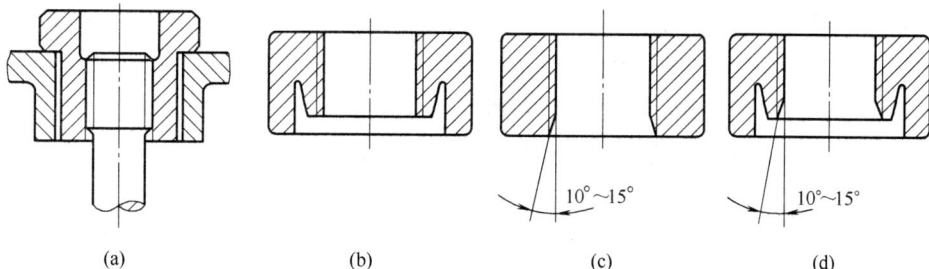

图 3-41　均载螺母结构

制造工艺对螺栓疲劳强度有很大影响，采用冷镦螺栓头部和滚压螺纹的工艺方法，可以显著提高螺栓的疲劳强度，同时具有材料利用率高、生产效率高和制造成本低的优点。冷镦螺栓由于冷作硬化的作用，表层有残余压应力，金属流线的走向合理，疲劳强度可比切削螺纹高 30%~40%。热处理后如果滚压螺纹，疲劳强度可提高 70%~100%。此外在工艺上采用碳氮共渗、渗氮和喷丸等处理，都可以提高螺纹连接件的疲劳强度。

（4）减轻应力集中的影响

螺栓上的螺纹（特别是螺纹的收尾）、螺栓头和螺栓杆的过渡处，以及螺栓横截面面积发生变化的部位等，都会产生应力集中，是断裂破坏的危险部位。在旋合螺纹的牙根处，由于螺栓杆的拉伸使螺纹牙受弯曲和剪切的共同作用，加上受力不均，情况更为严重。如图 3-42 所示，可以通过适当加大牙根圆角半径［图（a）］、加工卸载槽［图（b）］和加工卸载过渡结构［图（c）］等方法以减轻应力集中。

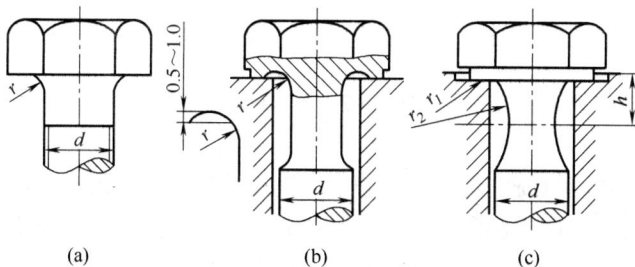

图 3-42　减轻应力集中的措施

3.5　键连接

3.5.1　键连接的基本类型

键连接属于最常见的轴毂连接，和花键连接、销连接、型面连接与过盈连接类似，用来实现轴和轮毂（如齿轮、带轮、蜗轮和凸轮等）之间的周向固定并传递运动和转矩，有些还可以实现轴上零件的轴向固定或轴向移动（导向）。键连接是一种应用很广泛的可拆连接，可分为平键、半圆键、楔键和切向键等类型，其中以平键最为常用。键已标准化，通常先根据工作特点选择键的类型，再根据轴径和轮毂长度确定键的尺寸，必要时应对键连接进行强度计算。

（1）平键连接

平键连接中键的两侧面是工作面，依靠键与键槽的侧面挤压来传递转矩，平键连接不能承受轴向力，对轴上的零件起不到轴向固定作用。平键连接应用广泛，具有结构简单、拆卸方便和对中性良好等优点。平键分为普通平键、薄型平键、导向平键和滑键四种，前两种键用于静连接，后两种键用于动连接。

① 普通平键。

按照端部形状不同分为圆头（A型）、平头（B型）和单圆头（C型），如图3-43所示。普通平键的标记方法为型号、键宽和键长的组合，如圆头普通平键为键A16×100（A可省略），平头普通平键为键B16×100，单圆头普通平键为键C16×100。

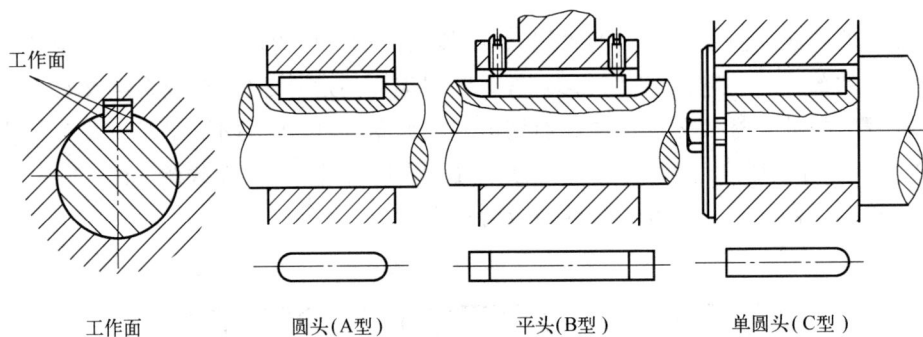

工作面　　　　圆头(A型)　　　　平头(B型)　　　　单圆头(C型)

图3-43 普通平键

圆头平键宜放在用指状铣刀铣出的键槽中，键在键槽中轴向固定良好，缺点是键头部侧面与轮毂上键槽不接触，因而键的圆头部分不能充分利用，而且轴上键槽端部的应力集中较大。平头平键宜放在用盘状铣刀铣出的键槽中，轴上键槽两端的应力集中小。单圆头平键通常用于轴端的连接，轴毂上的键槽一般用插刀或拉刀加工。键槽的加工方法如图3-44所示。

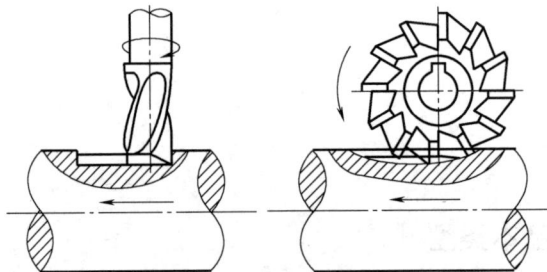

图3-44 指铣刀与盘铣刀加工

② 薄型平键。

薄型平键也分圆头、平头和单圆头三种形式，键的高度约为普通平键的 60%~70%，由于传递转矩的能力较低，常用于空心轴、薄壁结构及一些径向尺寸受限制的场合。

③ 导向平键。

导向平键用于动连接，适用于轴上传动零件滑移距离较小的场合，如图 3-45 所示。其特点是键较长，键与轮毂的键槽采用间隙配合，轮毂可以沿键做轴向滑动（例如变速箱中滑移齿轮与轴的动连接）。为了防止键松动，需要用螺钉将键固定在轴上的键槽中；为了便于拆卸，键上制有起键螺孔。

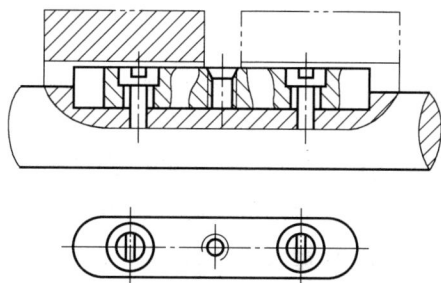

图 3-45　导向平键

④ 滑键。

导向平键的长度越大制造越困难，当零件需滑移的距离较大时，宜采用滑键，如图 3-46 所示。采用滑键时滑键固定在轮毂上，轮毂带动滑键在轴上键槽中做轴向滑移。这样可将键做得较短，只需在轴上铣出较长的键槽即可，降低了加工难度。

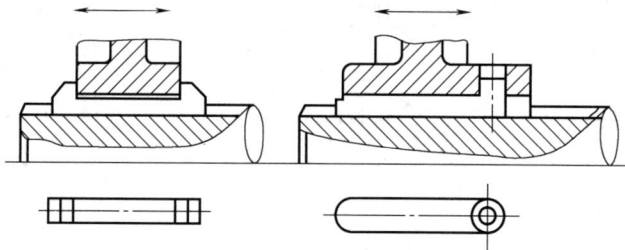

图 3-46　滑键

（2）半圆键连接

半圆键用于静连接，其上表面为一平面，下表面为半圆弧面，两侧面是工作面，如图 3-47 所示，俗称月牙键。这种连接的优点是工艺性较好，装配方便，缺点是轴上键槽较深，对轴的强度削弱较大。

半圆键主要用于轻载和锥形轴端的连接，与平键一样具有良好的对中性，轴上键槽用半径与键相同的盘状铣刀铣出，键在槽中能摆动以适应轮毂键槽的斜度。

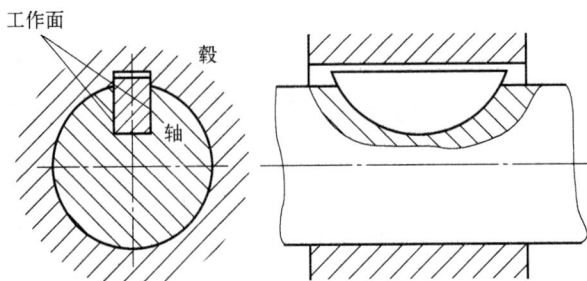

图 3-47 半圆键连接

（3）楔键连接

楔键连接如图 3-48 所示，键的上表面和轮毂键槽底部各有 1∶100 的斜度，工作面是键的上下两面。工作时靠键、轴和轮毂之间压紧后产生的摩擦力传递转矩，同时还可以承受单向的轴向载荷，对轮毂起到单向轴向定位作用，具有一定的自锁性。楔键被楔紧在轴和轮毂的键槽里时，轴和轮毂的配合会产生偏心和偏斜，因此这类键主要用于毂类零件定心精度要求不高和低转速的场合。楔键连接在传递有冲击和振动的较大转矩时，可能会导致轴与轮毂发生相对转动，由于楔键侧面与键槽侧面的间隙很小，因此键的侧面能像平键那样参加工作，以保证连接的可靠性。

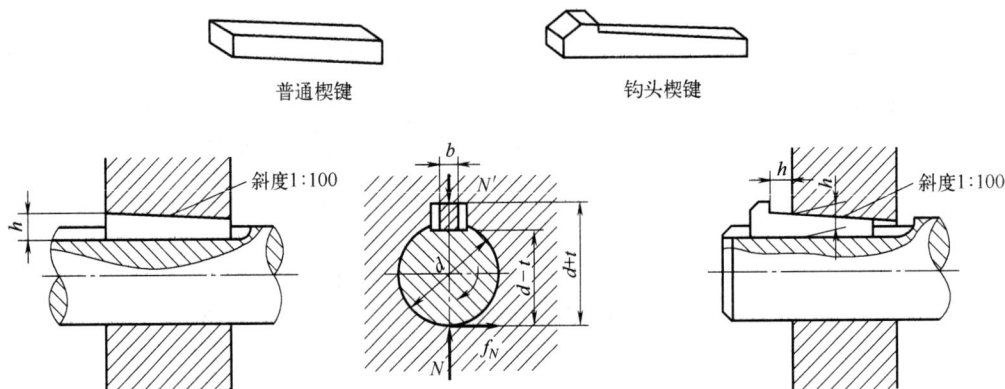

图 3-48 楔键连接的类型

楔键分为普通楔键和钩头楔键。普通楔键有圆头、平头和单圆头三种形式。装配圆头楔键时，要先将键放入轴上键槽中，然后打紧轮毂；而装配平头、单圆头和钩头楔键时，则是在轮毂装好后才将键放入键槽并打紧。钩头楔键的钩头供拆卸用，安装在轴端时应注意加装防护罩。

（4）切向键连接

切向键连接如图 3-49 所示，是将一对斜度为 1∶100 的楔键分别从轮毂两端打入，拼合而成的切向键沿轴的切线方向楔紧在轴与轮毂之间。其工作面是拼合后相互平行的两个窄面，工作时就靠这两个窄面上的挤压力和轴与轮毂间的摩擦力来传递转矩。

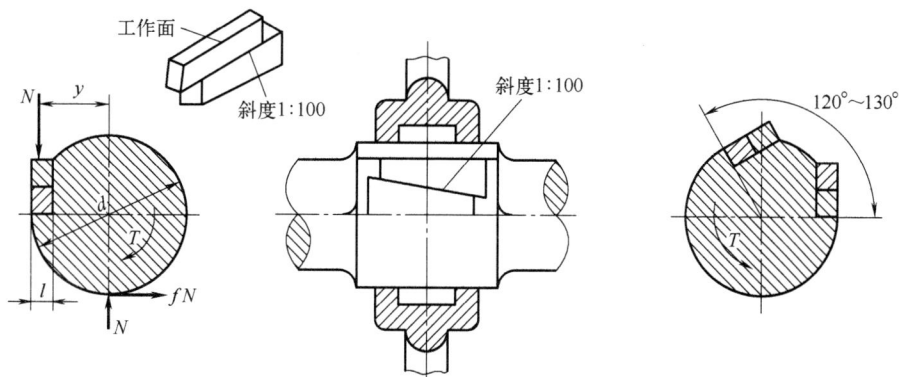

图 3-49 切向键连接

需要注意的是,若用一个切向键只能递单向转矩,若用两个切向键则可传递双向转矩,且两者间的夹角为 120°~130°。切向键的键槽对轴的削弱较大,常用于直径大于 100mm 的轴上,如大型带轮、大型飞轮和矿山用大型绞车的齿轮等。

3.5.2 平键连接的类型选择和强度验算

键的选择包括类型选择和尺寸选择两个方面。键的类型应根据键连接的结构特点、使用要求和工作条件来选择,选择时应考虑的因素如下。

① 载荷的类型和传递的转矩大小;

② 键在轴上的位置和对中要求;

③ 轮毂零件是否需滑动,轴向是否固定,是否承受轴向力。

键的尺寸按符合标准规格的强度要求来选定,平键的主要尺寸为其截面尺寸(一般以键宽 $b \times$ 键高 h 表示)与长度 L。设计时键宽和键高根据轴的直径 d 从标准中选定,键长应略小于轮毂的长度(一般比轮毂长度短 5~10mm),并符合标准中规定的长度系列。通常轮毂长度可取 1.5~2 倍的轴直径,导向平键的长度则按零件所需滑动的距离而定。普通平键的主要尺寸见表 3-8,C 为倒角高度,r 为圆角半径。

表 3-8 普通平键和键槽尺寸 单位:mm

轴的直径 d	键的尺寸			
	b	h	C 或 r	L
6~8	2	2		6~20
>8~10	3	3	0.16~0.25	6~36
>10~12	4	4		8~45
>12~17	5	5		10~56
>17~22	6	6	0.25~0.4	14~70
>22~30	8	7		18~90

轴的直径 d	键的尺寸			
	b	h	C 或 r	L
>30~38	10	8		22~110
>38~44	12	8		28~140
>44~50	14	9	0.4~0.6	36~160
>50~58	16	10		45~180
>58~65	18	11		50~200
>65~75	20	12	0.6~0.8	56~220
>75~85	22	14		63~250

注：L 系列为 6，8，10，12，14，18，20，22，25，28，32，36，40，45，50，56，63，70，80，90，100，110，125，140，160，180，200，250，…

重要的键连接在选出键的类型和尺寸后，应进行强度校核计算。平键连接时的受力分析如图 3-50 所示，键的主要失效形式是键、轴和轮毂中强度较弱的工作表面被压溃（对静连接）或磨损（对动连接），因此一般只需要校核挤压强度（对静连接）或压强（对动连接）。

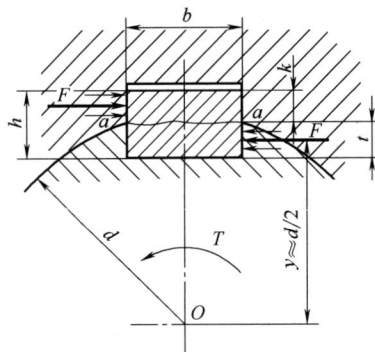

图 3-50 平键连接受力分析

假设载荷沿键的长度和高度均匀分布，则静连接的挤压强度条件为

$$\sigma_p = \frac{2T \times 10^3}{kld} \leqslant [\sigma_p]$$

导向平键连接和滑键连接的强度条件为

$$p = \frac{2T \times 10^3}{kld} \leqslant [p]$$

式中　T——传递的转矩，N·mm；

　　　d——轴的直径，mm；

　　　p——键和键槽工作面的压强，MPa；

l——键的工作长度，mm；

k——键与轮毂键槽的接触高度，$k \approx 0.5h$，mm；

$[\sigma_p]$、$[p]$——键连接中挤压强度最低零件的许用挤压应力和许用压强，见表 3-9。

表 3-9 键连接的许用挤压应力和许用压强 单位：MPa

连接的工作方式	连接中较弱零件的材料	许用挤压应力和许用压强		
		静载荷	轻微冲击	冲击载荷
静连接	碳钢、铸钢、铸铁	125~150	100~120	60~90
		70~80	50~60	30~45
动连接	锻钢、铸钢	50	40	30

注意：键的工作长度 l 和实际长度 L 之间的差别，圆头平键 $l=L-b$，平头平键 $l=L$，单圆头平键 $l=L-b/2$。

如果校核结果强度不够，可以采取下列措施：

① 适当增加键和轮毂的长度，但长度不应超过 $2.5d$。

② 用两个键按 180°相隔布置，考虑到载荷分布的不均匀性，只能按 1.5 个键做计算。

【例题 3-3】 减速器中某直齿圆柱齿轮安装在轴的两个支承点间，齿轮和轴的材料都是锻钢，用键构成静连接。齿轮精度为 7 级，装齿轮处轴径 $d=70$mm，齿轮轮毂宽度为 100mm，需传递的转矩 $T=2200$N·m，载荷有轻微冲击。设计此键连接。

解：（1）选择键连接的类型和尺寸

一般 8 级以上精度的齿轮有定心精度要求，应选用平键连接。由于齿轮不在轴端，故选用圆头普通平键（A 型）。

根据 $d=70$mm 得键的截面尺寸为宽度 $b=20$mm 和高度 $h=12$mm，由轮毂宽度并参考键的长度系列，取键长 $L=90$mm。

（2）校核键连接的强度

键、轴和轮毂的材料都是钢，许用挤压应力 $[\sigma_p]=100$~120MPa，取其平均值 110MPa。键工作长度 $l=70$mm，键与轮毂键槽接触高度 $k=6$mm。

$$\sigma_p = \frac{2T \times 10^3}{kld} = \frac{2 \times 2200 \times 10^3}{6 \times 70 \times 70} = 149.7 \, (\text{MPa}) > [\sigma_p]$$

连接的挤压强度不够。考虑到相差较大改用双键相隔 180°布置，双键的工作长度相当于单键的 1.5 倍，故 $l=105$mm。

$$\sigma_p = \frac{2T \times 10^3}{kld} = \frac{2 \times 2200 \times 10^3}{6 \times 105 \times 70} = 99.8 \, (\text{MPa}) \leqslant [\sigma_p]$$

合适，键的标记为键 20×90。

本章小结

螺纹五要素为螺纹的牙型、大径、螺距、线数和旋向。三角形螺纹自锁性能好，适用于连接；矩形螺纹传动效率高，一般用于力的传递。在机械制造中常用的螺纹连接件有螺栓、双头螺柱、螺钉、紧定螺钉、螺母和垫圈等，其结构和尺寸都已标准化。

螺纹连接有四种基本类型，即螺栓连接、双头螺柱连接、螺钉连接和紧定螺钉连接。螺栓连接可分为普通螺栓连接和铰制孔螺栓连接两种，双头螺柱和螺钉连接需要在被连接件之一上加工出螺纹孔，紧定螺钉连接主要用于固定零件的相对位置。

螺纹连接一般需要预紧和防松，防松按工作原理可分为摩擦防松、机械防松和破坏螺纹副运动关系防松。

螺纹连接件按照材料的力学性能划分等级，其许用应力由多种因素共同确定。提高螺栓连接强度的措施有降低影响螺栓疲劳强度的应力幅、改善螺纹牙间载荷分布不均的现象、采用合理的制造工艺和减轻应力集中的影响等。

键连接可分为平键、半圆键、楔键和切向键等类型，其中以平键最为常用。设计时键宽和键高根据轴的直径从标准中选定，键长应略小于轮毂的长度，一般按挤压强度进行校核。

本章重点： 受拉螺栓主要破坏形式是螺栓杆或螺纹部分发生断裂，其设计准则是保证螺栓的静力或疲劳抗拉强度；受剪螺栓主要破坏形式是螺栓杆和孔壁的贴合面上出现压溃或螺栓杆被剪断，其设计准则是保证连接的挤压强度和螺栓的剪切强度。

本章难点： 螺栓组受载的基本形式有轴向拉伸、剪切、扭转和弯曲四种，首先进行结构设计，根据被连接件接合面的结构和形状，选定螺栓的数目和分布形式，然后根据强度条件确定螺栓连接的结构尺寸。

习题

3-1 螺纹连接中螺栓受力和被连接件受力是否相同？请详细说明。

3-2 简述螺栓连接的主要失效形式和拆装中应注意的问题。

3-3 气缸盖螺栓连接中，气体压强 p=2MPa，汽缸内径 D=300mm，两凸缘高度均为20mm。按工作要求剩余预紧力为 $1.6F$（F 为单个螺栓受到的工作拉力）。螺栓强度级别为 6.6 级，数目为 16 个，安全系数为 2。确定螺栓直径和长度。

3-4 图 3-51 所示 Q235 钢板采用两个 M20 的普通螺栓连接，被连接件接合面的摩擦因数 f=0.2，可靠系数 K_f=1.2，螺栓的性能等级为 4.6。

（1）计算该连接允许传递的载荷 F_R。

（2）在此载荷作用下，改为铰制孔螺栓连接，确定螺栓直径。

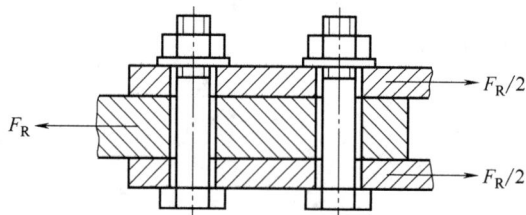

图 3-51 习题 3-4 图

3-5　铰制孔螺栓组连接的三种方案如图 3-52 所示，已知 $L=300$mm，$a=60$mm，试求三个方案中，受力最大的螺栓所受的力各为多少，哪个方案较好。

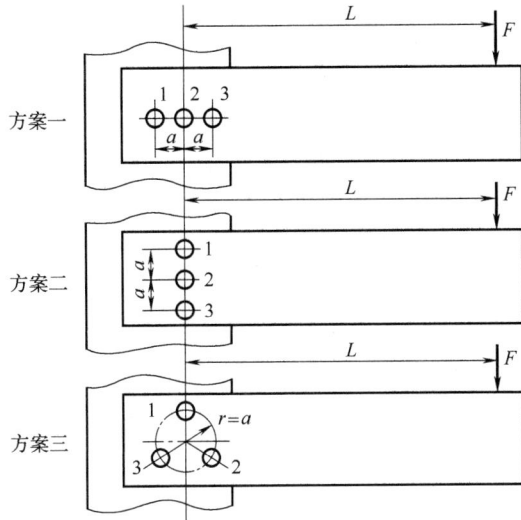

图 3-52　习题 3-5 图

3-6　图 3-53 所示方形盖板用 4 个螺钉与箱体连接，盖板中心 O 点的吊环所受拉力 $F=10$kN，按工作要求残余预紧力为工作拉力的 0.6 倍，螺钉的许用拉应力$[\sigma]=120$MPa。因制造误差，吊环由 O 点移到 O' 点，$OO'=7.07$mm，求受力最大螺钉的直径。

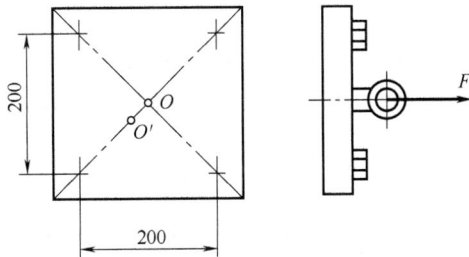

图 3-53　习题 3-6 图

3-7　图 3-54 所示支架与机座用 4 个普通螺栓连接，所受外载荷分别为横向载荷 $F_R=5000$N，轴向载荷 $F_Q=16000$N。已知螺栓相对刚度 $C_b/(C_b+C_m)=0.25$，接合面间摩擦系数 $f=0.15$，可靠性系数 $K_f=1.2$，螺栓性能等级为 8.8 级。控制预紧力，确定螺栓的直径及预紧力 F_0。

3-8　齿轮与轴之间采用平键连接，传递转矩 $T=5000$N·m，轴径 $d=80$mm，轮毂宽度为 150mm，轴和轮毂材料均为 45 钢，载荷有轻微冲击。

（1）选择平键尺寸并校核。

（2）如强度不足应采取何种措施。

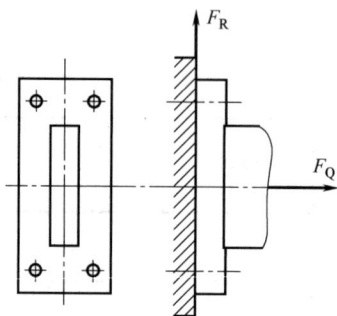

图 3-54 习题 3-7 图

拓展阅读

螺纹作为一种传承较久的机械结构，在现代科技和工程领域中仍然保持着广泛的应用。随着技术的进步，螺纹连接及螺旋传动的创新应用在以下各领域不断涌现。

（1）机械制造领域

机床丝杠：在机床中丝杠是实现工件直线运动的关键部件。梯形螺纹传动效率高，易于加工，常被用于机床丝杠的制造。通过旋转丝杠，可以精确地控制工件的移动距离和速度，从而实现高精度加工。

螺旋冲压机：螺旋冲压机是一种利用螺旋副传递转矩和力的机械设备。矩形螺纹传动效率极高，能够承受较大的载荷，常被用于螺旋冲压机的传动系统中。通过旋转矩形螺纹，可以将电机的动力高效地传递给冲压机构，实现快速稳定的冲压作业。

（2）建筑和土木工程领域

钢筋连接：在钢筋混凝土结构中，螺纹连接被广泛应用于钢筋的连接。例如，镦粗直螺纹钢筋机械连接技术，对钢筋端头进行机械镦粗后再进行套丝，避免了钢筋截面积的削弱，充分发挥了钢筋母材的强度，使钢筋接头质量更加稳定可靠。

桥梁施工：在桥梁施工中，螺纹连接也常用于钢筋和预应力筋等构件的连接。这类连接需要承受巨大的拉力和压力，要求具有更高的强度和稳定性。

（3）管道和流体系统

自来水管连接：在家庭和工业环境中，自来水管之间常通过管螺纹连接。管螺纹的设计考虑到了密封性，能够确保水在输送过程中不会泄漏，保障供水的稳定性和安全性。

石油和化工管道：在石油和化工等行业中，管道连接接头的密封性和抗拉强度至关重要。锯齿形螺纹因其特殊的设计，能够显著提高连接件的密封性和抗拉强度，常用在高压和高温等恶劣环境下。

（4）电子与通信领域

电缆和电线连接：在电子和通信领域，电缆和电线的连接也常采用螺纹连接方式。这种连接方式可以确保电缆和电线之间的良好电气接触，同时提供足够的机械强度来承受拉力和压力。

天线支架：电子通信天线支架也常使用螺纹连接来实现不同部件之间的固定和连接。这类连接需要承受风力和其他环境因素的影响，要求具有高强度和稳定性。

（5）其他领域

乐器制造：在乐器制造中螺纹连接常用于固定和调整乐器的部件。如钢琴的弦轴就采用螺纹连接方式，确保琴弦能够稳固地固定在弦轴上。

家具制造：家具制造中常使用螺纹连接来固定和连接不同的部件。这类连接需要承受日常使用的压力和磨损，要求足够的强度和耐久性。

随着科技的不断发展，螺纹的制造技术也在不断改进，未来螺纹将更加精密化和轻量化，以适应各种高精度机械设备的需求，同时满足减轻机械设备重量的要求。数字化生产技术的引入将为螺纹生产带来革命性的变化，通过构建智能化的生产线，实现生产过程的自动化和智能化，可以有效提高生产效率和产品质量。随着工业生产要求的不断提高，对螺纹连接件的性能要求也将越来越高，研发具有更高强度、耐腐蚀性和耐高温性能的产品将成为未来的发展方向。

第 4 章　带传动

本章知识导图

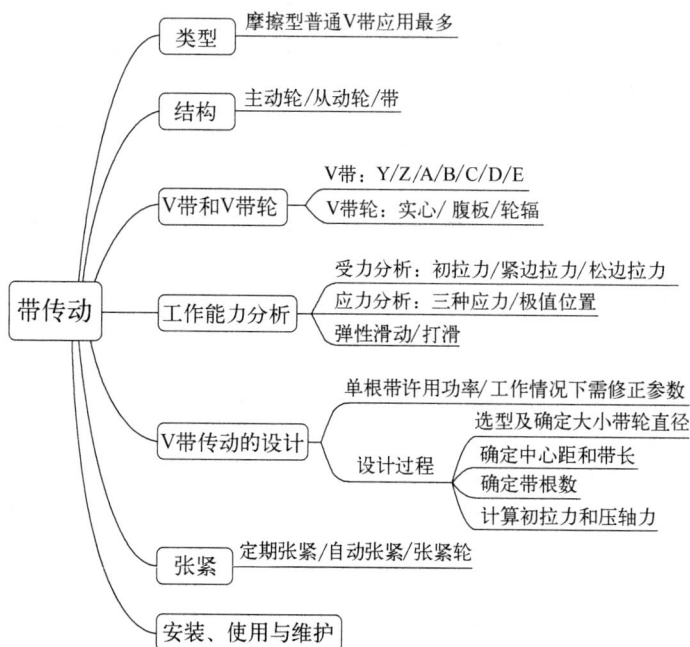

```
                    类型 ── 摩擦型普通V带应用最多

                    结构 ── 主动轮/从动轮/带

                                    ┌ V带：Y/Z/A/B/C/D/E
                    V带和V带轮 ──────┤
                                    └ V带轮：实心/腹板/轮辐

                            ┌ 受力分析：初拉力/紧边拉力/松边拉力
      带传动       工作能力分析 ┤ 应力分析：三种应力/极值位置
                            └ 弹性滑动/打滑

                            ┌ 单根带许用功率/工作情况下需修正参数
                                        ┌ 选型及确定大小带轮直径
                    V带传动的设计 ┤        ┤ 确定中心距和带长
                            └ 设计过程 ─┤ 确定带根数
                                        └ 计算初拉力和压轴力

                    张紧 ── 定期张紧/自动张紧/张紧轮

                    安装、使用与维护
```

本章学习目标

　　（1）熟悉带传动的常见类型及结构；

　　（2）掌握带传动工作情况的分析；

　　（3）掌握 V 带的设计方法；

　　（4）了解带轮零件进行合理的选材和结构设计。

　　带传动是一种挠性传动，由主动带轮、从动带轮和传动带构成。当主动带轮转动时，利用带轮和传动带间的摩擦或啮合作用，将运动和动力通过传动带传递给从动带轮。带传动具有结构简单、传动平稳、价格低廉和缓冲吸振等特点，在近代机械中应用十分广泛。

4.1　带传动的类型及结构

4.1.1　带传动的工作原理

带传动是一种常用的机械传动装置，由主动轮 1、从动轮 2 和传动带 3 组成。带传动是利用传动带作为中间挠性件，依靠传动带与带轮之间的摩擦力［如图 4-1（a）］或啮合［如图 4-1（b）］来传递运动和动力的。在多数情况下，带传动都是以小带轮作为主动轮进行减速传动的。

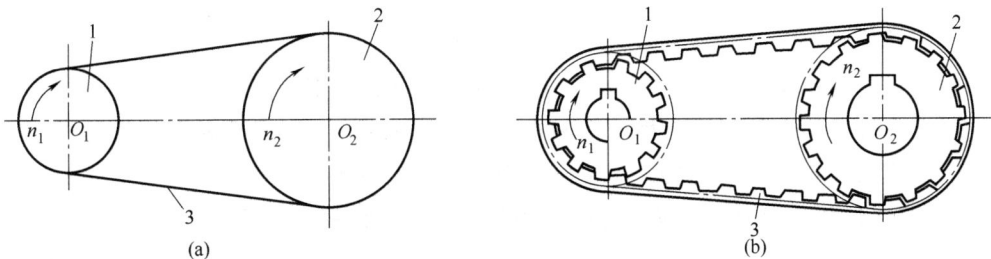

图 4-1　带传动示意图

1—主动轮；2—从动轮；3—传动带

4.1.2　带传动的类型

（1）按传动原理分

① 摩擦带传动［图 4-1（a）］。靠传动带与带轮间的摩擦力实现传动，如 V 带传动、圆带传动、平带传动和多楔带传动等。

② 啮合带传动［图 4-1（b）］。靠带内侧凸齿与带轮外缘上的齿槽相啮合实现传动，如同步带传动。

（2）按传动带的截面形状分

① 平带传动。平带由多层胶布构成，其横截面为扁平矩形［图 4-2（a）］，工作面是与带轮相接触的内侧面。

② V 带传动。V 带的横截面为等腰梯形［图 4-2（b）］，工作面为两侧面，带与轮槽底部不接触。在同样的张紧条件下，V 带的传动能力远比平带传动大，而且结构紧凑，因而在机械传动中广泛应用。

③ 圆带传动。圆带的横截面为圆形［图 4-2（c）］，常用于小型机械设备，如牙科医疗器械和缝纫机等。

④ 多楔带传动。多楔带相当于多根 V 带组合而成 [图 4-2（d）]，其工作面是多楔带的侧面，传动平稳，效率高，结构尺寸小，适用于传递动力大且要求结构紧凑的场合。

⑤ 同步带传动。同步带是内侧带齿的环形带 [图 4-2（e）]，与之相配合的带轮工作面也有相应的轮齿，其特点是传动比准确，轴上压力小，但对制造安装精度要求高，成本也较高，常用于仪器和仪表行业。

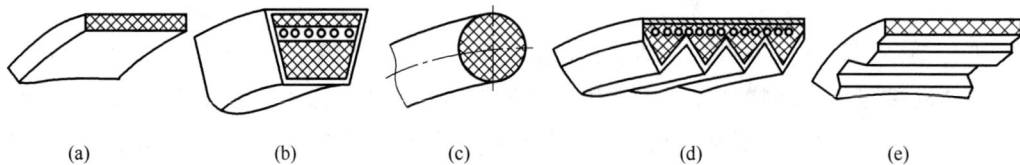

图 4-2　传动带的几种类型

（3）按传动的形式分

① 开口带传动 [图 4-1（a）]。用于两轴相互平行且两带轮同向转动的传动中。

② 交叉带传动（图 4-3）。用于两轴相互平行且两带轮转动方向相反的传动中。

③ 半交叉带传动（图 4-4）。用于两轴交错，不能逆转的传动中。

其中交叉传动和半交叉传动只能采用平带传动。各种带传动类型特点见表 4-1。

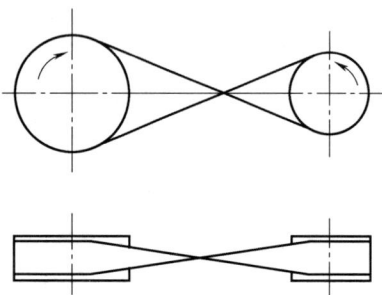

图 4-3　交叉带传动

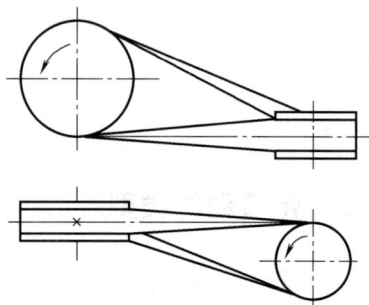

图 4-4　半交叉带传动

表 4-1　带传动类型特点

	类型	特点
摩擦传动	平带传动	工作时带的内面是工作面，与圆柱形带轮工作面接触，属于平面摩擦传动。高速运行时，带体容易散热，传动平稳，结构简单，带轮也容易制造，在传动中心距较大的情况下应用较多
	V 带传动	V 带传动，在一般机械传动中应用最广。传递的功率大，结构简单，价格便宜。传动时 V 带只与带轮槽的两个侧面接触，根据槽面摩擦的原理，在同样的张紧力下，V 带传动较平带传动能产生更大的摩擦力（约大 70%），因而比平带传动的承载能力高。这是 V 带传动性能上的最主要优点

续表

类型		特点
摩擦传动	多楔带传动	多楔带传动兼有平带传动和 V 带传动的优点，柔韧性好、摩擦力大，多楔带是以平带为基体、内表面具有若干等距纵向楔形槽的环形传动带，其工作面为楔的侧面，它具有平带柔软、V 带摩擦力大的特点，主要用于传递大功率而结构又要求紧凑的场合
	圆带传动	圆带传动能力较小，主要用于带速 $v<15\text{m/s}$、传动比 $i=0.5\sim3$ 的小功率传动
啮合传动	同步带传动	同步带传动综合了带传动、链传动和齿轮传动的优点。由于带的工作面呈齿形，与带轮的齿槽做啮合传动，并由带的抗拉层承受负载，故带与带轮之间没有相对滑动，从而使主、从动轮间做无滑差的同步传动。同步带传动的速度范围很广，传动效率高（可达 99.5%），传动比大（可达 10），传动功率从几瓦到数百千瓦。常用于各种仪器、计算机、汽车、纺织机械和其他通用机械中

4.1.3　带传动的主要特点

带传动和其他传动相比具有以下特点。

优点：①具有弹性，能缓冲吸振，传动平稳、清洁（无须润滑），噪声小；②过载时，带在带轮上会发生打滑，防止其他零部件损伤，起安全保护作用；③适用于中心距较大的场合；④结构简单，成本较低，装拆方便。

缺点：①带在带轮上有相对滑动，传动比不恒定；②传动效率低，寿命较短；③传动的外廓尺寸大；④需要张紧，支承带轮的轴及轴承受力较大；⑤不宜用于高温和有腐蚀性的场所。

通常带传动适用于中、小功率的传动，可传递功率 $P<100\text{kW}$，带速 $v=5\sim25\text{ m/s}$，传动比 $i\leqslant7$，传动效率 0.90~0.95。目前 V 带传动应用最为广泛。

4.2　普通 V 带和 V 带轮

4.2.1　普通 V 带的构造和标准

按其结构形式，V 带可分为普通 V 带、窄 V 带、大楔角 V 带、齿形 V 带、联组 V 带和接头 V 带等。下面主要介绍最基本的结构形式——普通 V 带。

普通 V 带为无接头环形带，相对高度（高宽比）$h/b_\text{p}\approx0.7$ 的 V 带（b_p 为节宽），带两侧工作面的夹角 α 称为带的楔角，$\alpha=40°$。V 带由顶胶层、抗拉层、底胶层和包布层组成，其结构如图 4-5 所示。包布层材料为胶帆布，顶胶层和底胶层材料为橡胶。抗拉层是 V 带工作时的主要承载部分，有帘布芯结构和线绳芯结构两种。其中，线绳芯结构柔韧性好，适用于转速较高、带轮直径较小的场合；帘布芯结构的 V 带抗拉强度较高，制造方便。

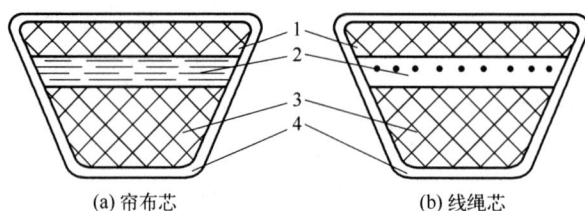

图 4-5 V 带的截面结构

1—顶胶层；2—抗拉层；3—底胶层；4—包布层

普通 V 带的规格尺寸、性能、测量方法及使用要求等均已标准化（见 GB/T 11544—2012）。普通 V 带按截面尺寸从小到大的顺序分为 Y、Z、A、B、C、D、E 七种型号，其截面尺寸见表 4-2。在同样条件下，截面尺寸越大则传递的功率就越大。当带弯曲时，长度和宽度均不变的中性层称为带的节面，其宽度称为节宽 b_p，其对应位置带的长度称为基准长度 L_d，基准长度系列见表 4-3。

表 4-2　普通 V 带截面尺寸、基准长度和单位长度质量

截面	Y	Z	A	B	C	D	E
顶宽 b/mm	6.0	10.0	13.0	17.0	22.0	32.0	38.0
节宽 b_p/mm	5.3	8.5	11.0	14.0	19.0	27.0	32.0
高度 h/mm	4.0	6.0	8.0	11.0	14.0	19.0	25.0
楔角 α/(°)	40						
基准长度 L_d/mm	200~500	400~1600	630~2800	900~5600	1800~10000	2800~14000	4500~16000
单位长度质量 q/(kg/m)	0.04	0.06	0.10	0.17	0.30	0.60	0.87

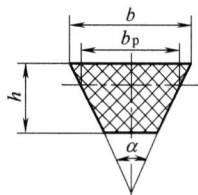

普通 V 带的标记由带型、基准长度和标准号组成。例如，B 型普通 V 带，基准长度为 1800mm，其标记为：B-1800GB/T11544-2012。带的标记通常压印在带顶面上，以便选用识别。

表 4-3　V 带基准长度 L_d 及带长修正系数 K_L

基准长度 L_d/mm	K_L					基准长度 L_d/mm	K_L				
	Y	Z	A	B	C		A	B	C	D	E
200	0.81					2000	1.03	0.98	0.88		
224	0.82					2240	1.06	1.00	0.91		
250	0.84					2500	1.09	1.03	0.93		
280	0.87					2800	1.11	1.05	0.95	0.83	
315	0.89					3150	1.13	1.07	0.97	0.86	
355	0.92					3550	1.17	1.09	0.99	0.89	
400	0.96	0.87				4000	1.19	1.13	1.02	0.91	
450	1.00	0.89				4500		1.15	1.04	0.93	0.90
500	1.02	0.91				5000		1.18	1.07	0.96	0.92
560		0.94				5600			1.09	0.98	0.95
630		0.96	0.81			6300			1.12	1.00	0.97
710		0.99	0.83			7100			1.15	1.03	1.00
800		1.00	0.85			8000			1.18	1.06	1.02
900		1.03	0.87	0.82		9000			1.21	1.08	1.05
1000		1.06	0.89	0.84		10000			1.23	1.11	1.07
1120		1.08	0.91	0.86		11200				1.14	1.10
1250		1.11	0.93	0.88		12500				1.17	1.12
1400		1.14	0.96	0.90		14000				1.20	1.15
1600		1.16	0.99	0.92	0.83	16000				1.22	1.18
1800		1.18	1.01	0.95	0.86						

4.2.2　普通 V 带轮

（1）设计要求

普通 V 带轮设计的要求：质量小，结构工艺性好，无过大的铸造内应力；质量分布均匀，转速高时要进行动平衡调整；轮槽工作面要精加工（表面粗糙度一般应为 $Ra3.2\mu m$），以减小带的磨损；各槽的尺寸和角度应保持一定的精度，以使载荷分布较为均匀。

（2）带轮材料

带轮的材料主要采用铸铁，常用材料的牌号为 HT150 或 HT200。转速较高时宜采用铸钢（或用钢板冲压后焊接而成）；小功率时可用铸铝或塑料。

（3）主要结构形式

铸铁 V 带轮的典型结构有三种基本形式。

① 实心式：如图 4-6（a）所示，带轮基准直径小于 3*d*（*d* 为轴的直径）时选用；

② 腹板式：如图 4-6（b）所示，带轮基准直径小于 300~350mm 时选用；

③ 轮辐式：如图 4-6（c）所示，带轮基准直径大于 300~350mm 时选用。

(a)

(b)   (c)

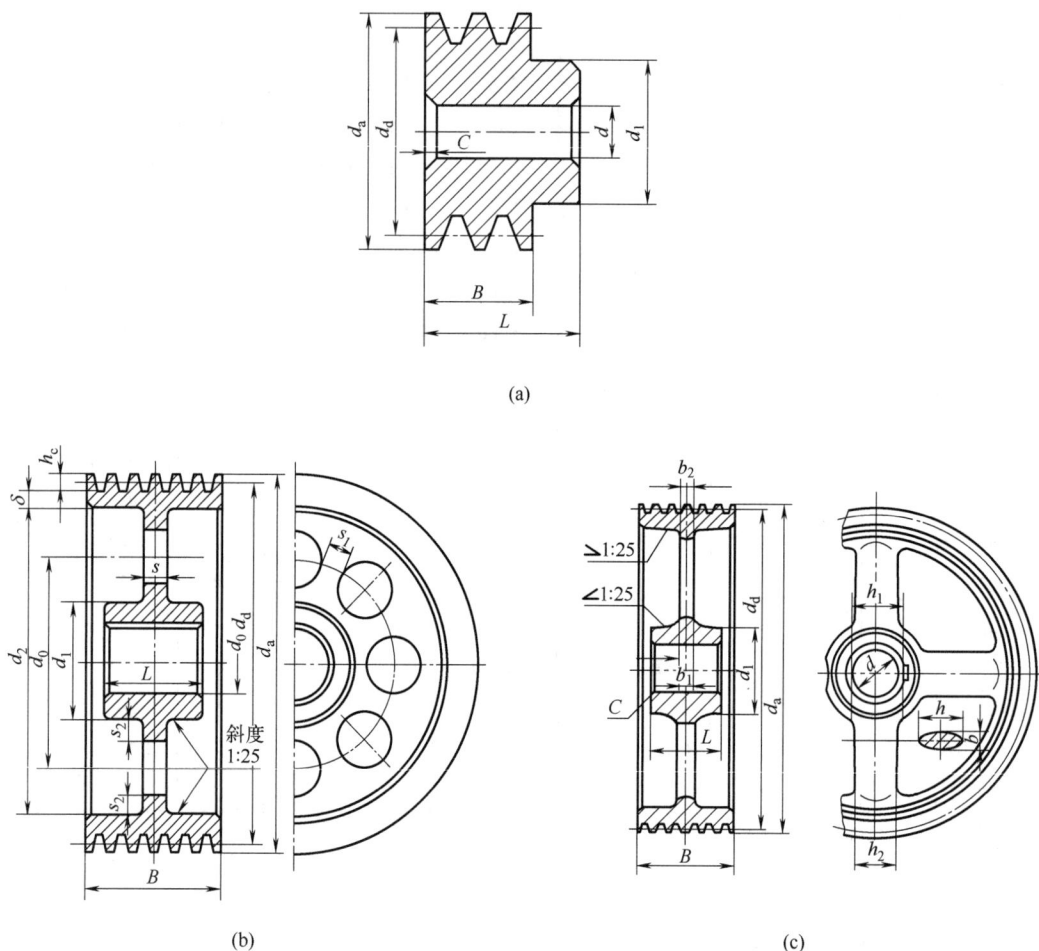

图 4-6 带轮的结构形式

带轮的结构设计主要是根据带轮的基准直径选择结构形式，并根据带的型号及根数确定轮缘宽度，根据带的型号确定轮槽尺寸，具体尺寸见表 4-4。

根据在实际工作中的经验，V 带轮结构尺寸可用以下经验公式：

$$d_1 = (1.8 \sim 2)d_0 \qquad\qquad h_2 = 0.8h_1 \qquad\qquad b_1 = 0.4h_1$$

$$s = (0.2 \sim 0.3)B \qquad\qquad d_0 = 0.5(d_1 + d_2) \qquad\qquad b_2 = 0.8b_1$$

表 4-4　V 带轮的轮槽尺寸

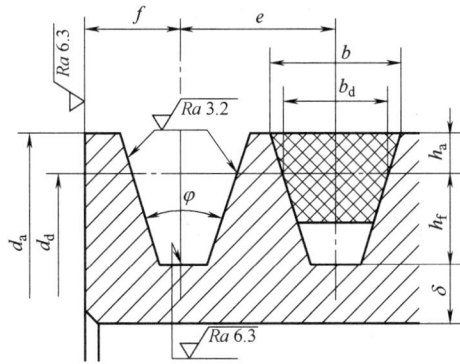

项目		符号	槽型						
			Y	**Z**	**A**	**B**	**C**	**D**	**E**
节宽/mm		b_d	5.3	8.5	11.0	14.0	19.0	27.0	32.0
最小基准线上槽深/mm		h_{amin}	1.6	2.0	2.75	3.5	4.8	8.1	9.6
最小基准线下槽深/mm		h_{fmin}	4.7	7.0	8.7	10.8	14.3	19.9	23.4
槽间距/mm		e	8±0.3	12±0.3	15±0.3	19±0.4	25.5±0.5	37±0.6	44.5±0.7
第一槽对称面至端面的距离/mm		f	7±1	8±1	10^{+2}_{-1}	12.5^{+2}_{-1}	17^{+2}_{-1}	23^{+3}_{-1}	29^{+4}_{-1}
最小轮缘厚/mm		δ_{min}	5	5.5	6	7.5	10	12	15
带轮宽/mm		B	$B=(z-1)e+2f$　（z 为轮槽数）						
外径/mm		d_a	$d_a=d_d+2h_a$						
轮槽角 φ	32°	相应的基准直径 d_d/mm	≤60	—	—	—	—	—	—
	34°		—	≤80	≤118	≤190	≤315	—	—
	36°		>60	—	—	—	—	≤475	≤600
	38°		—	>80	>118	>190	>315	>475	>600
极限偏差			±1°				±30°		

4.3　带传动的工作能力分析

4.3.1　带传动的受力分析

传动带安装时，需以一定的初拉力 F_0 紧套在带轮上，带两边的拉力均等于初拉力 F_0，如图 4-7（a）所示。当带传动传递动力时，由于带和带轮间的摩擦作用，带绕入主动轮一边的拉力由 F_0 增大到 F_1，称为带的紧边，F_1 为紧边拉力；另一边拉力由 F_0 减小到 F_2，称为带的松边，F_2 为松边拉力，如图 4-7（b）所示。

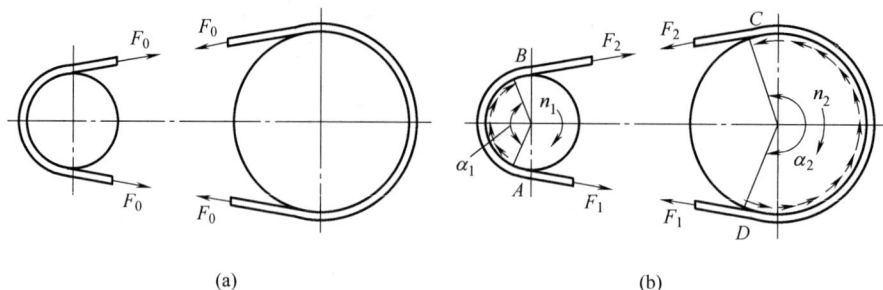

(a)   (b)

图 4-7 带传动的受力分析

假设传动带在工作前和工作过程中的总长度不变，则紧边拉力的增量等于松边拉力的减量，即

$$F_1 - F_0 = F_0 - F_2 \tag{4-1}$$

带的紧边拉力和松边拉力之差称为有效拉力（等于带所传递的圆周力 F），即

$$F = F_1 - F_2 \tag{4-2}$$

根据带工作时传递的圆周力和带与带轮之间产生的极限摩擦力的关系，可以把带传动的工作情况分为以下三种状态。

（1）正常工作（$F < F_{f\max}$）

在正常工作时，带所传递的圆周力为

$$F = F_f = F_1 - F_2$$

圆周力、带速和传递功率 P 之间的关系为

$$P = \frac{Fv}{1000} \tag{4-3}$$

式中　　P ——带传动的功率，kW；

　　　　F ——带所传递的圆周力，N；

　　　　v ——带速，m/s。

由上式可知，当带速一定时，传递的功率 P 越大，则圆周力 F 越大，所需带与带轮面间的摩擦力 F_f 也越大。

（2）临界状态（$F = F_{f\max}$）

当带所传递的圆周力 F 持续增加，传动带与带轮间即将全面滑动时，摩擦力 F_f 达到最大值 $F_{f\max}$，即有效圆周力 F 也达到最大值。此时紧边拉力 F_1 和松边拉力 F_2 之间满足欧拉公式，见式（4-4）。

$$\frac{F_1}{F_2} = e^{\mu\alpha} \tag{4-4}$$

式中　　e——自然对数的底，e≈2.718；

μ——带与带轮接触面间的当量摩擦系数；

α——带与小带轮接触弧所对的圆心角，rad，也称为小带轮的包角。

由式（4-1）、式（4-2）和式（4-4）可得

$$F = F_{f\max} = F_1 - F_2 = F_1(1 - \frac{1}{e^{\mu\alpha}}) = F_2(e^{\mu\alpha} - 1) = 2F_0\left(\frac{e^{\mu\alpha} - 1}{e^{\mu\alpha} + 1}\right) \qquad (4\text{-}5)$$

式（4-5）表明，带传动不发生打滑时所能传递的最大有效圆周力与摩擦系数、包角和初拉力有关。因此增大三者中的任意一个，都可以提高带传动的工作能力，但初拉力和摩擦系数过大将缩短带的寿命，故其取值并不是越大越好，而是要适中。

（3）打滑（$F > F_{f\max}$）

当所传递的圆周力超过带与带轮间的极限摩擦力时，带就会在轮面上发生全面滑动，这种现象称为打滑。带传动产生打滑后，传载能力完全丧失，带的磨损和发热都变得非常严重，不能再继续工作。因此，带传动的打滑是带传动的失效形式，应采取措施进行避免。

4.3.2　带传动的应力分析

带传动时，带内将产生以下几种应力，如图4-8所示。

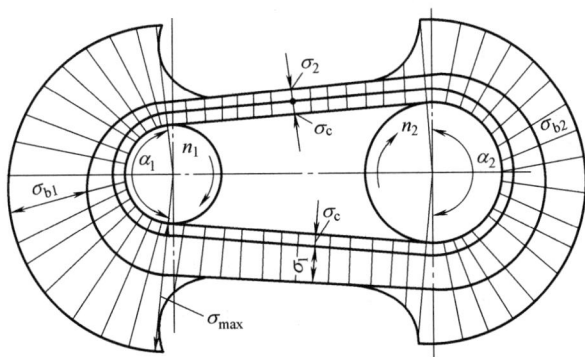

图 4-8　带传动时的应力分布情况示意图

（1）由紧边和松边拉力产生的拉应力

紧边拉应力 σ_1 为

$$\sigma_1 = F_1/A \qquad (4\text{-}6)$$

松边拉应力 σ_2 为

$$\sigma_2 = F_2/A \qquad (4\text{-}7)$$

式中　A——带的横截面面积，mm^2。

（2）离心力产生的拉应力 σ_c

当带绕带轮轮缘做圆周运动时，带上每一质点都受离心力作用，离心力所引起的带的

拉力总和为 F_c，此力作用于整个传动带，因此，该离心拉应力 σ_c 在带的所有横截面上都是相等的。

由离心力引起的拉力总和 F_c 为

$$F_c = qv^2 \tag{4-8}$$

离心拉应力 σ_c 为

$$\sigma_c = F_c / A = qv^2 / A \tag{4-9}$$

式中　q ——传动带单位长度的质量，kg/m，见表 4-2；

　　　v ——带速，m/s。

（3）弯曲应力 σ_b

带绕在带轮上时，其弯曲应力由材料力学梁的弯曲公式可得

$$\sigma_b = \frac{2Eh}{d} \tag{4-10}$$

式中　E ——带的弹性模量，MPa；

　　　h ——带的高度，mm；

　　　d ——带轮的直径，mm，对于 V 带轮，则为基准直径。

带的最大应力产生于带的紧边进入小带轮处。最大应力为

$$\sigma_{max} = \sigma_1 + \sigma_c + \sigma_{b1} \leqslant [\sigma] \tag{4-11}$$

式中　σ_{b1} ——带在小带轮部分上的弯曲应力；

　　　$[\sigma]$ ——在 $\alpha_1 = \alpha_2 = 180°$ 且带长和应力循环次数、载荷平稳等条件一定时通过试验确定的许用应力。

4.3.3　弹性滑动

（1）弹性滑动

产生机理：带在工作时会产生弹性变形，由于两边拉力不等，因而弹性变形量也不等。带从绕上主动轮到离开的过程中，所受拉力由紧边拉力过渡为松边拉力，不断减小，使带向后收缩，带在带轮接触面上出现局部微量的向后滑动；带从绕上从动轮到离开的过程中，所受拉力由松边拉力过渡为紧边拉力，不断增大，使带向前伸长，带在带轮接触面上出现局部微量的向前滑动：这种微量的滑动现象称为弹性滑动，如图 4-9 所示。

弹性滑动可用相对滑动率 ε 表示，即

$$\varepsilon = \frac{v_1 - v_2}{v_1} = \frac{\pi d_1 n_1 - \pi d_2 n_2}{\pi d_1 n_1}$$

式中　d_1、d_2 ——小带轮和大带轮的直径，mm；

　　　v_1、v_2 ——小带轮和大带轮的圆周速度，m/s；

　　　n_1、n_2 ——小带轮和大带轮的转速，r/min。

可推出 $i = n_1 / n_2 = d_2 / d_1(1-\varepsilon)$，结果表明，带的传动比是相对滑动率的函数。

带的弹性滑动现象是带工作时的正常现象，不可避免。弹性滑动的存在会造成功率损失，增加带的磨损，引起从动轮的圆周速度下降，使传动比不准确。

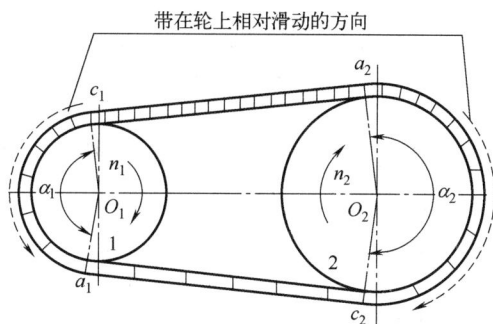

图 4-9　带的弹性滑动

（2）弹性滑动和打滑的区别

① 两者现象不同：弹性滑动是带在带轮的局部接触弧面上发生的微量相对滑动，打滑则是整个带在带轮的全部接触弧面上发生的显著相对滑动。

② 两者本质不同：弹性滑动是由带本身的弹性和带传动两边的拉力差（未超过极限值）引起的，带传动只要有传动负载，两边就必然出现拉力差，所以弹性滑动是不可避免的；而打滑则是带传动载荷过大使两边拉力差超过极限摩擦力而引起的，因此打滑是可以避免的。

4.4　V 带传动的设计

4.4.1　单根普通 V 带的许用功率

带在带轮上打滑或带发生疲劳损坏（脱层、撕裂或拉断）时，就不能正常工作了。因此带传动的设计准则是保证带不打滑且具有一定的疲劳寿命。

带传动在既不打滑又有一定寿命时，单根普通 V 带能传递的基本额定功率 P_0 为

$$P_0 = ([\sigma] - \sigma_c - \sigma_{b1})(1 - \frac{1}{e^{\mu\alpha}})\frac{Av}{1000} \tag{4-12}$$

在载荷平稳、包角 $\alpha_1 = 180°$（即 $i = 1$）、带长 L_d 为特定长度、抗拉体为化学纤维绳芯结构的条件下，单根普通 V 带所能传递的功率 P_0，见表 4-5。

表 4-5　单根 V 带的基本额定功率 P_0　　　　　　　　　　　　　　　　　　单位：kW

带型	小带轮基准直径 d_d/mm	小带轮转速 n_1/（r/min）										
		200	300	400	500	600	730	800	980	1200	1460	1600
Y	20	—	—	—	—	—	—	—	0.02	0.02	0.02	0.03

带型	小带轮基准直径 d_d/mm	小带轮转速 n_1/（r/min）										
		200	300	400	500	600	730	800	980	1200	1460	1600
Y	31.5	—	—	—	—	—	0.03	0.04	0.04	0.05	0.06	0.06
	40	—	—	—	—	—	0.04	0.05	0.06	0.07	0.08	0.09
	50	—	—	0.05	—	—	0.06	0.07	0.08	0.09	0.11	0.12
Z	50	—	—	0.06	—	—	0.09	0.10	0.12	0.14	0.16	0.17
	63	—	—	0.08	—	—	0.13	0.15	0.18	0.22	0.25	0.27
	71	—	—	0.09	—	—	0.17	0.20	0.23	0.27	0.31	0.33
	80	—	—	0.14	—	—	0.20	0.22	0.26	0.30	0.36	0.39
	90	—	—	0.14	—	—	0.22	0.24	0.28	0.33	0.70	0.40
A	75	0.16	—	0.27	—	—	0.42	0.45	0.52	0.60	0.68	0.73
	90	0.22	—	0.39	—	—	0.63	0.68	0.79	0.93	1.07	1.15
	100	0.26	—	0.47	—	—	0.77	0.83	0.97	1.14	1.32	1.42
	125	0.37	—	0.67	—	—	1.11	1.19	1.40	1.66	1.93	2.07
	160	0.51	—	0.94	—	—	1.56	1.69	2.00	2.36	2.74	2.94
B	125	0.48	—	0.84	—	—	1.34	1.44	1.67	1.93	2.20	2.33
	160	0.74	—	1.32	—	—	2.16	2.32	2.72	3.17	3.64	3.86
	200	1.02	—	1.85	—	—	3.06	3.30	3.86	4.50	5.15	5.46
	250	1.37	—	2.50	—	—	4.14	4.46	5.22	6.04	6.85	7.20
	280	1.58	—	2.89	—	—	4.77	5.13	5.93	6.90	7.78	8.13
C	200	1.39	1.92	2.41	2.87	3.30	3.80	4.07	4.66	5.29	5.86	6.07
	250	2.03	2.85	3.62	4.33	5.00	5.82	6.23	7.18	8.21	9.06	9.38
	315	2.85	4.04	5.14	6.17	7.14	8.34	8.92	10.23	11.53	12.48	12.72
	400	3.91	5.54	7.06	8.52	9.82	11.52	12.10	13.67	15.04	15.15	15.24
	450	4.51	6.40	8.20	9.81	11.29	12.98	13.80	15.39	16.59	16.41	15.75
D	355	5.31	7.35	9.24	10.90	12.30	14.04	14.83	16.30	17.25	16.70	15.63
	450	7.90	11.02	13.85	16.40	19.67	21.12	22.25	24.16	24.84	22.42	19.59
	560	10.76	15.07	18.95	22.38	25.32	28.28	29.55	31.00	29.67	22.08	22.08
	710	14.55	20.35	25.45	29.76	33.18	35.97	36.87	35.58	27.88	—	—
	800	16.76	23.39	29.08	33.72	37.13	39.26	39.55	35.26	21.32	—	—
E	500	10.86	14.96	18.55	21.65	24.21	26.62	27.57	28.52	25.53	—	—
	630	15.60	21.60	26.90	31.30	34.80	37.60	38.50	37.10	29.10	—	—
	800	21.70	30.05	37.05	42.53	46.26	47.79	47.38	39.08	16.46	—	—
	900	25.15	34.71	42.49	48.20	51.48	51.13	49.21	34.01	—	—	—
	1000	28.52	39.17	47.52	53.12	55.46	52.26	48.19	—	—	—	—

　　实际工作条件与上述特定条件不同时，应对 P_0 值加以修正。修正后即得实际工作条件下，单根普通 V 带所能传递的功率，称为许用功率 $[P_0]$。

$$[P_0] = (P_0 + \Delta P_0)K_\alpha K_L \tag{4-13}$$

式中　　$[P_0]$ ——单根普通 V 带的许用功率，kW；

　　　　P_0 ——单根普通 V 带的基本额定功率（表 4-5），kW；

　　　　ΔP_0 ——$i \neq 1$ 时，单根普通 V 带额定功率的增量（表 4-6）；

　　　　K_α ——包角不等于 180°时的修正系数（表 4-7）；

　　　　K_L ——带长不等于特定带长时的修正系数（表 4-3）。

表 4-6　单根普通 V 带额定功率的增量 ΔP_0

带型	传动比 i	小带轮转速 $n_1/$（r/min）										
		200	300	400	500	600	730	800	980	1200	1460	1600
Y	1.35~1.51	—	—	0.00	—	—	0.00	0.00	0.01	0.01	0.01	0.01
	1.52~1.99	—	—	0.00	—	—	0.00	0.00	0.01	0.01	0.01	0.01
	≥2	—	—	0.00	—	—	0.00	0.00	0.01	0.01	0.01	0.01
Z	1.35~1.51	—	—	0.01	—	—	0.01	0.01	0.02	0.02	0.02	0.02
	1.52~1.99	—	—	0.01	—	—	0.01	0.01	0.02	0.02	0.02	0.03
	≥2	—	—	0.01	—	—	0.02	0.02	0.02	0.03	0.03	0.03
A	1.35~1.51	0.02	—	0.04	—	—	0.07	0.08	0.08	0.11	0.13	0.15
	1.52~1.99	0.02	—	0.04	—	—	0.08	0.09	0.10	0.13	0.15	0.17
	≥2	0.03	—	0.05	—	—	0.09	0.10	0.11	0.15	0.17	0.19
B	1.35~1.51	0.05	—	0.10	—	—	0.17	0.20	0.23	0.30	0.36	0.39
	1.52~1.99	0.06	—	0.11	—	—	0.20	0.23	0.26	0.34	0.40	0.45
	≥2	0.06	—	0.13	—	—	0.22	0.25	0.30	0.38	0.46	0.51
C	1.35~1.51	0.14	0.21	0.27	0.34	0.41	0.48	0.55	0.65	0.82	0.99	1.10
	1.52~1.99	0.16	0.24	0.31	0.39	0.47	0.55	0.63	0.74	0.94	1.14	1.25
	≥2	0.18	0.26	0.35	0.44	0.53	0.62	0.71	0.83	1.06	1.27	1.41
D	1.35~1.51	0.49	0.73	0.97	1.22	1.46	1.70	1.95	2.31	2.92	3.52	3.89
	1.52~1.99	0.56	0.83	1.11	1.39	1.67	1.95	2.22	2.64	3.34	4.03	4.45
	≥2	0.63	0.94	1.25	1.56	1.88	2.19	2.50	2.97	3.75	4.53	5.00
E	1.35~1.51	0.96	1.45	1.93	2.41	2.89	3.38	3.86	4.58	5.61	6.83	—
	1.52~1.99	1.10	1.65	2.20	2.76	3.31	3.86	4.41	5.23	6.41	7.80	—
	≥2	1.24	1.86	2.48	3.10	3.72	4.34	4.96	5.89	7.21	8.78	—

表 4-7 包角修正系数 K_α

小带轮包角	180°	175°	170°	165°	160°	155°	150°	145°
K_α	1	0.99	0.98	0.96	0.95	0.93	0.92	0.91
小带轮包角	140°	135°	130°	125°	120°	110°	100°	90°
K_α	0.89	0.88	0.86	0.84	0.82	0.78	0.74	0.69

4.4.2 普通 V 带传动设计

（1）确定计算功率 P_c

$$P_c = K_A P \qquad (4-14)$$

式中　K_A——工况系数（表 4-8）；

　　　P——名义功率。

表 4-8 工况系数 K_A

工况		空、轻载起动			重载起动		
		每天工作时间/h					
		<10	10~16	>16	<10	10~16	>16
载荷变动较小	液体搅拌机、通风机和鼓风机（≤7.5kW）、离心式水泵和压缩机、轻载荷输送机	1.0	1.1	1.2	1.1	1.2	1.3
载荷变动小	带式输送机（不均匀载荷）、通风机（>7.5kW）、旋转式水泵和压缩机（非离心式）、发动机、金属切削机床、印刷机、旋转筛、锯木机等木工机械	1.1	1.2	1.3	1.2	1.3	1.4
载荷变动较大	制砖机、斗式提升机、往复式水泵和压缩机、起重机、磨粉机、冲剪机床、橡胶机械、振动筛、纺织机械、重载输送机	1.2	1.3	1.4	1.4	1.5	1.6
载荷变动很大	破碎机（旋转式、颚式等）、磨碎机（球磨、棒磨、管磨）	1.3	1.4	1.5	1.5	1.6	1.8

注：在选取工况系数时，在反复起动、正反转频繁、工作条件恶劣等场合，K_A 应乘以 1.2。

（2）初选带的型号

根据带传动的计算功率 P_c 及小带轮转速 n_1，按图 4-10 初选带的型号。若由计算功率 P_c 及小带轮转速 n_1 所选的点在选型图中位于两种带型的分界线附近，则两种带型都可选择，可根据最终设计结果择优选用。

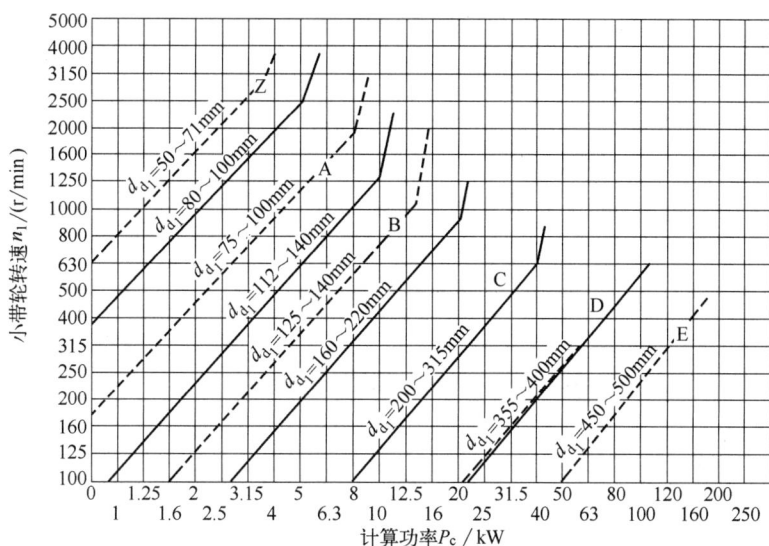

图 4-10 普通 V 带选型图

（3）确定带轮基准直径 d_{d1}、d_{d2}

国家标准规定了普通 V 带传动中带轮的最小基准直径和带轮的基准直径系列，见表 4-9。

表 4-9 普通 V 带轮的最小基准直径 d_{dmin}

型号	Y	Z	A	B	C	D	E
d_{dmin}/mm	20	50	75	125	200	355	500

注：带轮直径系列为 20，22.4，25，28，31.5，35.5，40，45，50，56，63，71，75，80，85，90，95，100，106，112，118，125，132，140，150，160，170，180，200，212，224，236，250，265，280，300，315，335，355，375，400，425，450，475，500，530，560，600，630，670，710，750，800，900，1000，1060，1120，1250，1400，1500，1600，1800，2000，2240，2500。

当其他条件不变时，带轮基准直径越小，带传动结构越紧凑，但带内的弯曲应力越大，会导致带的疲劳强度降低，使用寿命变短。选择小带轮基准直径时，应使 $d_{d1} \geqslant d_{dmin}$，并取标准直径。若传动比要求较精确时，大带轮基准直径 d_{d2} 由下式确定：

$$d_{d2} = id_{d1}(1-\varepsilon) = \frac{n_1}{n_2}d_{d1}(1-\varepsilon) \qquad (4-15)$$

粗略计算时，由于滑动率 $\varepsilon = 0.01 \sim 0.02$，影响可忽略，则有

$$d_{d2} = id_{d1} = \frac{n_1}{n_2}d_{d1} \qquad (4-16)$$

d_{d1}、d_{d2} 按表 4-9 取标准值。

（4）验算带速 v

带速的计算公式为

$$v = \frac{\pi d_{d1} n_1}{60 \times 1000} \quad\quad (4\text{-}17)$$

带速 v 不能太高，否则会导致离心力过大，使带与带轮间的正压力减小，传动能力下降，易发生打滑，同时离心应力大，带易发生疲劳破坏。带速 v 也不能太低，否则会导致有效拉力 F 过大，使带的根数增多。一般要求 v 在 5~25m/s。当 v 在 10~20m/s 时，传动效率可得到充分利用。若 v 过高或过低时，可调整 d_{d1}。

（5）确定中心距 a、带的基准长度 L_d 和包角 α

带传动的中心距 a、带轮直径 d 和包角 α 等如图 4-11 所示。中心距 a 的大小，直接关系到传动尺寸和带在单位时间内的绕转次数。中心距 a 大，可使带在单位时间内的绕转次数减少，增加带的疲劳寿命，同时会使包角 α_1 增大，提高传动能力，但传动尺寸大；中心距 a 小，可使结构紧凑，但传载能力和使用寿命有所降低。

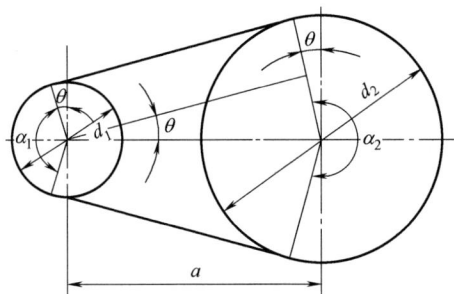

图 4-11 带传动的几何计算

一般可按下式初选中心距 a_0：

$$0.7(d_{d1} + d_{d2}) \leqslant a_0 \leqslant 2(d_{d1} + d_{d2}) \quad\quad (4\text{-}18)$$

初算带长 L_{d0}，根据带轮的基准直径和初选的中心距 a_0 计算，计算公式如下：

$$L_{d0} = 2a_0 + \frac{\pi}{2}(d_{d1} + d_{d2}) + \frac{(d_{d2} - d_{d1})^2}{4a_0} \quad\quad (4\text{-}19)$$

根据初算的带长 L_{d0}，由表 4-3 选取相近的基准长度 L_d。

传动的实际中心距 a 用下式计算：

$$a \approx a_0 + \frac{L_d - L_{d0}}{2} \quad\quad (4\text{-}20)$$

小带轮包角 α_1 按下式计算：

$$\alpha_1 = 180° - \frac{d_{d1} - d_{d2}}{a} \times 57.3° \quad\quad (4\text{-}21)$$

一般要求 $\alpha_1 \geqslant 120°$，若不满足，可加大中心距或增设张紧轮。

（6）确定带的根数 z

$$z \geq \frac{P_{\mathrm{c}}}{[P_0]} = \frac{P_{\mathrm{c}}}{(P_0 + \Delta P_0)K_\alpha K_{\mathrm{L}}} \qquad (4\text{-}22)$$

z 应根据计算值进行圆整，且不宜过多，否则易导致各根带受力过度不均。当 z 过大时，应改选带轮基准直径或改选带型，重新设计。

（7）确定初拉力 F_0

初拉力 F_0 小，带传动的传动能力小，易出现打滑。初拉力 F_0 过大，带的寿命低，对轴及轴承的压力大。一般认为，既能发挥带的传动能力，又能保证带的寿命的单根 V 带的初拉力应为

$$F_0 = 500 \times \frac{(2.5 - K_\alpha)P_{\mathrm{c}}}{K_\alpha z v} + q v^2 \qquad (4\text{-}23)$$

（8）计算压轴力 F_{Q}

为了设计轴和轴承，需计算 V 带对轴的压力 F_{Q}。可近似地按带的两边的初拉力的合力计算，如图 4-12 所示。

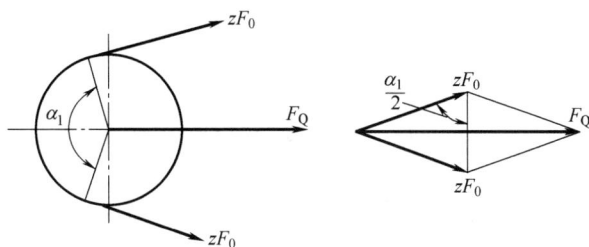

图 4-12 带传动作用在轴上的载荷

$$F_{\mathrm{Q}} \approx 2 z F_0 \sin \frac{\alpha_1}{2} \qquad (4\text{-}24)$$

式中　　α_1——主动带轮的包角。

【例题 4-1】设计一带式运输机中的普通 V 带传动。原动机为 Y112M-4 异步电动机，其额定功率 $P=4\mathrm{kW}$，满载转速 $n_1=1440\mathrm{r/min}$，从动轮转速 $n_2=450\mathrm{r/min}$，一班制工作，载荷变动较小，要求中心距 $a \leqslant 550\mathrm{mm}$。

解：（1）确定计算功率 P_{c}

由表 4-8 查得 $K_{\mathrm{A}}=1.1$，故

$$P_{\mathrm{c}}=K_{\mathrm{A}}P=1.1\times4=4.4 （\mathrm{kW}）$$

（2）初选带的型号

根据 $P_{\mathrm{c}}=4.4\mathrm{kW}$，$n_1=1440\mathrm{r/min}$，由图 4-10 初步选用 A 型普通 V 带。

（3）确定带轮基准直径 d_{d1}、d_{d2}

由表 4-9 和图 4-10，取 $d_{\mathrm{d1}}=100\mathrm{mm}$，由式（4-16）得

$$d_{\mathrm{d2}} = \frac{n_1}{n_2} d_{\mathrm{d1}} = \frac{1440}{450} \times 100 = 320 （\mathrm{mm}）$$

由表 4-9 取大带轮的基准直径 d_{d2} =315mm。

（4）验算带速 v

$$v = \frac{\pi d_{d1} n_1}{60 \times 1000} = \frac{\pi \times 100 \times 1440}{60 \times 1000} \approx 7.54 \quad (\text{m/s})$$

v 在 5~25m/s 范围内，带速合适。

（5）确定中心距 a 和带的基准长度 L_d

初选中心距 a_0 =450mm，符合 $0.7(d_{d1}+d_{d2}) \leqslant a_0 \leqslant 2(d_{d1}+d_{d2})$。

由式（4-19）得带长为

$$L_{d0} = 2a_0 + \frac{\pi}{2}(d_{d1}+d_{d2}) + \frac{(d_{d2}-d_{d1})^2}{4a_0}$$

$$= 2 \times 450 + \frac{3.14}{2} \times (100+315) + \frac{(315-100)^2}{4 \times 450} = 1577.2 \text{（mm）}$$

由表 4-3 选用 A 型带基准长度 L_d =1600mm。式（4-20）计算实际中心距为

$$a \approx a_0 + \frac{L_d - L_{d0}}{2} = 450 + \frac{1600 - 1577.2}{2} = 461.4 \quad (\text{mm})$$

取 a =460mm。

（6）计算小带轮包角 α_1

$$\alpha_1 = 180° - \frac{d_{d1} - d_{d2}}{a} \times 57.3°$$

$$= 180° - \frac{315-100}{460} \times 57.3° \approx 153.22° > 120°$$

包角合适。

（7）确定带的根数 z

因 d_{d1}=100mm，$i = \frac{d_{d2}}{d_{d1}} = \frac{315}{100} \approx 3.2$，$v$=7.54m/s。

查表 4-5 得 P_0=1.32kW。查表 4-6 得 ΔP_0=0.17kW。因 α_1=153.22°，查表 4-7 得 K_α=0.926。因 L_d=1600mm，查表 4-3 得 K_L=0.99。

由式（4-22）得带的根数为

$$z \geqslant \frac{P_c}{[P_0]} = \frac{P_c}{(P_0 + \Delta P_0)K_\alpha K_L} = \frac{4.4}{(1.32+0.17) \times 0.926 \times 0.99} \approx 3.2(\text{根})$$

取 z=4 根。

（8）确定初拉力 F_0

查表 4-2 得 q=0.1kg/m。

由式（4-23）得单根普通 V 带的初拉力为

$$F_0 = 500 \times \frac{(2.5 - K_\alpha)P_c}{K_\alpha z v} + qv^2 = 500 \times \frac{(2.5-0.926) \times 4.4}{0.926 \times 4 \times 7.54} + 0.1 \times 7.54^2$$

$$\approx 129.7 \text{（N）}$$

（9）计算压轴力 F_Q

由式（4-24），得压轴力为

$$F_Q \approx 2zF_0 \sin\frac{\alpha_1}{2} = 2\times4\times129.7\times\sin\frac{153.22°}{2} \approx 1009.39 \text{（N）}$$

（10）带传动的结构设计（略）

除此方案之外，可通过同样的分析计算，获得若干种可行方案，经过分析、优化后，从中选择最佳方案。

4.5　带传动的张紧、安装、使用与维护

4.5.1　V 带传动的张紧装置

带的初拉力对其传动能力、寿命和轴的压力都有很大影响，适当的初拉力是保证带传动正常工作的重要因素。为使带具有一定的初拉力，新安装的带在安装后需张紧。各种材质的 V 带都不是完全弹性体，在预紧力的作用下，使用一定时间后，就会由于塑性变形而松弛，使初拉力降低。为了保证带传动的能力，应定期检查初拉力的数值。如发现不足时，必须重新张紧，才能正常工作。常见的张紧装置有以下几种。

（1）定期张紧装置

定期张紧装置可分为移动式和摆动式两种，这两种都是通过定期改变中心距的方法来调节带的预紧力，使带重新张紧。在水平或倾斜不大的传动中，采用图 4-13（a）所示移动式张紧装置，将装有带轮的电动机安装在装有滑道 2 的基板上，通过旋动右侧的调节螺钉 1，将电动机向左推移到适当位置后，拧紧电动机安装螺钉即可实现张紧。在垂直或接近垂直的传动中，可采用图 4-13（b）所示的摆动式张紧装置，将装有带轮的电动机安装在摆架 3 上，用调整螺杆 1 来调节摆架，使其绕轴 2 摆动，即可实现定期张紧。

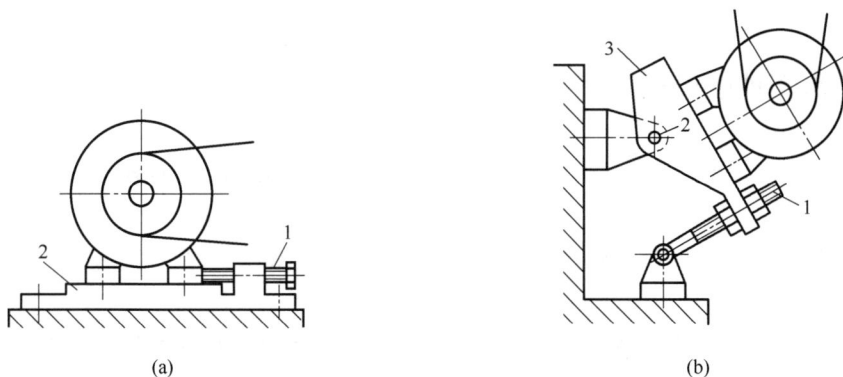

（a）　　　　　　　　　　　　　　（b）

图 4-13　定期张紧装置

（2）自动张紧装置

如图 4-14 所示，将装有带轮的电动机安装在浮动的摆架上，利用带轮的自重，使带轮随电动机绕固定轴摆动，以自动保持张紧力。自动张紧方法常用于小功率传动中。

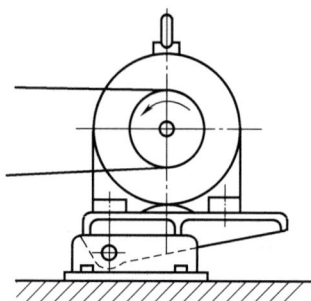

图 4-14 自动张紧装置

（3）张紧轮张紧装置

如图 4-15 所示，当带传动安装空间受限，中心距不能调节时，可采用张紧轮将带张紧。张紧轮一般应放在松边内侧，使带只受单向弯曲，同时张紧轮还应尽量靠近大带轮，以免对小带轮的包角造成过大影响。

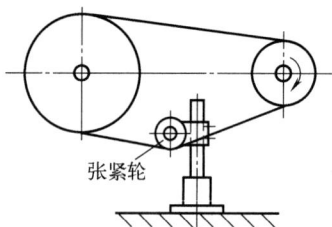

张紧轮

图 4-15 张紧轮张紧装置

4.5.2 带传动的安装、使用与维护

正确安装、使用和维护，是保证 V 带正常工作和延长寿命的有效措施。因此必须注意以下几点。

① 安装时，应先将中心距减小、松开张紧轮，不能将 V 带强行撬入。V 带装好后再调整到合适的张紧程度。

② 选用 V 带时，要注意型号和基准长度，保证其适用。否则会出现 V 带高出轮槽或带底面与带轮槽底面接触的现象，造成传动能力降低或失去 V 带传动靠侧面工作的优点。

③ 安装 V 带轮时，两带轮轴的中心线必须保持平行，V 带轮端面与轴中心线垂直，主、从动轮的轮槽必须在同一平面内，轴或轴端部不应有过大的变形，否则会引起 V 带扭曲及带侧面过早磨损。

④ 为了保证安全，带传动装置应加防护罩。

⑤ 由于新带易松弛，故新带在运行 24~48h 后应进行一次检查和调整初拉力。对 V 带传动应进行定期检查，发现不能继续使用时应及时更换，更换时必须使一组 V 带中各根带的实际长度尽量相近，不同带型、不同厂家生产、不同新旧程度的 V 带不宜同组使用。

⑥ V 带应保持清洁，避免在酸、碱或油污等环境下使用。

本章小结

带传动具有结构简单、成本低廉、能缓冲吸振、可实现较大中心距传动等优点，在众多工业领域广泛应用。但也存在传动比不准确、带的寿命相对较短、需张紧装置且对轴和轴承压力较大等缺点。

设计带传动时需要注意以下几点：重点考虑带的类型选择，依据工作条件、功率和转速等因素综合确定；确定带轮直径、计算带速，进行带的长度计算和型号选择，保证在合理范围内；计算带传动的中心距，考虑安装、调整与维护便利性；对带传动的张紧力、压轴力进行计算与分析，通过合理设计张紧装置确保带传动正常工作并延长带的使用寿命。带传动在机械传动系统中占据重要地位，合理设计与应用能有效满足多种工况需求，为机械系统稳定高效运行提供保障。

本章重点：了解带工作时存在拉应力、离心应力和弯曲应力，掌握各应力的计算公式及分布规律，明确最大应力所在位置；理解弹性滑动是由带的弹性变形和拉力差引起的不可避免的现象，会导致传动比不恒定；理解打滑是过载引起的全面滑动，是一种失效形式，必须避免，掌握二者的区别；掌握 V 带传动的设计准则，包括根据传递功率、转速和传动比等条件选择合适的 V 带型号，确定带轮基准直径，计算带长、中心距、张紧力和压轴力等参数，以及对设计结果进行校验。

本章难点：弹性滑动会导致从动轮圆周速度低于主动轮，从而使实际传动比与理论传动比存在差异，需要深入理解其原理和影响因素，掌握传动比的计算方法及其在设计中的应用。V 带传动的设计过程中需要综合考虑多个因素，如功率、转速、传动比、中心距、带长等，各参数之间相互关联和制约，需要反复调整和优化，选择合适的参数以满足设计要求。

习题

4-1　带传动的工作原理是什么？

4-2　试述带的类型及特点。

4-3　普通 V 带有哪几种型号？怎样标记？举例说明标记的方法。

4-4　为什么说带传动的弹性滑动是不可避免的，而打滑应当避免？带打滑一定有害吗？

4-5　已知 V 带传递的实际功率 P=7kW，带速 v=10m/s，紧边拉力是松边拉力的两倍，

试求有效圆周力 F 和紧边拉力 F_1 的值。

4-6　设单根 V 带所能传递的最大功率 $P=5\text{kW}$，已知主动轮直径 $d_1=140\text{mm}$，转速 $n_1=1460\text{r/min}$，包角 $\alpha_1=140°$，带与带轮接触面间的摩擦系数 $\mu=0.5$，试求最大有效拉力（圆周力）和紧边拉力 F_1。

4-7　有一 A 型普通 V 带传动，主动轴转速 $n_1=1480\text{r/min}$，从动轴转速 $n_2=600\text{r/min}$，传递的最大功率 $P=1.5\text{kW}$。假设带速 $v=7.75\text{m/s}$，中心距 $a=800\text{mm}$，带与带轮接触面间的摩擦系数 $\mu=0.5$，求带轮基准直径 d_{d1}、d_{d2}，带基准长度 L_d 和初拉力 F_0。

4-8　设计一破碎机装置用普通 V 带传动。已知电动机型号为 Y132S-4，电动机额定功率 $P=5.5\text{kW}$，转速 $n_1=1400\text{r/min}$，传动比 $i=2$，两班制工作，希望中心距不超过 600mm。要求绘制大带轮的工作图（设该轮轴孔直径 $d=35\text{mm}$）。

拓展阅读

带传动的历史源远流长，早在古代，人类就已初步运用类似带传动的原理。例如，我国先秦时期的手摇纺车，巧妙地借助绳索连接大绳轮与纱锭，手摇大绳轮，利用绳索的柔性传递动力，使纱锭快速旋转，极大地提高了纺织效率。东汉的水排更是将水力与绳带传动相结合，卧式水轮在水力推动下转动，其轴上的大绳轮通过绳带带动小绳轮，进而驱动鼓风器工作，展示出古人在工程技术应用上的卓越智慧。随着时代的发展，带传动技术不断演进，如今已成为现代机械工程领域的重要组成部分。

带传动拥有诸多显著优点。其结构相对简单，由带轮和传动带组成，成本低廉，易于制造、安装和维护，这使得它在众多机械系统中具有很强的适应性。同时，带传动具有良好的缓冲吸振性能，能够有效减轻因载荷波动、冲击等对机械系统造成的不良影响，就像汽车发动机与变速箱之间的传动带，可减少发动机工作时产生的振动和冲击对变速箱的损害，从而延长设备的使用寿命，提高设备运行的平稳性和可靠性。再者，带传动能够实现较大中心距的传动，在一些空间布局较为宽松或对传动距离有特定要求的场合，如纺织机械、农业机械等，带传动展现出独特的优势，可灵活布置机械部件，优化整体机械结构设计。

带传动在现代工业领域的应用极为广泛。在汽车制造中，发动机的动力通过带传动传递到冷却风扇、发电机、空调压缩机等辅助设备，确保这些设备正常运转，为汽车的舒适性和安全性提供保障；在农业机械领域，拖拉机的动力输出通过带传动分配到各个工作部件，如播种机、收割机等，实现农业生产的高效作业；在自动化生产线中，同步带传动凭借其精确的传动比和稳定的运行性能，精准控制着各个工位的运动和操作，保证产品的生产质量和生产效率；在办公设备领域，打印机、复印机等设备内部也常采用带传动来实现纸张的传送、部件的驱动等功能，使办公设备能够稳定、高效地运行。可以说，带传动如同机械系统中的灵动纽带，将各个部件紧密相连，使它们协同工作，为现代工业的高效、稳定发展注入了源源不断的动力。

展望未来，带传动技术仍有着广阔的发展前景。随着新型材料的不断研发，如高性能橡胶、复合材料等在传动带制造中的应用，传动带的强度、耐磨性、耐腐蚀性等性能得到了进一步提升，能够适应更加恶劣的工作环境和更高的工作要求。同时，在设计理念和方法上，借助计算机辅助设计、优化算法等先进技术手段，带传动的设计将更加精准、高效，能够实现性能的最大化和结构的最优化。此外，随着智能制造技术的兴起，带传动系统将朝着智能化、自动化方向发展，具备自我监测、故障诊断、自动调整等功能，能够实时感知自身的工作状态，并根据实际情况自动优化运行参数，进一步提高机械系统的可靠性和智能化水平。相信在未来的机械工程领域，带传动将继续以其独特的魅力和不断创新的技术，在推动机械装备发展和工业进步的道路上发挥更为重要的作用。

第 **5** 章 链传动

本章知识导图

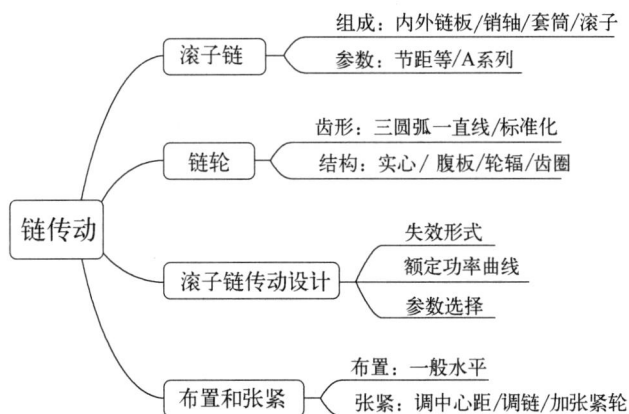

本章学习目标

（1）熟悉链传动的常见类型及结构；

（2）掌握链传动的主要失效形式和运动特性；

（3）掌握套筒滚子链的设计方法；

（4）会对链轮进行合理的选材和结构设计。

链传动是一种挠性传动。链传动由主、从动链轮和传动链构成。当主动链轮转动时，利用链轮和链条链节的啮合作用来传递运动和动力。链传动具有结构简单、平均传动比准确、对轴压力小、结构紧凑、适宜远距离传递、对工况要求低等优点，在近代机械中应用十分广泛。

5.1 链传动的特点和应用

5.1.1 链传动的特点

如图 5-1 所示，链传动是通过链和链轮轮齿的啮合来传递运动和动力的，兼有齿轮传动和带传动的一些特点。

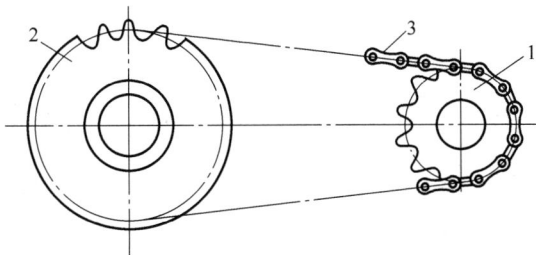

图 5-1　链传动简图

1—主动链轮；2—从动链轮；3—链条

与带传动和齿轮传动相比，链传动的主要特点如下。

链传动的优点：①与带传动相比，链传动没有弹性滑动和打滑，平均传动比准确，传动效率较高；②链条不需要像带那样张得很紧，对轴的作用力较小；③在同样条件下，链传动的结构较紧凑，装拆方便；④与齿轮传动相比，链传动易于安装，成本低廉，在远距离传动时，结构更轻便；⑤能在恶劣的环境下工作，如高温、油污、腐蚀、粉尘和泥沙等场合。

链传动的缺点：①瞬时链速和瞬时传动比不恒定；②振动、冲击和噪声较大；③磨损后易发生脱链；④不适于载荷变化很大和急速反转传动，只能用于平行轴间的传动。

5.1.2　链传动的应用

由于链传动具有上述特点，故其常用于中心距较大、平均传动比准确的场合。链传动的传动功率一般为 100kW 以下，传动效率在 0.92~0.96 之间，传动比不超过 7，传动速度一般小于 15m/s。它广泛应用于各种机械和动力传动中。

按用途不同，链可分为传动链、起重链、曳引链等，其中最常用的是传动链。本章只讨论传动链。

5.2　滚子链及其链轮

传动链又可分为滚子链（图 5-2）和齿形链（图 5-3）。齿形链比滚子链工作平稳、噪声小，承受冲击载荷能力强，但齿形链结构较复杂，成本较高。当前，滚子链的应用最为广泛。

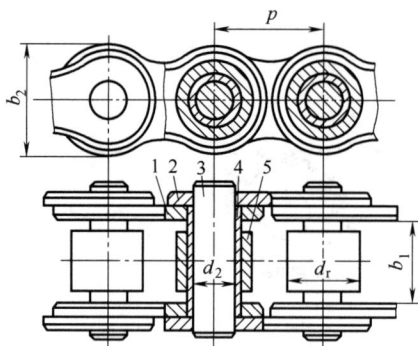

图 5-2 滚子链

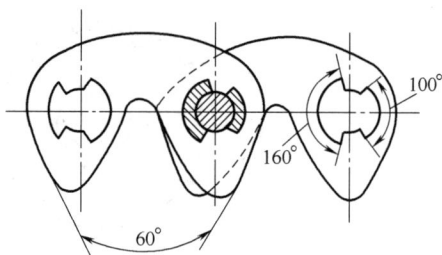

图 5-3 齿形链

5.2.1 滚子链

　　滚子链由内链板 1、外链板 2、销轴 3、套筒 4 和滚子 5 组成（见图 5-2）。其中，内链板与套筒之间、外链板与销轴之间均为过盈配合；套筒与销轴之间、滚子与套筒之间均为间隙配合。当链啮合或脱出链轮轮齿时，内、外链板相对挠曲，套筒可绕销轴自由转动。滚子是活套在套筒上的，工作时，滚子沿链轮的齿廓滚动，这样可以减少链轮轮齿与套筒之间的磨损。链板一般制成"8"字形，各横截面具有接近相等的抗拉强度，并可减轻重量并减小运动时的惯性力。

　　滚子链上相邻两滚子的中心距离称为链节距，用 p 表示，是链的主要参数。链节距越

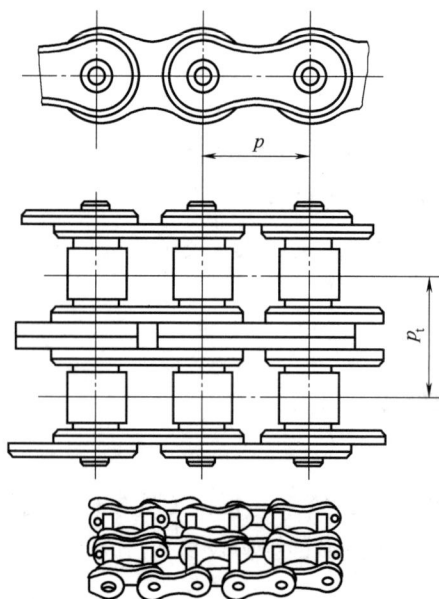

图 5-4 双排滚子链

大，链各部分尺寸越大，承载能力越高。当传递的功率较大，而又要求结构紧凑时，可采用小节距的双排链（如图 5-4 所示，其中 p_t 为多排链排距）。但排数越多，各排受力越不均匀，故排数一般不超过 4。

滚子链已标准化，表 5-1 列出了常用 A 系列滚子链的主要参数。链号乘以 25.4/16（mm）所得的数值即为链节距 p（mm）。

表 5-1　A 系列滚子链主要参数

链号	链节距 p/mm	滚子直径 d_1/mm	销轴直径 d_2/mm	内链节内宽 b_1/mm	内链节外宽 b_2/mm	排距 p_t/mm	单排链单位长度质量 q/（kg/m）	单排链极限拉伸载荷 P_{lim}/kN
08A	12.70	7.95	3.96	7.85	11.18	14.38	0.6	13.8
10A	15.875	10.16	5.08	7.40	13.84	18.11	1.0	21.8
12A	19.05	11.91	5.94	12.57	17.75	22.78	1.5	31.1
16A	25.40	15.88	7.92	15.75	22.61	27.29	2.6	55.6
20A	31.75	17.05	7.53	18.90	27.46	35.78	3.8	86.7
24A	38.10	22.23	11.10	25.22	35.46	45.44	5.6	124.6
28A	44.45	25.40	12.70	25.22	37.19	118.87	7.5	169.0
32A	50.80	28.58	14.27	31.55	45.21	58.55	10.1	222.4
40A	63.50	37.68	17.84	37.85	54.89	71.55	16.1	347.0

注：摘自 GB/T 1243—2024。

滚子链的基本参数有节距 p、滚子直径 d_1、内链节内宽 b_1、多排链排距 p_t 等。滚子链的标记如下：

链号-排数×整链链节数　标准编号

例如，08A-1×88 GB/T 1243—2024 表示按 GB/T 1243—2024 制造的 A 系列、节距为 12.7mm、单排、88 节的滚子链。

链的长度用链节数表示，链节数最好取偶数，以便连接时正好使内、外链板相接，接头处可用开口销或弹簧夹锁紧 [如图 5-5（a）、（b）]，前者通常用于大节距，后者一般用于小节距。当链节数为奇数时，需要采用过渡链节 [如图 5-5（c）]。由于过渡链节的链板要受附加弯矩的作用，降低了链的传载能力，故不宜采用。

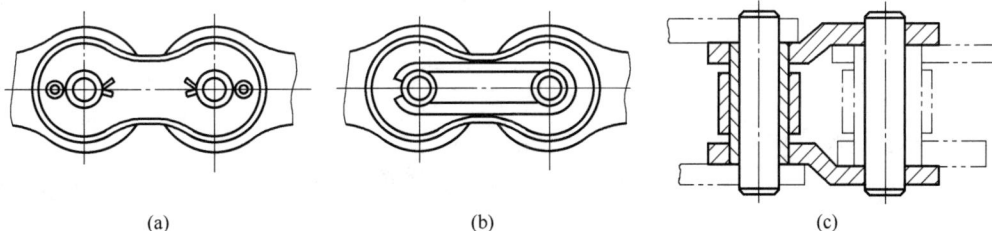

图 5-5　滚子链的接头形式

滚子链的标记为：

链号-排数×链节数　标准号

例如，08A-1×87 GB/T 1243—2024 表示按 GB/T 1243—2024 制造的 A 系列、节距为 12.7mm、单排、87 节的滚子链。

5.2.2　齿形链

齿形链又称无声链，是由两个齿形链板铰接而成，链板两工作侧面间夹角为 60°，如图 5-3 所示。与滚子链相比，齿形链传动平稳，承受冲击的性能好，噪声小，但价格较贵，结构复杂，也较重，多用于高速（链速可达 40m/s）和运动精度要求较高的场合。

5.2.3　滚子链链轮

滚子链链轮的齿形已标准化，图 5-6 所示为目前常用的一种三圆弧一直线齿形，齿廓工作表面由三圆弧 $\overset{\frown}{aa}$、$\overset{\frown}{ab}$、$\overset{\frown}{cd}$ 和直线段 bc 组成。因齿形用标准刀具加工，在齿轮工作图上不必画出端面齿形，只需注明"齿形按 GB/T 1243—2024 规定制造"即可，但链轮的轴向齿形需画出（如图 5-7），其尺寸参阅相关手册。

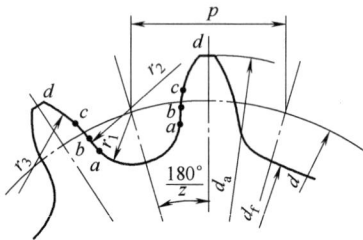

图 5-6　滚子链链轮的端面齿形

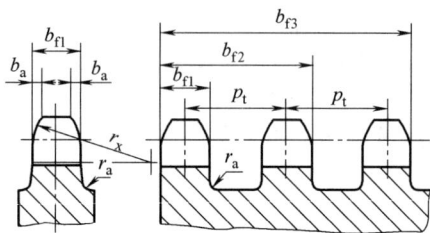

图 5-7　滚子链链轮的轴向齿形

5.2.4　滚子链链轮主要尺寸计算公式

（1）分度圆直径 d

$$d = \frac{p}{\sin\dfrac{180°}{z}} \tag{5-1}$$

式中　z——齿数。

（2）齿顶圆直径 d_a

$$d_a = p\left(0.54 + \cot\frac{180°}{z}\right) \tag{5-2}$$

（3）齿根圆直径 d_f

$$d_f = d - d_1 \tag{5-3}$$

最大齿根圆直径 L_x 如图 5-8 所示。

偶数齿时，$L_x = d_f$。奇数齿时

$$L_x = d\cos\frac{90°}{z} - d_1 \qquad (5-4)$$

式中 d_1——滚子直径，mm。

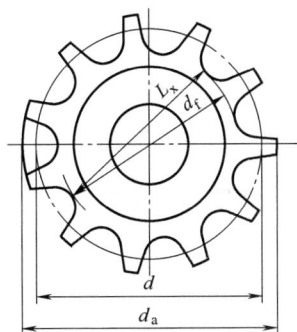

图 5-8 滚子链链轮尺寸

5.2.5 链轮的结构与材料

链轮的结构，如图 5-9 所示，根据其形状可分为实心式、腹板式、轮辐式和齿圈式等。图 5-9（e）所示为双排腹板式链轮结构。

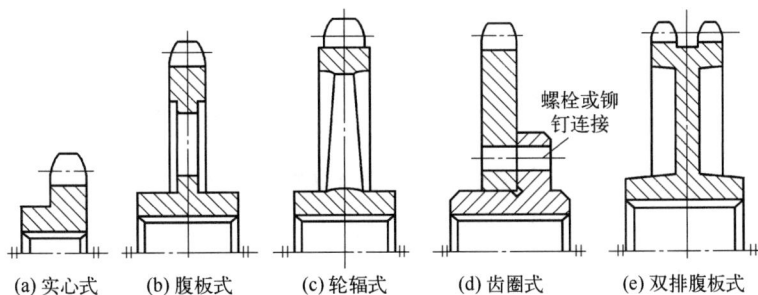

(a) 实心式   (b) 腹板式   (c) 轮辐式   (d) 齿圈式   (e) 双排腹板式

图 5-9 链轮的结构

链轮的材料应满足强度和耐磨性要求，推荐的链轮材料及热处理方法见表 5-2。

表 5-2 链轮材料及热处理方法

材料	热处理	齿面硬度	应用
15、20	渗碳、淬火、回火	50~60HRC	$z \leqslant 25$，有冲击载荷的链轮
35	正火	160~200HBS	$z > 25$ 的链轮
45、50、ZG310-570	淬火、回火	40~50HRC	无剧烈振动及冲击载荷的链轮

续表

材料	热处理	齿面硬度	应用
15Cr、20Cr	渗碳、淬火、回火	50~60HRC	$z<25$ 的大链轮
40Cr、35SiMn、15CrMo	淬火、回火	40~50HRC	重要的 A 系列链条的链轮
Q235、Q255	焊接后退火	≈140HBS	中低速、中等功率、直径较大的链轮

考虑到小链轮轮齿的啮合次数比大链轮轮齿的啮合次数多，磨损和冲击更大，为使两链轮趋于等寿命，小链轮材料的强度和齿面硬度应比大链轮高些。

5.3 链传动的运动特性及受力分析

5.3.1 链传动的运动特性

（1）链传动的运动不均匀性

链是由刚性链节通过销轴铰接而成的，当链绕在链轮上时呈多边形，如图 5-10 所示，因此链传动会产生周期性速度变化。

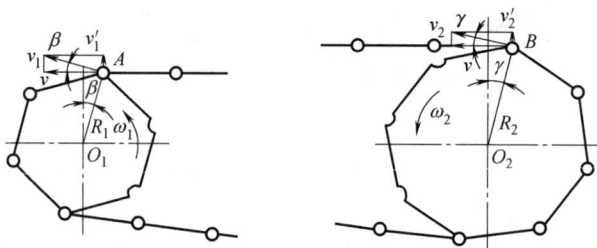

图 5-10 链传动的速度分析

链的平均速度 v 为

$$v = \frac{z_1 n_1 p}{60 \times 1000} = \frac{z_2 n_2 p}{60 \times 1000} \qquad (5-5)$$

式中　z_1、z_2——主动链轮和从动链轮的齿数；

　　　n_1、n_2——主动链轮和从动链轮的转速，r/min；

　　　　p——链的节距，mm。

链传动的平均传动比 i_{12} 为

$$i_{12} = \frac{n_1}{n_2} = \frac{z_1}{z_2} \qquad (5-6)$$

由式（5-5）和式（5-6）可知，链传动的平均传动比为定值，相比于带传动，传动较为平稳。

链传动的瞬时传动比 i_s 为

$$i_s = \frac{\omega_1}{\omega_2} = \frac{R_2 \cos\gamma}{R_1 \cos\beta} \tag{5-7}$$

式中　　β ——主动轮上最后进入啮合的链节铰链的销轴 A 的圆周速度 v_1 与水平线的夹角，即啮合过程中链节铰链在主动轮上的相位角；

　　　　γ ——链节在与从动链轮轮齿啮合过程中链节铰链在从动轮上的相位角。

由式（5-7）可知，瞬时传动比 i_s 是随 β 角和 γ 角的变化而变化的。这种链传动的运动不均匀性是由链条绕在链轮上形成了正多边形造成的，因此称为链传动的多边形效应。多边形效应导致链传动的瞬时传动比是变化的。

要使瞬时传动比 i_s 在全部啮合过程中保持不变，必须使分度圆半径 $R_1 = R_2$，即齿数 $z_1 = z_2$，且传动的中心距 a 恰为节距 p 的整数倍，这样 β 和 γ 角的变化才会时时相等，即 i_s 恒为 1。

（2）链传动的动载荷

动载荷的大小与回转零件的质量和角速度的大小相关。其中链条前进的加速度引起的动载荷 F_{d1} 为

$$F_{d1} = ma_c \tag{5-8}$$

式中　　m ——紧边链条的质量，kg；

　　　　a_c ——链条加速度，m/s²。

从动链轮的角加速度引起的动载荷 F_{d2} 为

$$F_{d2} = \frac{J}{R_2} \times \frac{d\omega_2}{dt} \tag{5-9}$$

式中　　J ——从动系统转化到从动链轮轴上的转动惯量，kg·m²；

　　　　ω_2 ——从动链轮的角速度，rad/s；

　　　　R_2 ——从动链轮的分度圆半径，mm。

动载荷产生的主要原因有：

① 链条和从动链轮做周期性的变速运动。

② 链条沿垂直方向的分速度 v_y 做周期性变化，使链条发生纵向振动。

③ 链节与链轮啮合瞬间有一定的相对速度。

5.3.2　链传动的受力分析

链在工作过程中，紧边与松边的拉力是不等的。若不计传动中的动载荷，则链的紧边受到的拉力 F_1 为

$$F_1 = F_e + F_c + F_f \tag{5-10}$$

链的松边受到的拉力 F_2 为

$$F_2 = F_c + F_f \tag{5-11}$$

式中　　F_e ——链传递的有效圆周力；

F_c——链的离心力所引起的拉力；

F_f——链条松边垂度引起的悬垂拉力。

其中，链传递的有效圆周力 F_e 为

$$F_e = 1000\frac{P}{v} \tag{5-12}$$

式中　P——传递的功率，kW；

　　　v——链速，m/s。

链的离心力所引起的拉力 F_c 为

$$F_c = qv^2 \tag{5-13}$$

式中　q——单位长度链条的质量，kg/m；

　　　v——链速，m/s。

链条松边垂度引起的悬垂拉力 F_f，可选 F_f' 与 F_f'' 中的大者，计算公式为

$$\begin{cases} F_f' = K_f qa \times 10^{-2} & \text{(N)} \\ F_f'' = (K_f + \sin\alpha)qa \times 10^{-2} & \text{(N)} \end{cases} \tag{5-14}$$

式中　a——链传动的中心距，mm；

　　　q——单位长度链条的质量，kg/m；

　　　K_f——垂度系数；

　　　α——两轮中心连线与水平线的倾斜角。

5.4　滚子链传动的设计

5.4.1　链传动的失效形式

（1）链板疲劳破坏

链传动工作过程中，其上各零件都承受变应力作用，经过一定循环次数后，链板将出现疲劳破坏。在正常润滑条件下，链板疲劳强度是限定链传动承载能力的主要因素。

（2）铰链磨损

受拉链条在进入啮合和退出啮合时，销轴与套筒接触表面产生相对转动，导致铰链磨损，使链节距变长，分度圆直径增大，如图5-11所示。链节磨损后，链节距增量 Δp 与链轮分度圆直径的增量 Δd 之间有以下关系：

$$d + \Delta d = \frac{p + \Delta p}{\sin\frac{180°}{z}} \tag{5-15}$$

由式（5-15）可知，当 z 一定时，链节磨损越严重，Δp 值越大，增量 Δd 就越大，即链节离链轮齿顶越近，越易引起跳链和脱链。开式传动工作条件恶劣、润滑不良等缺点均会加剧链条磨损，降低使用寿命。

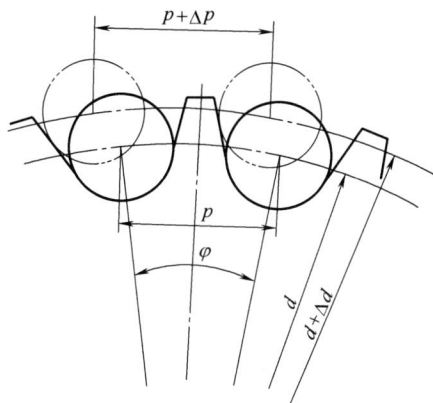

图 5-11　铰链磨损影响

（3）冲击疲劳破坏

经常起动、反转、制动会使链传动中产生较大的惯性冲击，使销轴、套筒、滚子产生冲击疲劳破坏。

（4）胶合

润滑不良或转速过高，都会使销轴与套筒间无法形成润滑油膜或油膜破裂，导致磨损过大，发热多，以至产生胶合。

（5）过载拉断

在低速（$v<0.6\,\text{m/s}$）、重载或严重过载的场合，当链板承受的拉应力大于其强度极限时，将导致链条被拉断。

5.4.2　链传动的额定功率曲线图

在不同的工作条件下，链传动的失效形式不同，但各种失效形式都在一定条件下限制着其承载能力，因此,在选择链条型号时,必须全面考虑各种失效形式产生的原因及条件，从而确定其能传递的额定功率。

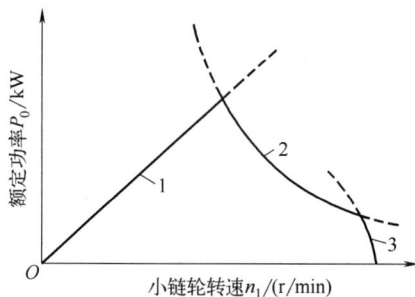

图 5-12　滚子链额定功率曲线

1—由链板疲劳强度限定；2—由滚子、套筒冲击疲劳强度限定；3—由销轴和套筒胶合限定

考虑到链传动的各种失效形式，通过实验可作出小链轮的转速与链条所能传递的额定功率之间的关系曲线，即该链的额定功率曲线图。由图 5-12 所示的额定功率曲线图可知，在润滑良好、中等链速的链传动中，其承载能力主要取决于链板的疲劳强度；当链速增高到一定程度，其传动能力主要取决于滚子和套筒的冲击疲劳强度，并会出现胶合而迅速失效。

5.4.3 额定功率曲线

链传动的不同失效形式限定了传动的承载能力。在特定的实验条件下，根据理论计算可得链传动不发生失效时所能传递的额定功率 P_0。为便于应用，将它绘制成额定功率曲线，图 5-13 所示为 A 系列单排滚子链的额定功率曲线。特定的实验条件是指：①两链轮共面；②小链轮齿数 $z=19$；③链节数 $L_p=100$；④载荷平稳；⑤按推荐的润滑方式润滑（如图 5-14）；⑥满载荷连续运转寿命为 15000h；⑦链因磨损引起的相对伸长量不超过 3%。

若不能满足图 5-14 中推荐的润滑方式，应将图 5-13 中的额定功率 P_0 按如下比例降低：当链速 $v \leqslant 1.5$m/s 时，降低到 30%~60%，无润滑时，降低到 15%（寿命不能保证 15000h）；当链速为 1.5m/s$<v \leqslant 7.5$m/s 时，降低到 15%~30%；当链速 $v>7.5$m/s 时，如润滑不当，则传动不可靠。

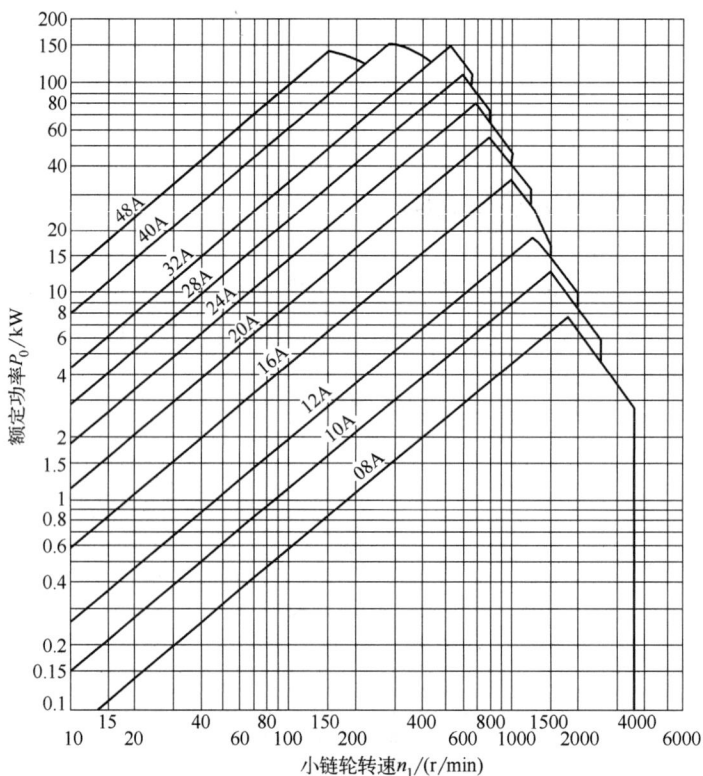

图 5-13 A 系列单排滚子链的额定功率曲线

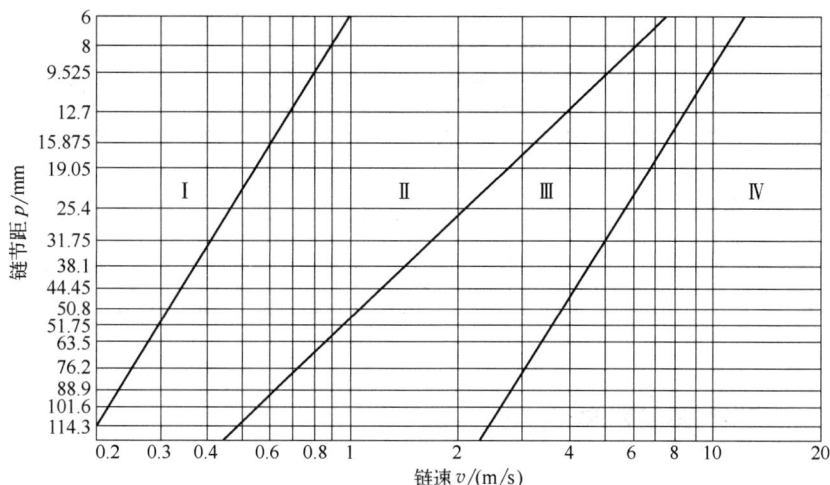

图 5-14 推荐的润滑方式

Ⅰ—人工定期润滑；Ⅱ—滴油润滑；Ⅲ—油浴或飞溅润滑；Ⅳ—压力喷油润滑

实际工作条件与上述特定条件不同时，应对 P_0 加以修正。故实际工作条件下链条所能传递的功率大小可通过下式计算：

$$P_0 \geqslant \frac{K_A P}{K_z K_L K_n} \qquad (5\text{-}16)$$

式中　P——传递功率，kW；

　　　K_A——工作情况系数，见表 5-3；

　　　K_z——小链轮齿数系数，见表 5-4；

　　　K_L——链长系数，见表 5-4；

　　　K_n——多排链排系数，见表 5-5。

表 5-3　工作情况系数 K_A

工作机载荷性质	原动机种类		
	电动机、汽轮机	内燃机	
		无流体机构	有流体机构
平稳	1.0	1.2	1.0
中等冲击	1.3	1.4	1.2
严重冲击	1.6	1.7	1.4

表 5-4　系数 K_z 和 K_L

在图 5-12 中 n_1 和 P_0 交点位置	当工作点在图 5-12 功率曲线顶点的左下侧范围时（链板疲劳）	当工作点在图 5-12 功率曲线顶点的右下侧范围时（滚子、套筒冲击疲劳）
小链轮齿数系数 K_z	$\left(\dfrac{z_1}{19}\right)^{1.08}$	$\left(\dfrac{z_1}{19}\right)^{1.5}$

链长系数 K_L	$(\dfrac{L_P}{19})^{0.26}$	$(\dfrac{L_P}{19})^{0.5}$

表 5-5 多排链排系数 K_n

排数 n	1	2	3	4	5	6
排系数 K_n	1	1.7	2.5	3.3	4.0	4.6

5.4.4 链传动主要参数的选择

链传动设计根据链速不同分为一般链速（$v \geq 0.6$ m/s）与低速两种情况：通常，一般链速的链传动按功率曲线设计计算，低速（$v < 0.6$ m/s）链传动按静强度设计计算。

（1）一般链速（$v \geq 0.6$ m/s）的链传动设计

① 链传动的传动比。一般取 $i \leq 7$，推荐 $i = 2 \sim 3.5$。若传动比过大，则小链轮包角小，啮合齿数少，单独链轮齿上载荷大，将加速轮齿的磨损和疲劳折断，且容易出现跳齿现象，小链轮包角应不小于 120°。

② 链轮齿数。链轮齿数不宜过多或过少。当小链轮齿数 z_1 过少时，虽然可以减小轮廓尺寸，但会引起如下问题：传动的不均匀性和附加动载荷过大；链条进入和退出啮合时，链节间的相对转角增大，加速铰链的磨损；在节距和传递功率一定时，链所需传递的圆周力增大，加速链和链轮的失效。

链轮齿数过多不仅会增大传动外形尺寸，还将缩短链的使用寿命，通常链轮最大齿数 $z_{max} \leq 120$。

由于链节数一般取偶数，为使链和链轮齿的磨损较均匀，链轮齿数一般取为与链节数互质的奇数。在动力传动中，小链轮齿数 z_1 建议按表 5-6 选取。

表 5-6 小链轮齿数

$v/(\text{m/s})$	< 0.6	$0.6 \sim 3$	$3 \sim 8$	> 8
齿数	≥ 3	$\geq 15 \sim 17$	$\geq 19 \sim 21$	≥ 23

③ 链的节距（p）和排数（n）。链节距的大小直接影响链和链轮各部分尺寸的大小。在一定条件下，链节距越大，承载能力就越大，相应产生的冲击、振动和噪声也越严重。为使结构紧凑，传动平稳，在满足承载能力的前提下，应选用小节距的单排链；在高速、大功率时，可选取小节距的多排链；当中心距小、传动比大时，可选取小节距多排链，以使小链轮有一定的啮合齿数；当中心距大、传动比小且速度不太高时，可选用大节距单排链。

可根据 P_0 和小链轮转速 n_1，由图 5-13 确定链条型号，进而由表 5-1 确定链节距。

④ 中心距和链节数。设计时，可根据结构初定一个中心距，然后计算链节数，并取成整数，最好取偶数，再重新精确计算理论中心距 a_0 一般取 $a_0 = (30 \sim 50)p$，最大可取为

$a_{\max}=80p$，最小中心距 $a_{\min}$ 可按下式取值。

当 $i\leqslant 3$ 时

$$a_{\min}=\frac{1}{2}(d_{a1}+d_{a2})+(30\sim 50) \tag{5-17}$$

当 $i>3$ 时

$$a_{\min}=\frac{1}{2}(d_{a1}+d_{a2})\times\frac{9+i}{10} \tag{5-18}$$

式中　d_{a1}、d_{a2}——小、大链轮的顶圆直径，mm。

链长可用链节数 L_P 表示，可以按下式计算：

$$L_P=\frac{2a_0}{p}+\frac{z_1+z_2}{2}+\frac{p}{a_0}(\frac{z_1-z_2}{2\pi})^2 \tag{5-19}$$

由上式算出的链节数应圆整为偶数。

计算出链节数，就可以计算理论中心距 a 为

$$a=\frac{p}{4}\left[L_P-\frac{z_1+z_2}{2}+\sqrt{(L_P-\frac{z_1+z_2}{2})^2-8(\frac{z_2-z_1}{2\pi})^2}\right] \tag{5-20}$$

链的实际中心距 a' 为

$$a'=a-\Delta a \tag{5-21}$$

对于中心距可调的链传动，为保证链松边有一定的垂度，应使实际中心距比理论中心距小，一般取 $\Delta a=(0.002\sim 0.004)a$。对中心距不可调和没有张紧装置的链传动，应准确计算中心距。

⑤ 计算作用在轴上的轴压力。由于链传动是啮合传动，不需要很大的张紧力，故作用在轴上的压力 F_Q 也较小，可取

$$F_Q=(1.2\sim 1.3)F \tag{5-22}$$

式中　F——链传动的工作拉力，$F=1000P/v$，N；

　　　P——传递功率，kW；

　　　v——链速，m/s。

（2）低速链传动的静强度计算

当链速 $v<0.6$ m/s 时，过载拉断为链传动的主要失效形式，因此，设计时按静强度计算，应满足

$$\frac{nK_{\lim}}{F_1K_A}\geqslant S \tag{5-23}$$

式中　n——排数；

　　　$K_{\lim}$——单排链的极限拉伸载荷，N；

　　　F_1——链的紧边拉力，N；

　　　K_A——工作情况系数，见表 5-3；

　　　S——安全系数，一般取 4~8。

5.5 链传动的布置、张紧、使用和维护

5.5.1 链传动的布置

布置链传动时应注意以下几点。

① 传动装置最好水平布置。当必须倾斜布置时，中心连线与水平面夹角应小于 45°。

② 应尽量避免垂直传动。两轮轴线在同一铅垂面内时，链条因磨损而垂度增大，使其与下链轮啮合的链节数减少而松脱。若必须采用垂直传动时，可考虑采取以下措施：

a. 调节中心距；

b. 设张紧装置；

c. 上下两轮错开，使两轮轴线不在同一铅垂面内；

d. 链传动时，松边在下，紧边在上，可以顺利地啮合。

若松边在上，会由于垂度增大，破坏正常啮合，或者引起松边与紧边相碰。表 5-7 所示是设计链传动时应注意的一些布置原则。

表 5-7 设计链传动时布置原则

传动条件	正确布置	不正确布置	说明
i 与 a 的较佳范围场合：$i=2\sim3$ $a=(30\sim50)p$	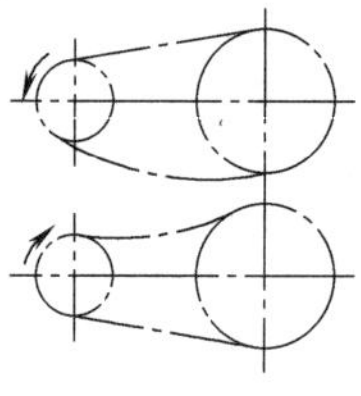		两链轮中心连线成水平，紧边在上面较好
i 大 a 小的场合：$i>3$ $a<30p$	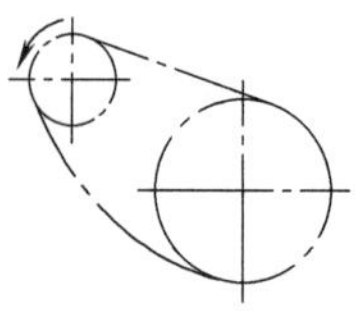	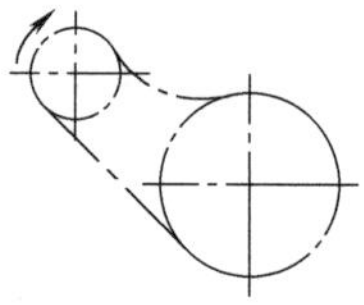	两链轮轴线不在同一水平面内，此时松边应布置在下面，否则松边下垂量增大后，链条易与小链轮发生干涉
i 小 a 大的场合：$i<1.5$ $a>60p$	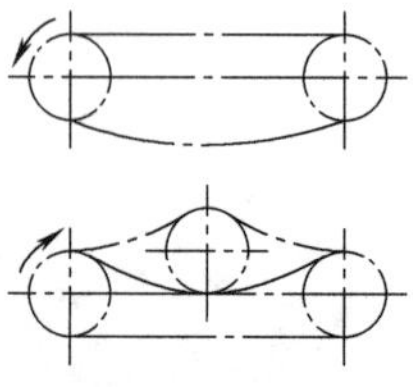	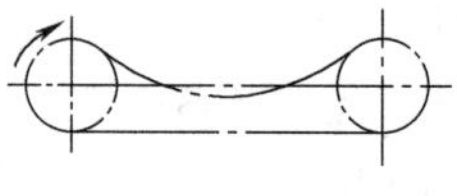	两链轮轴线在同一水平面内，此时松边应布置在下面，否则松边易与紧边相碰，此外，需经常调整中心距

续表

传动条件	正确布置	不正确布置	说明
垂直传动场合： i、a 为任意值			两链轮轴线在同一铅垂面内，此时下垂量集中在下端，所以要尽量避免这种垂直的布置，否则会减少下面链轮的有效啮合齿数，降低传动能力。应采用以下措施：中心距可调；设张紧装置；上下两轮错开，使其轴线不在同铅垂面内；尽可能将小链轮布置在上方；等等

5.5.2　链传动的张紧

　　链传动正常工作时，应保持一定张紧程度，以免由于松边张力不足引起链条在链轮上的跳齿和脱链。链传动的张紧程度可用测量松边垂度的方法来衡量，松边垂度可近似认为是两轮公切线与松边最远点的距离。合适的松边垂度可由推荐公式 $f=(0.01\sim0.02)a$ 近似计算（a 为中心距）。对于重载，经常起动、制动、反转的链传动，以及接近垂直的链传动，松边垂度应适当减少。

　　张紧可以采用下列方法：

　　① 用调整中心距的方法张紧；

　　② 用缩短链长的方法张紧，当传动没有张紧装置而中心距又不可调时，常采用这种方法对因磨损而伸长的链条张紧；

　　③ 用张紧装置张紧，如图 5-15 所示，张紧轮应放在靠近小链轮的松边，张紧轮直径可略小于小链轮直径，从外侧张紧，以保证小链轮处的包角。

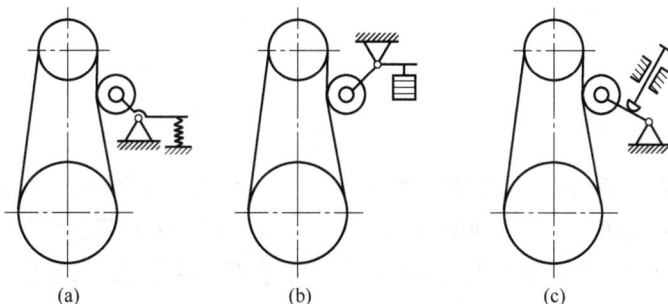

图 5-15　链传动张紧装置

5.5.3 链传动的使用和维护

正确使用和维护链传动对减少链的磨损，提高链传动的使用寿命有决定性的影响。使用和维护应注意以下几点。

（1）合理地控制加工误差和装配误差

节距误差（规定节距与实际节距之差）应小于2%；两链轮轮齿端面间的偏移（即链轮偏移）应小于中心距的2%；两轴应平行，否则会导致链的滚子对齿面的歪斜，由此产生很高的单边压力，导致滚子过载或碎裂。

（2）合理的润滑

良好的润滑有利于减小磨损，降低摩擦损失，缓和冲击和延长链的使用寿命。应根据链速和链节距选择润滑方式，具体润滑油选择见表5-8。

表 5-8　润滑油的选择

润滑方式	环境温度/℃	节距 p/mm		
		19.05~25.4	31.75	38.1~76.2
Ⅰ、Ⅱ、Ⅲ	−10~0	46	68	100
	0~40	68	100	HQB-10
	40~50	100	HQB-10	HQB-105
	50~60	HQB-10	HQB-105	HL-20
Ⅳ	−10~0	46		68
	0~40	68		100
	40~50	100		HQB-10
	50~60	HQB-10		HQB-105

对于开式传动和不易润滑的链传动，可定期拆下链条，先用煤油清洗干净，干燥后再浸入70~80℃润滑油中片刻（销轴垂直放入油中），尽量排尽铰链间隙中的空气，待吸满油后，取出冷却，擦去表面润滑油后，安装继续使用。

本章小结

链传动的特点显著：优点是无弹性滑动与打滑，平均传动比精准，能在恶劣环境下工作，如高温、多尘、潮湿等场合，且承载能力较大，可实现较大中心距的传动；缺点是瞬时传动比不恒定，工作时会产生冲击、振动与噪声，链条磨损后易出现跳齿和脱链现象，需进行良好的润滑与维护。

在链传动的设计流程中，首先依据传动功率、转速、传动比等条件选择合适的链条型号，确定链轮齿数与直径，此时要留意小链轮齿数不能过少，不然会加剧多边形效应和链条磨损，大链轮齿数也不宜过多，防止链条因磨损伸长后易脱链。然后计算链节数并选取标准值，准确计算中心距，同时考虑链传动的张紧与润滑方式，张紧可通过调整中心距、使用张紧轮等方法，良好的润滑对减少磨损、降低功率损失、延长链条寿命极为重要，要依据具体工况选取恰当的润滑剂与润滑方式。

本章重点：熟悉滚子链和齿形链的结构组成及特点，掌握链条的主要参数，如节距、滚子外径、内链节内宽等，以及链轮的基本参数和主要尺寸；了解链传动的常见失效形式，如链的疲劳破坏、链条铰链的磨损、胶合、静力破坏等，掌握每种失效形式产生的原因及预防措施；掌握链传动的设计步骤和方法，包括根据传动功率、转速、传动比等条件选择合适的链条型号，确定链轮齿数和直径，计算链节数、中心距等参数，能够进行链传动的受力分析，并根据计算结果进行强度校核。

本章难点：理解链传动多边形效应的原因及影响因素；在链传动设计计算中，合理选择各项参数（如链轮齿数、传动比、中心距、链节距和排数等）较为困难，需要综合考虑传动性能、结构紧凑性、使用寿命、经济性等多方面因素进行优化，同时还要满足一些特定的工作条件和要求。

习题

5-1　链传动有哪些特点？链传动怎样标记？举例说明标记的方法。

5-2　链传动怎样进行张紧、使用和维护？

5-3　单列滚子链传动的功率 P=0.6kW，链节距 p=12.7mm，主动链轮转速 n_1=145r/min，主动链轮齿数 z_1=19，冲击载荷，试校核此传动的静强度。

5-4　一滚子链传动，已知链节距 p=15.875mm，小链轮齿数 z_1=18，大链轮齿数 z_2=60，中心距 a=700mm，小链轮转速 n_1=730r/min，载荷平衡，试计算链节数、链所能传递的最大功率及链的工作拉力。

5-5　设计一带式运输机的滚子链传动。已知传递功率 P=7.5kW，主动链轮转速 n_1=960r/min，轴径 d=38mm，从动链轮转速 n_2=330r/min。电动机驱动，载荷平稳，一班制工作。按规定条件润滑，两链轮中心线与水平线成 30°。

拓展阅读

链传动的历史犹如一部厚重的史书，承载着人类智慧与技术进步的光辉篇章。早在古代，简单的链条形式就已初现雏形，如古代人们在提水装置中使用铁链，通过人力或畜力拉动，实现了水桶的升降，初步展现了链传动改变力的方向和传递动力的基本功能。随着时间的推移，到了近代工业革命时期，链传动迎来了飞速发展的黄金时代。在早期的蒸汽机驱动的纺织机械、矿山机械以及交通运输工具中，链传动以其可靠的性能和适应复杂工况的能力，成为了不可或缺的传动方式。进入现代社会后，链传动更是在汽车、摩托车、农业机械、工业自动化生产线等众多领域大放异彩,其技术不断创新,性能持续提升,成为现代机械工程领域中最重要的传动方式之一。

链传动拥有众多令人瞩目的优势,这些优势使其在机械传动领域中被广泛应用。

其一,链传动具有准确的平均传动比。与带传动相比,链传动不存在弹性滑动和打滑现象,这意味着其能够精确地按照设计要求传递运动和动力,保证机械系统的运动精度和工作稳定性。在自动化生产线上,各种执行机构之间的运动协调往往依赖于精准的传动比,链传动的这一特性能够确保生产线的各个环节同步运行,高效完成生产任务,有效提高产品质量和生产效率。

其二,链传动能够适应恶劣的工作环境。无论是高温、潮湿、多尘还是存在化学腐蚀的环境,链传动都能坚守岗位,稳定工作。在矿山开采设备中,面对井下恶劣的工作条件,链传动可以可靠地将动力传递给挖掘、运输等工作部件,不畏粉尘飞扬、湿度较大等不利因素;在农业机械领域,如联合收割机在田间作业时,链传动在尘土飞扬、湿度变化较大且可能受到农作物秸秆等杂质影响的环境中,依然能够正常运转,有力地保障了农业生产的顺利进行。

其三,链传动具备较强的承载能力。它可以在较大的载荷下持续工作,传递较大的功率。在一些重型机械装备中,如大型起重机、石油钻井设备等,链传动能够承担起巨大的负荷,将强大的动力传递到各个工作部位,确保这些大型设备能够安全、高效地完成诸如重物起吊、钻井作业等艰巨任务。

第 6 章　齿轮传动

本章知识导图

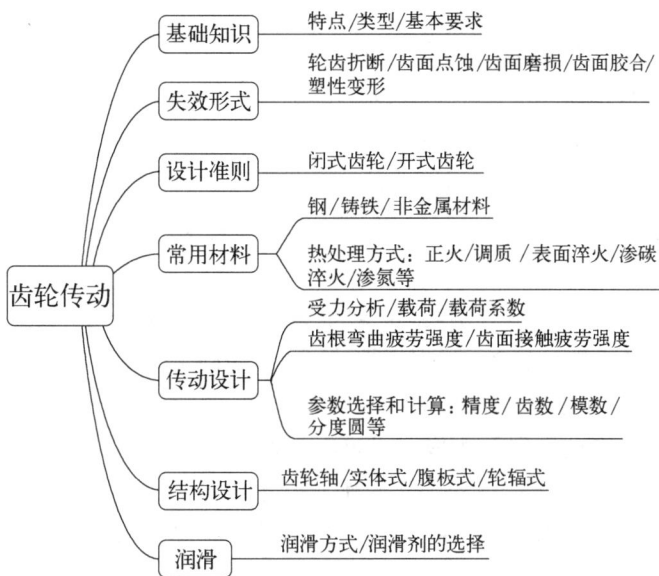

本章学习目标

（1）理解齿轮传动的特点；

（2）掌握齿轮传动的失效形式及设计准则；

（3）掌握齿轮的常用材料及选用原则；

（4）掌握标准直齿圆柱齿轮传动、标准斜齿圆柱齿轮传动、标准直齿圆锥齿轮传动的设计；

（5）了解齿轮的结构设计与润滑。

人类对齿轮的使用有着悠久的历史，我国是世界上应用齿轮最早的国家之一。1956 年，在河北午汲古城发掘出直径约为 80mm 的铁齿轮，经研究判定其为战国末期至西汉（公元前 3 世纪~公元 24 年）期间的制品。东汉杜诗发明用于冶铸鼓风用的"水排"，借助齿轮、连杆等传动装置，把圆周运动转变成直线往复运动，达到鼓风的目的。希腊哲学家亚里士多德（Aristotle，公元前 384~前 322 年）在《机械问题》中提及了齿轮，这是国外关于齿轮的最早文献记载。法国学者海尔（Hire P.D.L）于 1694 年提出以渐开线作为齿轮齿廓曲线，普福特（Pfauter H.）在 1900 年首创万能滚齿机，采用范成法切制齿轮，从而使渐开线齿轮的应用日益广泛。

6.1 概述

6.1.1 齿轮传动的特点

齿轮传动是一种重要的机械传动方式，广泛应用于汽车、机床、轮船、农业机械、建筑机械等各类机械中，用于传递空间任意两轴之间运动和动力。

齿轮传动的主要特点如下。

① 传动效率高。通常情况下，其效率 $\eta=0.94\sim0.99$，在对能源利用效率有较高要求的机械系统中，该特性能够更好地发挥动力传输的作用。例如，在汽车变速器中，较高的传动效率能够降低能量损耗，提升燃油经济性。

② 工作可靠且寿命长。其寿命可达数十年之久，能持续传递动力，保证机器长期有效进行工作。例如，机床齿轮传动系统可长时间稳定运转，持续为机床的切削加工精确传递动力，保障生产的连续性。

③ 传动比准确。能够精确控制转速、转矩等参数，使传动平稳。例如，机械钟表的齿轮之间通过精准的传动比相互配合，确保了指针可以按照固定的速度转动，实现精确计时。

④ 结构紧凑。在相同的使用条件下，其所需的空间尺寸较小，有利于节省设备的安装空间，方便进行设备的布局和集成。例如，小型手持式电动工具，可以在其有限的空间内合理安排齿轮传动，便于使用者手持操作。

⑤ 适用的速度和传递功率范围广。齿轮圆周速度可从 0.1m/s 到 200m/s 甚至更高，转速可从 1r/min 到 20000r/min 甚至更高，传递功率达 6×10^5kW。无论是在低转速、小功率的小型家用设备中，还是在高转速、大功率的大型工业设备中均可应用。

⑥ 制造及安装精度要求高。在齿轮制作过程中，需采用专用设备确保参数符合标准。在安装时，要严格控制精度。例如，航空航天领域的齿轮部件，制造精度和安装成本较高，对生产厂家的工艺水平和技术能力是极大的考验。

⑦ 不宜在两轴中心距很大的场合使用。若两轴中心距较大，整个传动系统的结构将会变得庞大，成本也会显著上升，同时还会增加能量损失和潜在的故障风险。

6.1.2 齿轮传动的类型

在齿轮设计中，常将齿轮传动形式分为不同类型。下面介绍三种常见的分类方法。

（1）按齿轮结构外形进行分类

齿轮传动主要分为圆柱齿轮传动、圆锥齿轮传动以及蜗轮蜗杆传动。其中，圆柱齿轮又可分为直齿圆柱齿轮、斜齿圆柱齿轮和人字齿圆柱齿轮等。直齿圆柱齿轮啮合过程相对简单，但承载能力和传动平稳性有限；斜齿圆柱齿轮的重合度较高，承载能力强且传动平稳，但会产生轴向力；人字齿圆柱齿轮则综合了直齿圆柱齿轮和斜齿圆柱齿轮的部分特点，承载能力强且轴向力能相互抵消，但制造难度相对较大。

（2）按工作条件进行分类

齿轮传动可分为闭式传动和开式传动两种类型。闭式传动中，齿轮安装在刚性的箱体内，并注入润滑油，以保证良好的润滑和防护条件，延长齿轮使用寿命。闭式传动常用于各类精密机床、汽车变速器等对传动精度和可靠性要求较高的设备中。开式传动的齿轮则暴露在外界环境中，没有防尘罩或机壳，外界杂物易侵入，润滑条件较差，轮齿易磨损。开式传动适用于低速、低精度，对可靠性要求不高的简单设备中。

（3）按齿面硬度进行分类

齿轮传动分为软齿面传动和硬齿面传动。软齿面传动的齿面硬度≤350HBW（或38HRC），其制造工艺相对简单，具有一定的韧性，但耐磨性和承载能力有限，适用于传动精度和承载能力要求不高的场合，如通用机械、小型轻工设备等。硬齿面传动的齿面硬度＞350HBW（或 38HRC），具有强度高、耐磨性好和承载能力强等特点，传动精度高且传动性能稳定，但制造工艺复杂，安装精度和润滑条件要求高，适用于大型工业齿轮箱、矿山机械、冶金设备、重型机床等对传动性能要求高的领域。

6.1.3　齿轮传动的基本要求

在齿轮传动系统中，为确保其能够正常工作，对齿轮传动提出以下两项基本要求。

（1）传动准确、平稳

要求齿轮在传动过程中，瞬时传动比恒定不变，以减少振动、冲击和噪声。这与齿轮的齿廓形状、制造精度以及安装精度等因素相关。在理想状态下，齿轮在瞬时的传动比都应该保持恒定，以实现平稳的动力传输。

（2）承载能力强

要求齿轮具备足够的强度，且能传递较大的动力。在其使用寿命内不发生失效现象，同时在满足承载能力的前提下，应使结构尽可能紧凑。这与齿轮的尺寸、材料以及热处理工艺等因素有关。在齿宽方向和齿高方向上，各部位载荷尽可能相近，避免局部载荷过大。

6.2　齿轮传动的失效形式及设计准则

6.2.1　齿轮传动的失效形式

齿轮传动的失效主要是指轮齿的失效，其主要失效形式有以下五种。

（1）轮齿折断

齿轮传递动力时，齿根部位会产生弯曲应力。同时，齿根过渡部分的形状突变及刀痕会引起应力集中，且该应力随时间变化发生变化。对于单向转动的齿轮，此应力为脉动循环应力；对于双向转动的齿轮，此应力为对称循环应力。

轮齿折断分为疲劳折断和过载折断两种情况，通常发生在齿根处且均始于轮齿受拉应力的一侧，如图6-1所示。疲劳折断是指在正常工况下，当齿根的循环弯曲应力超过其疲劳极限时，会产生裂纹并不断扩展，致使轮齿疲劳折断。过载折断是由于使用不当造成齿轮严重过载或受到巨大冲击，使得齿根弯曲应力超过强度极限而引起的脆性断裂。轮齿折断多发生在轮齿材质较脆的情况下，如齿轮整体淬火、齿面硬度很高的钢制齿轮和铸铁齿轮。对于宽度较小的直齿轮，轮齿一般沿整个齿宽折断；对于斜齿轮、人字齿轮以及宽度较大的直齿轮，多发生局部折断。

防止轮齿折断的措施有：选用合适的齿轮材料和热处理方法以改善材料的力学性能，使齿芯具有足够的韧性；选择合适的模数并采用正变位齿轮以增大齿根的厚度；通过增大齿根过渡圆角半径和消除加工刀痕等方法，减小齿根的应力集中；采用齿面强化措施（如喷丸、滚压），并增大轴及支承的刚度以使载荷分布均匀；等等。

（2）齿面点蚀

齿面点蚀是润滑良好的闭式软齿面齿轮传动中最为常见的失效形式，如图6-2所示。齿轮传动受载前，两轮齿为线接触；受载时，齿面会发生弹性变形，形成微小的接触面积，并在其接触表层上产生较大的应力，该应力称为接触应力，此接触应力按脉动循环变化。当接触应力超过齿轮材料的接触疲劳极限时，齿面表层就会产生不规则的细微疲劳裂纹，随着裂纹的扩展，齿面表层的金属微粒会剥落，进而形成凹坑，这种现象称为疲劳点蚀，简称点蚀。点蚀破坏了渐开线齿廓，降低了齿轮传动精度，造成传动不平稳并产生噪声。

齿面点蚀与齿面间的相对滑动速度以及润滑油的黏度密切相关。当相对滑动速度较高、润滑油黏度较大时，齿面间容易形成油膜，此时齿面有效接触面积较大，接触应力较小，点蚀就不容易发生。但在轮齿节线附近，相对滑动速度低，形成油膜的条件较差，点蚀就常出现。对于开式齿轮传动，由于磨损较快，当齿面尚未形成疲劳裂纹时，表层材料就已被磨掉，故开式齿轮传动很少出现点蚀现象。

防止齿面点蚀的措施有：提高齿面硬度及接触精度，降低齿面的粗糙度，提高润滑油黏度等。

（3）齿面磨损

齿面磨损是开式齿轮传动的主要失效形式，如图6-3所示。两轮齿啮合受载时，由于相对滑动，尤其是当外界硬质颗粒进入啮合工作面之间时，会使齿面产生磨粒磨损，进而导致齿廓变形和齿厚减薄，使齿侧间隙大幅增加，产生冲击和噪声，使传动不平稳，并降低轮齿的抗弯强度，严重时会引起轮齿折断，导致齿轮传动失效。

防止齿面磨损的措施有：采用闭式传动，提高齿面硬度，降低齿面粗糙度，保持良好的润滑方式，等等。

（4）齿面胶合

在高速、重载的齿轮传动中，若润滑不良或齿面压力过大，会引起油膜破裂，使两齿面金属直接接触，局部接触区会产生高温熔化或软化现象，进而相互黏结。这种两齿面相对运动时，齿面上沿着滑动方向形成的带状或大面积的沟痕，称为胶合，如图6-4所示。在低速、重载传动中，齿面间不易形成油膜，也可能产生胶合。齿面胶合会引起振动和噪声，导致齿轮传动性能下降，甚至失效。

防止齿面胶合的措施有：提高齿面硬度，选用抗胶合能力良好的材料；采用正变位齿轮，减少模数，降低齿高以降低滑动速度；降低表面粗糙度以形成良好的润滑条件，采用黏度较大或抗胶合性能良好的润滑油；等等。

（5）塑性变形

在低速、重载且启动频繁的齿轮传动中，当轮齿材料较软时，若载荷所产生的应力超过材料的屈服极限，轮齿表面材料在摩擦力的作用下，容易沿着滑动方向出现局部的齿面塑性变形，导致主动轮齿面节线附近出现凹沟，从动轮齿面节线附近出现凸棱，如图6-5所示，影响齿轮的正常啮合。

防止塑性变形的措施有：提高齿面硬度，避免频繁启动和过载，采用高黏度的润滑油，等等。

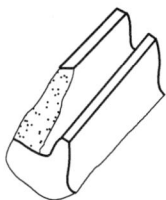

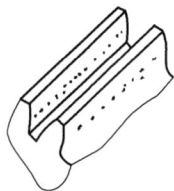

图 6-1　轮齿折断　　　　　图 6-2　齿面点蚀　　　　　图 6-3　齿面磨损

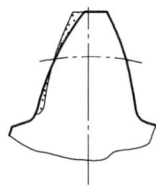

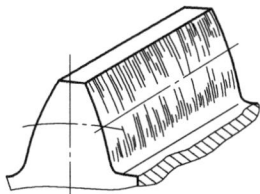

图 6-4　齿面胶合　　　　　图 6-5　塑性变形

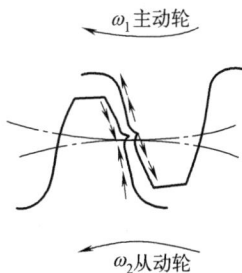

齿轮多种失效形式同时发生的可能性极小，但却是互相影响的。例如，齿面点蚀会使齿面磨损加剧，而严重的齿面磨损又可能引发轮齿折断。因此在给定的工作条件下，齿轮传动应防止各类失效形式的发生。

6.2.2　齿轮传动的设计准则

在设计齿轮传动时，需根据实际工作条件对齿轮可能发生的主要失效形式进行分析，并针对主要失效形式确定相应的设计准则。

实践表明，在一般工作条件下的闭式软齿面齿轮传动中，齿面点蚀是主要失效形式，设计时通常以保证齿面接触疲劳强度为主。而对于闭式硬齿面齿轮传动，轮齿折断为主要失效形式，通常以保证齿根弯曲疲劳强度为主。对于功率较大的闭式齿轮传动，由于发热量较大，容易出现润滑不良及齿面胶合等问题，为控制温升，还应进行散热能力计算。

开式齿轮传动主要失效形式为齿面磨损以及因磨损而导致的轮齿折断。由于目前齿面抗磨损能力的计算方法尚不完善，设计时仅以保证齿根弯曲疲劳强度作为准则，同时须考虑磨损因素，将计算所得的模数增大 10%~20%后圆整为相近的标准值，且无须校核接触疲劳强度。

对于轮齿抵抗其他失效的能力，通常不进行计算，但应采取相应措施增强其抵抗这些失效的能力。

对于齿轮的轮辐、轮毂等部位的尺寸，通常仅进行结构设计，所定尺寸在强度及刚度方面均较为富裕，在实践中也极少出现失效情况，故不进行强度计算。但对于工作在重要场合的齿轮传动，这些部位仍需进行强度校核。

6.3 齿轮材料及热处理

6.3.1 齿轮材料的基本要求

为确保齿轮工作的可靠性并延长其使用寿命，对齿轮的材料提出以下要求。

① 轮齿表面应有较高的硬度以及良好的耐磨性，以抵抗齿面磨损、点蚀、胶合及塑性变形等失效形式；

② 轮齿芯部应有足够的强度与较好的韧性，确保齿根具有良好的弯曲强度和抗冲击能力；

③ 齿轮应具有良好的机械加工及热处理工艺性，并满足经济性要求，以便易于达到所需的加工精度及力学性能要求。

6.3.2 齿轮的常用材料

工程上常用的齿轮材料有钢（锻钢和铸钢）、铸铁以及非金属材料。锻钢应用最广，其次是铸钢和铸铁，在某些情况下也可以采用非金属材料。

（1）锻钢

钢材经过锻造以后，其内部纤维组织得以改善，力学性能优于轧制钢材。锻钢具有强度高、韧性好等特点，常用的有碳钢和合金钢。碳钢具有制造简便、经济性好且生产率高的优点。合金钢材可根据所含合金元素的成分及性能，分别提升材料的韧性、耐冲击性、耐磨性及抗胶合性能等。常用的锻钢材料为 45、40Cr、35SiMn、20CrMnTi 等。

（2）铸钢

当齿轮尺寸较大（齿顶圆直径大于 500mm）或结构复杂不易锻造时，应采用铸钢。

铸钢的耐磨性及强度均较好，但需经退火及正火处理，必要时也可进行调质。常用铸钢材料为 ZG310-570、ZG340-640 等。

（3）铸铁

铸铁的抗弯强度及耐冲击性能较差，但耐磨性、铸造性能优良且价格低廉，主要用于开式、低速、轻载的齿轮传动中。常用的铸铁有 HT250、HT300、QT500-7 等。

（4）非金属材料

在高速、轻载、低噪声或精度要求不高的特殊齿轮传动中，可采用非金属材料，如塑料等。塑料齿轮以其制造简便（易注塑成形）、无须润滑等优点，广泛应用于家电产品和办公机械领域。

6.3.3　齿轮的热处理方式

齿轮常用的热处理方式有正火、调质、表面淬火、渗碳淬火以及渗氮等。其中，正火和调质处理后可获得软齿面齿轮，而其余三种热处理方式则能够得到硬齿面齿轮。正火能够消除内应力、细化晶粒，改善力学性能和切削性能，适用于机械强度要求不高的中碳钢齿轮。调质通常用于中碳钢和中碳合金钢，使材料具有较好的综合力学性能。表面淬火一般用于中碳钢和中碳合金钢，可使齿面硬度高，而齿的芯部具有一定的韧性，因此齿轮接触强度高、耐磨性好且抗冲击性能较强。渗碳淬火一般用于低碳钢和低碳合金钢齿轮，处理后可使表面接触强度高、耐磨性好，且芯部仍保持较高的韧性，抗冲击性能良好，适用于载荷大、有冲击的重要齿轮传动。齿轮渗碳淬火后需进行磨齿，以消除变形。渗氮后一般无须磨齿，适用于尺寸较大的外齿轮或难于磨齿的内齿轮。

齿轮根据齿面硬度不同，可分为以下两类。

① 软齿面齿轮（齿面硬度≤350HBW）。通常由优质中碳钢、合金钢制成，如 45、40Cr、35SiMn 等，经调质或正火处理后再进行切齿。硬度较低，具有易切齿、成本低的优点，适用于对强度、速度及精度要求不高的一般齿轮传动。当配对齿轮均采用软齿面时，考虑到小齿轮齿根弯曲应力较大，单位时间内受载次数多，更容易发生疲劳破坏，小齿轮齿面硬度应比大齿轮的高 30~50HBW。

② 硬齿面齿轮（齿面硬度＞350HBW）。常用的材料有 20Cr、20CrMnTi、45、40Cr 等。这类齿轮在切齿加工后进行热处理，齿面硬度为 45~65HRC。由于热处理会使轮齿发生变形，所以通常还需进行磨齿等精加工。硬齿面齿轮制造工艺复杂、成本高，但承载能力较强，常用于高速、重载及精度要求高的齿轮传动中。当一对齿轮都是硬齿面时，两齿轮的硬度相同。

常用齿轮材料及其力学性能见表 6-1。

表 6-1 常用齿轮材料及其力学性能

材料牌号	热处理	硬度	接触疲劳极限 σ_{Hlim}/MPa	弯曲疲劳极限 σ_{Flim}/MPa
45	正火	156~217HBW	350~400	280~340
	调质	197~286HBW	550~620	410~480
	表面淬火	40~50HRC	1120~1150	680~700
40Cr	调质	217~286HBW	650~750	560~620
	表面淬火	48~55HRC	1150~1210	700~740
40CrMnMo	调质	229~363HBW	680~710	580~690
	表面淬火	45~50HRC	1130~1150	690~700
35SiMn	调质	207~286HBW	650~760	550~610
	表面淬火	45~50HRC	1130~1150	690~700
40MnB	调质	241~286HBW	680~760	580~610
	表面淬火	45~55HRC	1130~1210	690~720
38SiMnMo	调质	241~286HBW	680~760	580~610
	表面淬火	45~55HRC	1130~1210	690~720
	碳氮共渗	57~63HRC	880~950	790
38CrMnAlA	调质	255~321HBW	710~790	600~640
	表面淬火	45~55HRC	1130~1210	690~720
20CrMnTi	渗氮	>850HV	1000	715
	渗碳淬火回火	56~62HRC	1500	850
20Cr	渗碳淬火回火	56~62HRC	1500	850
ZG310-570	正火	163~197HBW	280~330	210~250
ZG340-640	正火	179~207HBW	310~340	240~270
ZG35SiMn	调质	241~269HBW	590~640	500~520
	表面淬火	45~53HRC	1130~1190	690~720
HT300	时效	187~255HBW	330~390	100~150
QT500-7	正火	170~230HBW	450~540	260~300
QT600-3	正火	190~270HBW	490~580	280~310

注：表中 σ_{Hlim}、σ_{Flim} 值根据 GB/T 3480.5—2021 编制。

6.3.4 齿轮材料的选择原则

齿轮材料种类繁多，在选择时应考虑以下因素。

① 工作条件。需综合考虑载荷大小、载荷性质和工作转速等因素。当齿轮承受较大的载荷时，如在重型机械、矿山机械中的齿轮，需选用强度高、韧性好的材料，如优质碳素钢经调质处理，或采用合金钢等。当齿轮承受冲击载荷时，应选用韧性好的材料，如

20CrMnTi，该材料经渗碳淬火处理后，表面硬度高且耐磨，芯部韧性好，能有效抵抗冲击，防止齿轮出现崩齿现象。对于高速运转的齿轮，需选择耐热性好、抗胶合能力强的材料，如含钼、钨等合金的高温合金钢。

② 齿轮尺寸及结构。应综合考虑齿轮尺寸大小、结构复杂程度及毛坯成型方法。对于尺寸较大的齿轮，通常采用铸造性能良好的材料，如铸钢。中等或中等以下尺寸且要求较高的齿轮常采用锻造毛坯，可选用锻钢作为齿轮材料。当尺寸较小且要求不高时，可选用圆钢作为毛坯。

③ 材料的工艺性。综合考虑齿轮切削加工性和热处理工艺。正火碳钢用于制作在载荷平稳或轻度冲击下工作的齿轮，无法承受较大的冲击载荷。调质碳钢可用于制作在中等冲击载荷下工作的齿轮。高硬度合金钢加工工艺复杂，加工难度大，需要使用专用刀具，适用于对力学性能要求较高的场合。

④ 经济性。综合考虑材料成本和加工成本。例如合金钢、特殊的有色金属等材料价格较高，加工成本较高，仅在特殊情况下选用。一些超硬材料制成的齿轮，虽然材料本身价格可能不高，但其加工成本高，因此需结合性能要求与制造成本综合评估。

6.4 标准直齿圆柱齿轮传动的设计

6.4.1 受力分析

为防止齿轮传动失效，需依据齿轮的工作条件、失效形式以及相应的齿轮强度理论，来确定齿轮传动的强度设计计算方法。通常按照齿根弯曲疲劳强度计算和齿面接触疲劳强度计算。直齿圆柱齿轮传动的强度计算方法是其他各类齿轮传动计算的基础。其他类型的齿轮传动（如标准斜齿圆柱齿轮传动、标准圆锥齿轮传动等），其强度计算均可通过折合成当量直齿圆柱齿轮传动的方法来进行。为了计算轮齿的强度，有必要对轮齿上的作用力进行分析。

设一对外啮合标准直齿圆柱齿轮按标准中心距安装，如图 6-6 所示。轮齿间的摩擦力通常较小，可忽略不计。在接触点 C 处，轮齿间相互作用的总压力为法向力 F_{n1}，其方向为沿啮合线垂直作用于齿面。为方便计算，F_{n1} 可分解为切于分度圆的圆周力 F_{t1} 和沿半径方向并指向轮心的径向力 F_{r1}。其计算公式分别为

$$\begin{cases} F_{t1} = \dfrac{2T_1}{d_1} \\ F_{r1} = F_{t1}\tan\alpha \\ F_{n1} = \dfrac{F_{t1}}{\cos\alpha} \end{cases} \tag{6-1}$$

式中　F_{t1}——主动轮上分度圆上圆周力，N；
　　　F_{r1}——主动轮上分度圆上径向力，N；

F_{n1}——主动轮上分度圆上法向力，N；

T_1——主动轮上的名义转矩，$T_1 = 9.55 \times 10^6 \times \dfrac{P_1}{n_1}$，N·mm；其中，$P_1$ 为主动轮上的名义功率，kW；n_1 为主动轮转速，r/min；

d_1——主动轮分度圆直径，mm；

α——齿轮压力角，对于标准齿轮 $\alpha = 20°$。

作用在主动轮和从动轮上的同名力大小相等、方向相反，即 $F_{t1} = -F_{t2}$，$F_{r1} = -F_{r2}$，$F_{n1} = -F_{n2}$。圆周力 F_{t1} 是主动轮的工作阻力，其方向与主动轮转向相反。圆周力 F_{t2} 是从动轮的驱动力，其方向与从动轮转向相同。径向力 F_{r1}、F_{r2} 方向由啮合点指向各自的轮心。

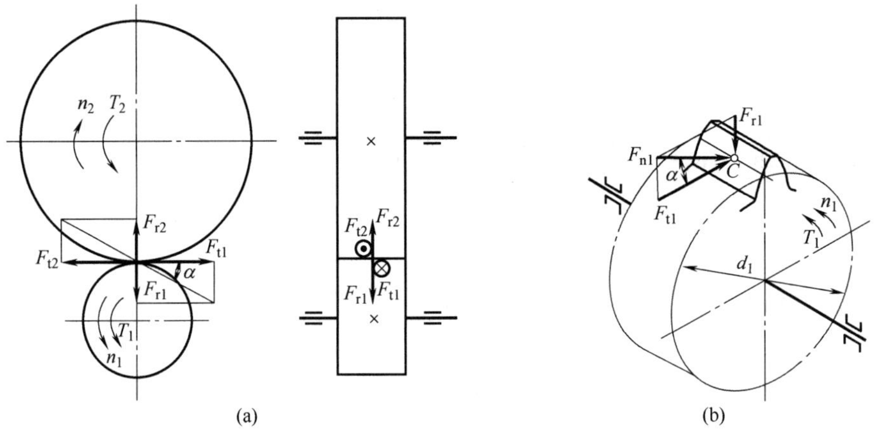

图 6-6 直齿圆柱齿轮传动的受力分析

6.4.2 计算载荷

上述受力分析是基于载荷平稳且沿齿宽均匀分布的理想条件展开的，F_n、F_t 以及 F_r 等均为名义载荷。实际运转时，受轴和轴承的变形、传动装置的制造与安装误差等诸多因素影响，载荷沿齿宽无法实现均匀分布，进而引起载荷集中。此外，由于原动机和工作机的工作特性不同、齿轮制造误差以及轮齿变形等原因，还会产生附加动载荷。因此，在计算齿轮强度时，通常用计算载荷 F_{nc} 来代替名义载荷 F_n，为

$$F_{nc} = KF_n \tag{6-2}$$

式中，K 为载荷系数，是考虑了载荷集中及附加动载荷影响的系数，具体数值可参见表 6-2。

表 6-2 载荷系数 K

原动机工作情况	工作机的载荷特性		
	均匀	中等冲击	较大冲击
工作平稳（如电动机）	1~1.2	1.2~1.6	1.6~1.8
轻度冲击（如多缸内燃机）	1.2~1.6	1.6~1.8	1.9~2.1
中等冲击（如单缸内燃机）	1.6~1.8	1.8~2.0	2.2~2.4

注：齿轮在两轴承间对称布置时取小值，不对称布置及悬臂布置时取大值；斜齿轮、精度高、圆周速度低、齿宽较小时取小值，反之取大值。

6.4.3　齿根弯曲疲劳强度计算

（1）齿根弯曲应力

实践表明，轮齿折断与齿根的弯曲应力密切相关，裂纹首先在受拉侧产生，故在相关分析中通常只考虑弯曲应力的影响。由于齿轮的轮缘具有较大强度和刚度，在进行分析时可将轮齿视作一个宽度为 b 的悬臂梁，如图 6-7 所示。在进行齿根弯曲疲劳强度的计算时，假定由一对轮齿传递载荷且该载荷作用于齿顶位置，在此情况下齿根所受的弯矩达到最大值。在工程上，对于齿根处危险截面的确定，一般采用 30°切线法：作与轮齿对称中心线呈 30°夹角，且与齿根过渡曲线相切的两条斜线，此两切点的连线所在位置即为齿根的危险截面位置。设该危险截面处的弦齿厚为 s_F。

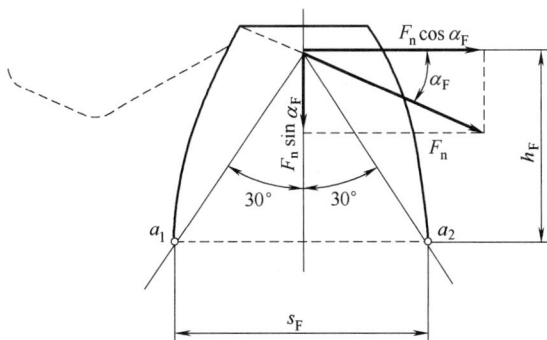

图 6-7 轮齿危险截面位置及应力

（2）齿根弯曲疲劳强度计算

将作用于齿顶的法向力 F_n 分解为径向力 $F_n \sin\alpha_F$ 和圆周力 $F_n \cos\alpha_F$，其中 α_F 为法向力与圆周力之间的夹角。在齿根危险截面上，圆周力 $F_n\cos\alpha_F$ 会引起弯曲应力和切应力，径向力 $F_n\sin\alpha_F$ 会引起压应力。其中的压应力和切应力相对于弯曲应力而言小得多，可忽略不计，弯曲应力起着主要作用。因此，防止齿根疲劳折断的强度条件为：齿根危险截面处的最大弯曲应力小于许用弯曲应力，$\sigma_F \leqslant [\sigma_F]$。即齿根弯曲疲劳强度校核公式为

$$\sigma_F = \frac{M}{W} = \frac{F_n h_F \cos\alpha_F}{\frac{1}{6}bs_F^2} = \frac{F_t}{bm} \times \frac{6\dfrac{h_F}{m}\cos\alpha_F}{\left(\dfrac{s_F}{m}\right)^2 \cos\alpha} \quad (\text{MPa}) \tag{6-3}$$

式中　M——轮齿根部承受的弯矩，N·mm；

　　　W——齿根危险截面的抗弯模量，mm^3；

　　　b——轮齿的接触宽度，mm。

　　令

$$Y_{Fa} = \frac{6\dfrac{h_F}{m}\cos\alpha_F}{\left(\dfrac{s_F}{m}\right)^2 \cos\alpha}$$

　　Y_{Fa} 称为齿形系数，该值只与齿形中的尺寸比例有关而与模数无关。标准齿轮的 Y_{Fa} 值仅决定于齿数，其值见表 6-3。考虑到由于齿根过渡曲线引起的应力集中以及齿根危险截面上的压应力、切应力等的影响，引入应力修正系数 Y_{Sa}，式（6-3）简化为

$$\sigma_F = \frac{F_t}{bm} Y_{Fa} Y_{Sa} \tag{6-4}$$

　　应力修正系数 Y_{Sa} 可由表 6-3 查得。考虑影响齿轮载荷的各种因素，用计算载荷 $F_{tc}=KF_t$ 代替 F_t，将 $F_{t1}=2T_1/d_1$ 及 $m=d_1/z_1$ 代入式（6-4），可得齿根弯曲疲劳强度的校核公式为

$$\sigma_F = \frac{2KT_1}{bmd_1} Y_{Fa} Y_{Sa} = \frac{2KT_1}{bm^2 z_1} Y_{Fa} Y_{Sa} \leqslant [\sigma_F] \quad (\text{MPa}) \tag{6-5}$$

式中　$[\sigma_F]$——许用弯曲应力，MPa。

表 6-3　标准外齿轮的齿形系数 Y_{Fa} 及应力修正系数 Y_{Sa}

$z\,(z_v)$	17	18	19	20	21	22	23	24	25	26	27	28	29
Y_{Fa}	2.97	2.91	2.85	2.80	2.76	2.72	2.69	2.65	2.62	2.60	2.57	2.55	2.53
Y_{Sa}	1.52	1.53	1.54	1.55	1.56	1.57	1.575	1.58	1.59	1.595	1.60	1.61	1.62
$z\,(z_v)$	30	35	40	45	50	60	70	80	90	100	150	200	∞
Y_{Fa}	2.52	2.45	2.40	2.35	2.32	2.28	2.24	2.22	2.20	2.18	2.14	2.12	2.06
Y_{Sa}	1.625	1.65	1.67	1.68	1.70	1.73	1.75	1.77	1.78	1.79	1.83	1.865	1.97

　　引入齿宽系数 $\psi_d=b/d_1$，ψ_d 按表 6-4 取值，代入式（6-5）中，可得齿根弯曲疲劳强度的设计公式为

$$m \geqslant \sqrt[3]{\frac{2KT_1 Y_{Fa} Y_{Sa}}{\psi_d z_1^2 [\sigma_F]}} \quad (\text{mm}) \tag{6-6}$$

应用式（6-6）计算时应注意以下几点。

① 通常情况下，两轮的齿数不相同，故两轮的齿形系数 Y_{Fa1}、Y_{Fa2} 以及应力修正系数 Y_{Sa1}、Y_{Sa2} 均不相等，且两齿轮材料的许用弯曲应力$[\sigma_F]_1$、$[\sigma_F]_2$ 也不一致，因此，必须对两齿轮的齿根弯曲疲劳强度分别进行校核。

② 使用设计公式时，应将 $\dfrac{Y_{Fa1}Y_{Sa1}}{[\sigma_F]_1}$、$\dfrac{Y_{Fa2}Y_{Sa2}}{[\sigma_F]_2}$ 两值中的大值代入式（6-6），并将计算得的模数 m 取标准值，见表 6-5。传递动力的齿轮，其模数应大于 1.5mm。对于开式传动，考虑齿面磨损，可将算得的 m 值增大 10%~20%。

③ 计算小齿轮或大齿轮的弯曲疲劳强度时，式（6-5）中的 T_1、d_1、z_1 均为小齿轮的转矩、分度圆直径以及齿数。

表 6-4　齿宽系数 ψ_d

齿轮相对轴承位置	齿面硬度	
	≤350HBW	>350HBW
对称布置	0.8~1.4	0.4~0.9
非对称布置	0.6~1.2	0.3~0.6
悬臂布置	0.3~0.4	0.2~0.25

表 6-5　渐开线齿轮的标准模数　　　　　　　　　　　　　　　　　　　　　　　单位：mm

第一系列	1　1.25　1.5　2　2.5　3　4　5　6　8　10　12　16　20　25　32　40　50								
第二系列	1.125	1.375	1.75	2.25	2.75	3.5	4.5	5.5	（6.5）
	7	9	（11）	14	18	22	28	36	45

（3）许用弯曲应力

齿轮材料的许用弯曲应力与齿轮的材料、热处理方式等有关，其大小为

$$[\sigma_F]=\frac{\sigma_{Flim}}{S_F}\ (\text{MPa}) \tag{6-7}$$

式中，σ_{Flim} 为试验齿轮失效概率为 1% 时的齿根弯曲疲劳极限应力，见表 6-1。若齿轮频繁正反转工作，应将表中的数值乘以 0.7。S_F 为安全系数，参见表 6-6，取 $S_F > S_{Fmin}$。

表 6-6　最小安全系数 S_H、S_F 的参考值

使用要求	S_{Fmin}	S_{Hmin}
高可靠度（失效概率≤1/10000）	2.0	1.5
较高可靠度（失效概率≤1/1000）	1.6	1.25
一般可靠度（失效概率≤1/100）	1.25	1.0

6.4.4 齿面接触疲劳强度计算

（1）齿面接触应力

齿面点蚀与齿面间的接触应力大小紧密相关。根据齿轮啮合原理，标准直齿圆柱齿轮在节点处通常为一对轮齿啮合（处于单齿啮合区），此时接触应力较大，容易发生点蚀现象，故点蚀常发生在节线附近区域。

（2）齿面接触疲劳强度计算

齿面接触应力与轮齿载荷、齿面相对曲率、摩擦因数和润滑状态有关。这里仅介绍在齿面接触应力中占主要部分的赫兹应力的计算方法，并以此应力作为接触疲劳强度计算的基础应力。防止齿面点蚀的强度条件为：节点处的计算接触应力应该小于齿轮材料的许用接触应力，即 $\sigma_H \leq [\sigma_H]$。

齿面接触应力分析如图 6-8 所示。一对轮齿在节点 C 处啮合，可将其近似地看成半径分别为 ρ_1 和 ρ_2 的两圆柱体沿宽度 b 相互接触。齿面最大的计算接触应力 σ_H 可用赫兹应力公式计算，即

$$\sigma_H = \sqrt{\frac{F_n\left(\frac{1}{\rho_1} \pm \frac{1}{\rho_2}\right)}{b\pi\left(\frac{1-\mu_1^2}{E_1} + \frac{1-\mu_2^2}{E_2}\right)}} = Z_E\sqrt{\frac{F_n}{b}\left(\frac{1}{\rho_1} \pm \frac{1}{\rho_2}\right)} \tag{6-8}$$

式中，ρ_1、ρ_2 分别为两圆柱体在接触处的曲率半径，即两渐开线齿廓在节点 C 处的曲率半径，mm；"±"中"+"为外啮合；"±"中"−"为内啮合；b 为接触宽度，mm；μ_1、μ_2 分别为两齿轮材料的泊松比；E_1、E_2 分别为两齿轮材料的弹性模量，MPa；Z_E 为齿轮材

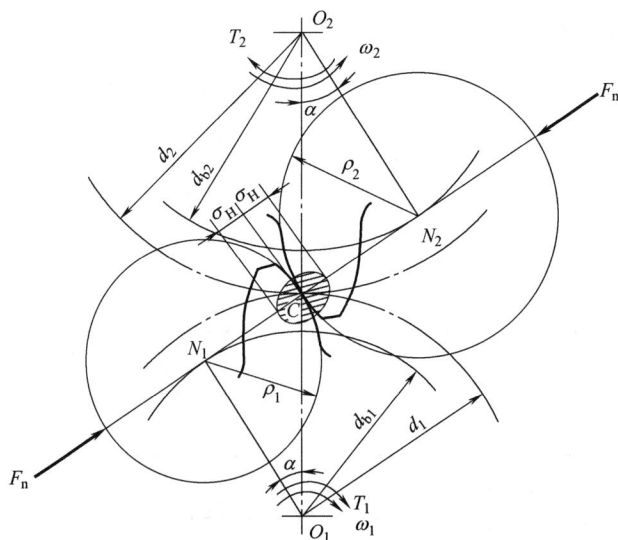

图 6-8 齿面接触应力

料弹性系数，$\sqrt{\text{MPa}}$，反映了一对齿轮材料的弹性模量和泊松比对齿面接触应力的影响，

$Z_E = \sqrt{\dfrac{1}{\sqrt{\pi\left(\dfrac{1-\mu_1^2}{E_1}+\dfrac{1-\mu_2^2}{E_2}\right)}}}$，数值列于表 6-7。

表 6-7　齿轮材料弹性系数 Z_E　　　　　　　　　　　　　　　　　单位：$\sqrt{\text{MPa}}$

小齿轮材料	大齿轮材料			
	锻钢	铸钢	铸铁	球墨铸铁
锻钢	189.8	188.9	165.4	181.4
铸钢	188.9	188.0	161.4	180.5

由渐开线的性质可知

$$\rho_1 = CN_1 = \frac{d_1}{2}\sin\alpha$$

$$\rho_2 = CN_2 = \frac{d_2}{2}\sin\alpha$$

令 $u = \dfrac{z_2}{z_1} = \dfrac{d_2}{d_1}$，称 u 为齿数比，则可得

$$\frac{1}{\rho_1} \pm \frac{1}{\rho_2} = \frac{\rho_2 \pm \rho_1}{\rho_1\rho_2} = \frac{2(d_2 \pm d_1)}{d_1 d_2 \sin\alpha} = \frac{2}{d_1\sin\alpha}\times\frac{u\pm1}{u}$$

将上式及 $F_n = F_{t1}/\cos\alpha$ 代入式（6-8），得

$$\sigma_H = Z_E\sqrt{\frac{F_{t1}}{b\cos\alpha}}\sqrt{\frac{2}{d_1\sin\alpha}\times\frac{u\pm1}{u}} = Z_E\sqrt{\frac{F_{t1}}{bd_1}\times\frac{u\pm1}{u}}\sqrt{\frac{2}{\sin\alpha\cos\alpha}}$$

令 $Z_H = \sqrt{\dfrac{2}{\sin\alpha\cos\alpha}} = \sqrt{\dfrac{4}{\sin2\alpha}}$。称 Z_H 为节点区域系数，表示节点处齿廓曲率半径对接触应力的影响。标准齿轮 $\alpha=20°$，$Z_H=2.5$。于是得

$$\sigma_H = Z_E Z_H\sqrt{\frac{F_{t1}}{bd_1}\times\frac{u\pm1}{u}}$$

用计算载荷 $F_{tc}=KF_t$ 代替 F_t，且 $F_{t1}=\dfrac{2T_1}{d_1}$，代入上式得齿面接触疲劳强度的校核公式为

$$\sigma_H = Z_E Z_H\sqrt{\frac{2KT_1(u\pm1)}{bd_1^2 u}} \leqslant [\sigma_H] \quad (\text{MPa}) \tag{6-9}$$

将齿宽系数 $\psi_d = b/d_1$ 代入式（6-9），得齿面接触疲劳强度的设计公式为

$$d_1 \geqslant \sqrt[3]{\frac{2KT_1(u\pm1)}{\psi_d u}\left(\frac{Z_E Z_H}{[\sigma_H]}\right)^2} \quad (\text{mm}) \tag{6-10}$$

式中　$[\sigma_H]$——材料的许用接触应力，MPa。

（3）许用接触应力

$$[\sigma_H] = \frac{\sigma_{Hlim}}{S_H} \quad (\mathrm{MPa}) \qquad (6\text{-}11)$$

σ_{Hlim} 为试验齿轮失效概率为 1%时的接触疲劳强度极限值，其大小与齿面硬度有关，具体数值见表 6-1。S_H 为安全系数，可参考表 6-6，$S_H > S_{Hmin}$。在通常情况下，工业用齿轮传动的 S_H 按照一般可靠度取值。

应用式（6-10）计算时应注意以下几点。

① 一般情况下，两轮齿面接触应力相等，即 $\sigma_{H1} = \sigma_{H2}$。

② 当齿轮材料、传递转矩、齿宽 b 和齿数比 u 确定后，两轮的接触应力 σ_H 会随小齿轮分度圆直径 d_1（或中心距 a）的变化而变化。如果 d_1 或 a 减小，则 σ_H 就增大，齿面接触疲劳强度相应减小。即齿轮的齿面接触疲劳应力取决于小齿轮直径 d_1 或中心距 a 的大小，而与模数无直接关系。

③ 两齿轮的材料、齿面硬度通常不同，故其许用接触应力不相等，即 $[\sigma_H]_1 \neq [\sigma_H]_2$，$[\sigma_H]$ 应取较小者计算。

6.5　齿轮主要参数的选择

在设计齿轮传动时，可通过齿面接触疲劳强度或齿根弯曲疲劳强度的设计公式，确定齿轮传动的一些主要参数，而其他一些参数可根据实际情况进行合理选定。

6.5.1　模数、齿数和压力角

齿轮的接触疲劳强度取决于小齿轮的分度圆直径 d_1，而齿根弯曲疲劳强度取决于模数 m。当 d_1 不变时，增加齿数，则模数减少，不仅能增大传动的重合度，改善传动的平稳性，而且可以降低齿高，节省材料并减少金属切削量。此外，降低齿高还可减少轮齿齿廓间的相对滑动，提高耐磨损和抗胶合的能力。但模数减少会导致轮齿的弯曲疲劳强度降低。因此，在满足弯曲疲劳强度的条件下，宜选用较多的齿数和较小的模数。一般情况下，取 $z_1 = 20\sim40$，对于高速传动，齿数 $z_1 \geqslant 25$。

对于硬齿面的闭式传动或开式传动，首先应具有足够大的模数，以保证齿根弯曲疲劳强度。为减小传动尺寸，应取较少齿数，为避免发生根切现象，一般取 $z_1 = 17\sim20$。

根据我国现行标准，通常情况下一般压力角为 $\alpha = 20°$。

6.5.2　齿数比

齿数比是大齿轮齿数 z_2 与小齿轮齿数 z_1 的比值，故其值恒大于 1。而传动比 i 为主动轮转速 ω_1 与从动轮转速 ω_2 的比值，其值既可以大于 1，也可以小于 1。当减速传动时，$u = i$；当增速传动时，$u = 1/i$。

u 值不宜选取过大，否则整个传动装置外廓尺寸过大，通常应取 $u < 7$。当 $u > 7$ 时，可采用多级齿轮传动。

一般齿轮传动中，允许齿数比 u（或传动比 i）有 ±5% 的误差。

6.5.3　齿宽系数

齿宽系数 ψ_d 是齿宽 b 和分度圆直径 d_1 之比，按表 6-4 选取。在一定载荷作用下，增大齿宽系数，可减小齿轮直径和中心距，从而降低齿轮的圆周速度，使齿轮传动结构紧凑。但齿宽越大，载荷沿齿宽的分布就越不均匀，因此，必须综合考虑各方面的影响因素，合理地选择齿宽系数。由 $b=\psi_d d_1$ 计算得到的齿宽应进行圆整。考虑到两齿轮装配时的轴向错位会导致啮合齿宽减小，通常把小齿轮设计得比大齿轮稍宽一些。即取大齿轮宽 $b_2=b$，小齿轮齿宽 $b_1=b_2+(5\sim10)$mm。

6.5.4　齿轮精度

齿轮加工过程中，受齿坯、刀具及机床误差等诸多因素影响，不可避免地会产生一定的误差。若该误差太大，便会使齿轮精度降低，使齿轮传动的准确性、平稳性以及承载能力均有所下降。但若对精度要求过高，将增加制造的难度，导致成本上升。因此，在选择齿轮精度等级时，需要根据齿轮的具体用途、使用要求、传动功率以及转速等相关技术条件来综合确定。

（1）精度等级

GB/T 10095.1—2022 齿轮精度标准中规定，对于单个齿轮齿面的基本偏差（齿距偏差、齿廓偏差、螺旋线偏差和径向跳动）精度等级定为 11 级，从高到低为 1 级到 11 级。一般来说，齿轮精度越高，其运动过程中产生的振动和噪声就越小，相应的制造成本也会越高。

（2）公差组

第 I 公差组（传动的准确性）：齿轮传动时，从动轮在旋转一圈的范围内，其转角误差的最大值不得超过许用值。理论上，主、从动轮的转角应按照传动比准确传递，但由于加工误差会使齿轮的转角产生偏差，从而影响齿轮传递的速度以及分度的准确性。精密仪表以及机床分度机构的齿轮对这一组精度要求较高。

第 II 公差组（传动的平稳性）：要求瞬时传动比的变化不超过允许的限度。当齿形或齿距存在制造误差时，瞬时传动比不为常数，会使转速发生波动，引起振动、冲击和噪声。高速传动的齿轮对于这一组精度要求较高。

第 III 公差组（载荷分布的均匀性）：要求工作齿面接触良好，载荷分布均匀。齿轮制造、安装误差及轴的变形会使载荷分布不均匀，导致局部齿面承受过大压力，引起齿面磨损、齿面点蚀甚至轮齿折断等问题。低速重载的齿轮对这一组精度要求较高。

（3）精度等级选择

选择齿轮精度时，综合考虑传动用途、传递功率、使用条件、齿轮的圆周速度以及经济性和技术要求，齿轮副中两个齿轮的精度等级通常取相同值。对于一般齿轮传动，首先应根据齿轮的圆周速度选择第Ⅱ公差组。第Ⅰ公差组的精度等级可在比第Ⅱ公差组低两级和高一级的范围内进行选取；第Ⅲ公差组的精度等级通常不低于第Ⅱ公差组的精度等级。

圆柱齿轮第Ⅱ公差组的精度与齿轮圆周速度的关系见表 6-8。

表 6-8　齿轮传动精度等级（第Ⅱ公差组及其应用）

精度等级	齿面硬度 HBW	圆周速度 v/（m/s）			应用举例
		直齿圆柱齿轮	斜齿圆柱齿轮	直齿圆锥齿轮	
6	≤350	≤18	≤36	≤9	高速、重载的齿轮传动，如机床、汽车中的重要齿轮，分度机构的齿轮，高速减速器的齿轮，等等
	>350	≤15	≤30		
7	≤350	≤12	≤25	≤6	高速、中载或中速、重载的齿轮传动，如标准系列减速器的齿轮，机床和汽车变速箱中的齿轮，等等
	>350	≤10	≤20		
8	≤350	≤6	≤12	≤3	一般机械中的齿轮传动，如机床、汽车和拖拉机中的一般齿轮，起重机械中的齿轮，农业机械中的重要齿轮，等等
	>350	≤5	≤9		
9	≤350	≤4	≤8	≤2.5	低速、重载的齿轮，低精度机械中的齿轮，等等
	>350	≤3	≤6		

【例题 6-1】设计一单级直齿圆柱齿轮减速器中的齿轮传动，已知 i=4，n_1=750r/min，传递功率 P=10kW，相对轴承对称分布，原动机为电动机，载荷为中等冲击，单向传动。

解：（1）选择齿轮材料及精度等级

一般情况下，减速器对传动尺寸无特殊限制，为便于制造，采用软齿面。小齿轮选用 45 钢并进行调质处理，其齿面平均硬度为 240HBW；大齿轮选用 45 钢，正火处理，齿面平均硬度为 200HBW。该齿轮传动为闭式软齿面传动，主要失效形式为齿面点蚀，故先按齿面接触疲劳强度进行设计，之后再校核齿根弯曲疲劳强度。

对于一般的减速器用齿轮，根据表 6-8 选用 7 级精度。

（2）按齿面接触疲劳强度设计

极限应力由表 6-1 得　　σ_{Hlim1}=590（MPa），σ_{Hlim2}=380（MPa）

安全系数由表 6-6 得　　S_H=1

许用接触应力　　　　　$[\sigma_H]_1 = \sigma_{Hlim1}/S_H$=590（MPa）

　　　　　　　　　　　$[\sigma_H]_2 = \sigma_{Hlim2}/S_H$=380（MPa）

取 $[\sigma_H]_1$、$[\sigma_H]_2$ 中较小者带入计算公式。

齿轮转矩　　　　$T_1 = 9.55 \times 10^6 \dfrac{P_1}{n_1} = 9.55 \times 10^6 \times \dfrac{10}{750} = 1.27 \times 10^5$（N·mm）

齿宽系数由表 6-4 得　　　　ψ_d=1

载荷系数由表 6-2 得　　　　K=1.4

节点区域系数　　　　　　　Z_H=2.5

弹性系数由表 6-7 得　　　　Z_E=189.8（$\sqrt{MPa}$）

齿数比　　　　　　　　　　$u = i = 4$

计算小齿轮直径

$$d_1 \geqslant \sqrt[3]{\frac{2KT_1(u \pm 1)}{\psi_d u}\left(\frac{Z_E Z_H}{[\sigma_H]}\right)^2}$$

$$= \sqrt[3]{\frac{2 \times 1.4 \times 1.27 \times 10^5 \times (4+1)}{1 \times 4} \times \left(\frac{189.8 \times 2.5}{380}\right)^2}$$

$$= 88.5 （mm）$$

小齿轮齿数　　　　　　　由 $z_1 = 20 \sim 40$，取 $z_1 = 30$

大齿轮齿数　　　　　　　$z_2 = iz_1 = 4 \times 30 = 120$

模数　　　　　　　　　　$m = d_1/z_1 = 88.5/30 = 2.95$（mm），取 $m = 3$（mm）

小齿轮分度圆直径　　　　$d_1 = mz_1 = 3 \times 30 = 90$（mm）

大齿轮分度圆直径　　　　$d_2 = mz_2 = 3 \times 120 = 360$（mm）

中心距　　　　　　　　　$a = (d_1 + d_2)/2 = (90 + 360)/2 = 225$（mm）

齿宽　　　　　　　　　　$b = \psi_d d_1 = 1 \times 90 = 90$（mm）

取大齿轮齿宽　　　　　　$b_2 = 90$（mm）

小齿轮齿宽　　　　　　　$b_1 = 95$（mm）

（3）校核齿根弯曲疲劳强度

极限应力由表 6-1 得　　　$\sigma_{Flim1} = 450$（MPa），$\sigma_{Flim2} = 300$（MPa）

安全系数由表 6-6 得　　　$S_F = 1.6$

许用接触应力　　　　　　$[\sigma_F]_1 = \sigma_{Flim1}/S_F = 450/1.6 = 281$（MPa）

　　　　　　　　　　　　$[\sigma_F]_2 = \sigma_{Flim2}/S_F = 300/1.6 = 188$（MPa）

齿形系数由表 6-3 得　　　$Y_{Fa1} = 2.52$，$Y_{Sa1} = 1.625$，$Y_{Fa2} = 2.164$，$Y_{Sa2} = 1.806$

分别校核两齿轮的齿根弯曲疲劳强度

$$\sigma_{F1} = \frac{2KT_1}{bm^2 z_1}Y_{Fa1}Y_{Sa1} = \frac{2 \times 1.4 \times 1.27 \times 10^5}{90 \times 3^2 \times 30} \times 2.52 \times 1.625 = 59.9（MPa）< [\sigma_F]_1$$

$$\sigma_{F2} = \sigma_{F1}\frac{Y_{Fa2}Y_{Sa2}}{Y_{Fa1}Y_{Sa1}} = 59.9 \times \frac{2.164 \times 1.806}{2.52 \times 1.625} = 57.2（MPa）< [\sigma_F]_2$$

两轮齿弯曲强度均满足要求。

（4）计算圆周速度

$$v = \pi d_1 n_1/(60 \times 1000) = 3.14 \times 90 \times 750/(60 \times 1000) = 3.53（m/s）$$

因 $v < 12\text{m/s}$，故取 7 级精度合适。

（5）结构设计（略）

6.6　标准斜齿圆柱齿轮传动的设计

6.6.1　受力分析

斜齿轮轮齿传动的受力情况如图 6-9 所示。当主动齿轮上作用转矩 T_1 时，若忽略接触面的摩擦力,轮齿所受总法向力 F_{n1} 在分度圆上分解为相互垂直的三个分力:圆周力 F_{t1}、径向力 F_{r1} 和轴向力 F_{a1}。各力的大小分别为

$$\begin{cases} F_{t1}=2T_1/d_1 \\ F_{r1}=F_t\tan\alpha_n/\cos\beta \\ F_{a1}=F_t\tan\beta \\ F_{n1}=F_{t1}/(\cos\alpha_n\cos\beta) \end{cases} \quad (6\text{-}12)$$

式中 β——标准斜齿轮的螺旋角,取值范围为 $\beta=8°\sim20°$;

α_n——法面压力角,对于标准斜齿轮,规定 $\alpha_n=20°$。

式(6-12)中其他符号的意义、单位及确定方法与标准直齿圆柱齿轮传动相同。

圆周力和径向力方向的判断与标准直齿圆柱齿轮相同。轴向力 F_a 的方向取决于齿轮的回转方向和轮齿的旋向,可用"主动轮左、右手定则"来判断。如图 6-9(a)所示,主动轮是右旋时,所受轴向力的方向用右手判断,四指沿齿轮转动方向握轴,伸直大拇指,大拇指所指即为主动轮所受轴向力 F_{a1} 的方向。从动轮所受轴向力 F_{a2} 与主动轮轴向力 F_{a1} 大小相等、方向相反。

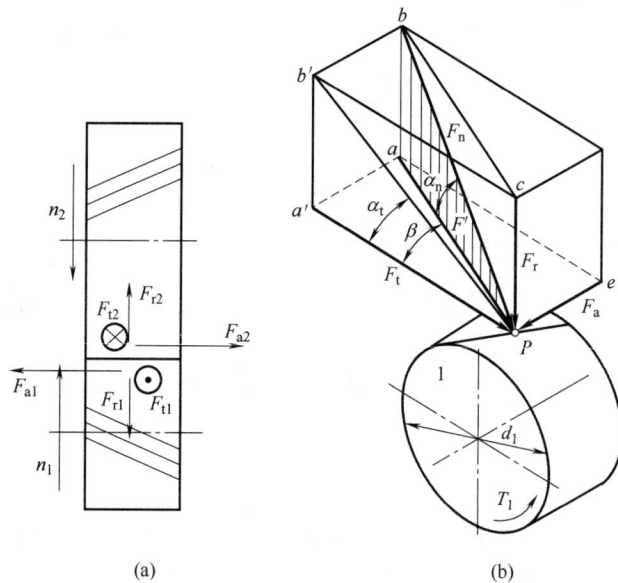

图 6-9 斜齿轮的受力分析

6.6.2 齿根弯曲疲劳强度计算

标准斜齿圆柱齿轮的强度计算是按轮齿法面进行分析的,其基本原理与标准直齿圆柱齿轮的计算相似,同样按齿根弯曲疲劳强度和齿面接触疲劳强度进行计算。考虑到斜齿轮传动时齿面接触线的倾斜、重合度增大及载荷作用位置的变化等因素影响,接触应力和弯曲应力降低,故齿根弯曲疲劳强度校核公式为

$$\sigma_F = \frac{1.6KT_1}{bm_n d_1}Y_{Fa}Y_{Sa} = \frac{1.6KT_1\cos\beta}{bm_n^2 z_1}Y_{Fa}Y_{Sa} \leqslant [\sigma_F] \text{ （MPa）} \tag{6-13}$$

将 $b = \psi_d d_1 = \psi_d \dfrac{m_n z_1}{\cos\beta}$ 代入式（6-13），齿根弯曲疲劳强度的设计公式为

$$m_n \geqslant 1.17\sqrt[3]{\frac{KT_1\cos^2\beta}{\psi_d z_1^2 [\sigma_F]}Y_{Fa}Y_{Sa}} \text{ （mm）} \tag{6-14}$$

式中　　m_n——法向模数，mm；

　　　　K——载荷系数，见表 6-2；

　　$[\sigma_F]$——许用弯曲应力，MPa，按式（6-7）计算；

　　Y_{Fa}——齿形系数，按斜齿轮的当量齿数 z_v 由表 6-3 得；

　　Y_{Sa}——应力修正系数，按斜齿轮的当量齿数 z_v 由表 6-3 得。

计算时应将 $\dfrac{Y_{Fa1}Y_{Sa1}}{[\sigma_F]_1}$、$\dfrac{Y_{Fa2}Y_{Sa2}}{[\sigma_F]_2}$ 两值中的大值代入式（6-14），并将计算的法向模数 m_n 取标准值。

6.6.3　齿面接触疲劳强度计算

齿面接触疲劳强度校核公式为

$$\sigma_H = 3.17Z_E\sqrt{\frac{KT_1(u\pm1)}{bd_1^2 u}} \leqslant [\sigma_H] \text{ （MPa）} \tag{6-15}$$

齿面接触疲劳强度设计公式为

$$d_1 \geqslant \sqrt[3]{\frac{KT_1(u\pm1)}{\psi_d u}\left(\frac{3.17Z_E}{[\sigma_H]}\right)^2} \text{ （mm）} \tag{6-16}$$

式中　　ψ_d——齿宽系数，见表 6-4；

　　$[\sigma_H]$——材料的许用接触应力，按式（6-11）进行计算。

【例题 6-2】　设计一单级减速器中的斜齿圆柱齿轮传动。由电动机驱动，已知功率 $P=40$kW，转速 $n_1=960$r/min，传动比 $i=3$，载荷为中等冲击、单向工作。

解：（1）选择材料及精度等级

考虑到该齿轮传动功率较大，为了使传动结构紧凑，选用硬齿面的齿轮传动。大、小齿轮均选用 20CrMnTi 渗碳淬火，齿面平均硬度为 60HRC。该传动是闭式硬齿面齿轮传动，故可先按齿根弯曲疲劳强度设计，再校核齿面接触疲劳强度。

齿轮精度等级选用 8 级。

（2）按齿根弯曲疲劳强度设计

① 确定有关参数与系数。

小齿轮齿数　　　　　　　　　由 $z_1=17\sim20$，选 $z_1=20$

大齿轮齿数　　　　　　　　　$z_2 = iz_1 = 3\times20 = 60$

初选螺旋角 $\qquad\beta=14°$

计算当量齿数
$$z_{v1}=\frac{z_1}{\cos^3\beta}=\frac{20}{\cos^314°}=21.89$$

$$z_{v2}=\frac{z_2}{\cos^3\beta}=\frac{60}{\cos^314°}=65.68$$

齿形系数根据当量齿数，由表 6-3 得
$$Y_{Fa1}=2.73,\ Y_{Fa2}=2.26$$

应力修正系数根据当量齿数，由表 6-3 得
$$Y_{Sa1}=1.57,\ Y_{Sa2}=1.74$$

齿宽系数由表 6-4 得 $\qquad\psi_d=0.8$

载荷系数由表 6-2 得 $\qquad K=1.4$

② 计算转矩。
$$T_1=9.55\times10^6\frac{P_1}{n_1}=9.55\times10^6\times\frac{40}{960}=3.98\times10^5\ (\text{N·mm})$$

③ 计算许用弯曲应力。
$$[\sigma_F]=\frac{\sigma_{Flim}}{S_F}$$

弯曲极限应力由表 6-1 得
$$\sigma_{Flim1}=\sigma_{Flim2}=850\ (\text{MPa})$$

安全系数按一般可靠性要求，取 $S_F=1.25$。
$$[\sigma_F]_1=[\sigma_F]_2=\frac{\sigma_{Flim}}{S_F}=\frac{850}{1.25}=680\ (\text{MPa})$$

$$\frac{Y_{Fa1}Y_{Sa1}}{[\sigma_F]_1}=\frac{2.73\times1.57}{680}=0.00630$$

$$\frac{Y_{Fa2}Y_{Sa2}}{[\sigma_F]_2}=\frac{2.26\times1.74}{680}=0.00578$$

计算时，应将 $\dfrac{Y_{Fa1}Y_{Sa1}}{[\sigma_F]_1}=0.00630$ 代入式（6-14），得

$$m_n\geq1.17\sqrt[3]{\frac{KT_1\cos^2\beta}{\psi_d z_1^2[\sigma_F]_1}Y_{Fa1}Y_{Sa1}}=1.17\sqrt[3]{\frac{1.4\times3.98\times10^5\times\cos^214°\times0.00630}{0.8\times20^2}}=2.55\ (\text{mm})$$

法向模数取标准值 $\qquad m_n=3$

中心距 $\qquad a=\dfrac{m_n(z_1+z_2)}{2\cos\beta}=\dfrac{3\times(20+60)}{2\cos14°}=123.67\ (\text{mm})$

圆整中心距，取 $\qquad a=125\ (\text{mm})$

调整螺旋角 $\qquad\cos\beta=\dfrac{m_n(z_1+z_2)}{2a}=\dfrac{3\times(20+60)}{2\times125}=0.96$

$$\beta=16°15'37''$$

（3）校核齿面接触疲劳强度

① 确定有关参数。

$$d_1 = m_n z_1 / \cos\beta = 3 \times 20 / 0.96 = 62.5 \text{（mm）}$$

$$d_2 = m_n z_2 / \cos\beta = 3 \times 60 / 0.96 = 187.5 \text{（mm）}$$

齿宽　　　　　　　　　　$b = \psi_d d_1 = 0.8 \times 62.5 = 50 \text{（mm）}$

取　　　　　　　　　　　$b_2 = 50 \text{（mm）}$

　　　　　　　　　　$b_1 = b_2 + (5\sim10)$，取 $b_1 = 55 \text{（mm）}$

齿数比　　　　　　　　　$u = 3$

② 计算许用接触应力。

$$[\sigma_H] = \frac{\sigma_{H\lim}}{S_H}$$

接触极限应力由表 6-1 得　　　$\sigma_{H\lim1} = \sigma_{H\lim2} = 1500 \text{（MPa）}$

安全系数按一般可靠度选取　　$S_H = 1.0$

$$[\sigma_H]_1 = [\sigma_H]_2 = \frac{\sigma_{H\lim1}}{S_H} = \frac{1500}{1.0} = 1500 \text{（MPa）}$$

③ 校核。

将 $Z_E = 189.8 \sqrt{\text{MPa}}$，代入式（6-15）得

$$\sigma_H = 3.17 Z_E \sqrt{\frac{KT_1(u+1)}{bd_1^2 u}} = 3.17 \times 189.8 \times \sqrt{\frac{1.4 \times 3.98 \times 10^5 \times (3+1)}{50 \times 62.5^2 \times 3}} = 1173 \text{（MPa）} < [\sigma_H]_1$$

接触疲劳强度足够，安全可用。

（4）验算圆周速度 v

$$v = \frac{\pi d_1 n_1}{60 \times 1000} = \frac{3.14 \times 62.5 \times 960}{60 \times 1000} = 3.14 \text{（m/s）}$$

由表 6-8 得 $v<9\text{m/s}$，故取 8 级精度合适。

（5）结构设计（略）

6.7　标准直齿圆锥齿轮传动的设计

锥齿轮用于传递相交轴或相错轴之间的运动。下面以轴线相交，且轴交角 $\sum \delta_1 + \delta_2 = 90°$ 的标准直齿锥齿轮传动为例进行强度计算。锥齿轮以大端参数为标准值，其几何尺寸计算也以大端为准。

6.7.1　受力分析

直齿圆锥齿轮的受力分析如图 6-10 所示。当主动齿轮上作用转矩 T_1 时，标准直齿圆锥齿轮齿面上的力为法向力 F_n。假设该法向力 F_n 集中作用在齿宽中点的分度圆处，此处也称分度圆锥的平均直径，用 d_{m1} 表示，计算公式为

$$d_{m1} = (1 - 0.5\psi_R) d_1 \tag{6-17}$$

式中　ψ_R——直齿锥齿轮副的齿宽系数，$\psi_R = B/R$，通常取 $\psi_R = 0.25\sim0.35$，B 为齿宽，R 为锥距；

d_1——大端分度圆直径。

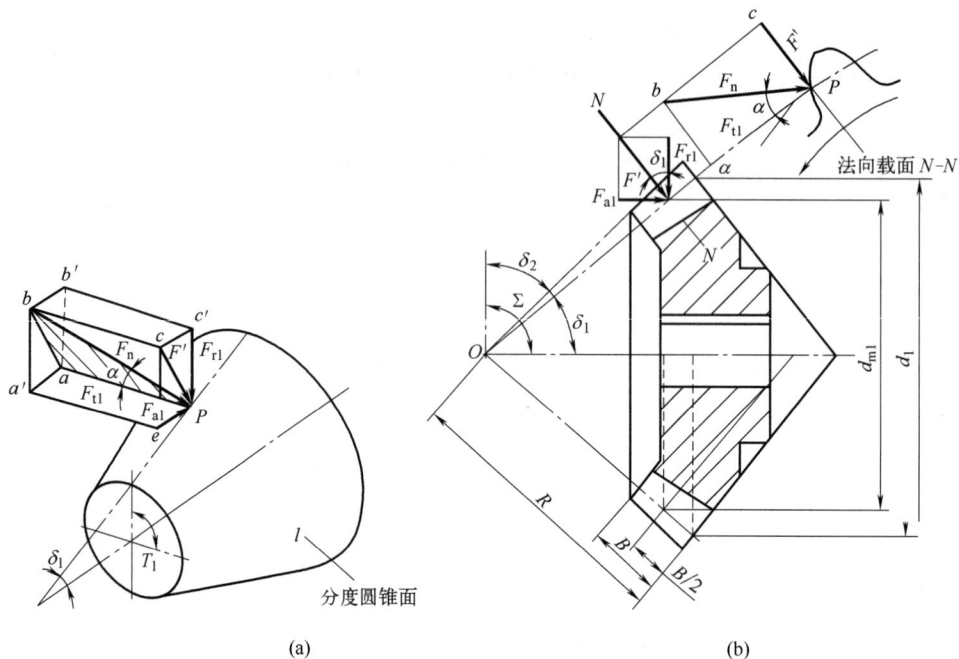

(a)   (b)

图 6-10 标准直齿圆锥齿轮的轮齿受力分析

法向力 F_n 可分解为相互垂直的三个分力：圆周力 F_t、径向力 F_r 和轴向力 F_a。主动轮上各力的大小分别为

$$\begin{cases} F_{t1} = \dfrac{2T_1}{d_{m1}} \\ F_{r1} = F' \cos \delta_1 = F_{t1} \tan \alpha \cos \delta_1 \\ F_{a1} = F' \sin \delta_1 = F_{t1} \tan \alpha \sin \delta_1 \\ F_{n1} = \dfrac{F_{t1}}{\cos \alpha} = F_{n2} \end{cases} \qquad (6\text{-}18)$$

式中 δ_1——主动锥齿轮分度圆锥角。

两锥齿轮轴交角为直角，故两圆锥齿轮上的圆周力 F_{t1} 和 F_{t2} 互为作用力和反作用力；两轮中任一齿轮的径向力 F_r 与另一齿轮的轴向力 F_a 大小相等，方向相反。圆周力和径向力方向的判断同直齿轮传动；轴向力 F_{a1} 和 F_{a2} 的方向沿着各自锥齿轮的轴线，由小端指向大端。

6.7.2 齿根弯曲疲劳强度计算

标准直齿圆锥齿轮的失效形式及强度计算的依据与标准直齿圆柱齿轮基本相同，可近似按齿宽中点的一对当量直齿圆柱齿轮来考虑。

将当量齿轮有关参数代入标准直齿圆柱齿轮齿根弯曲疲劳强度计算公式，得标准圆锥齿轮齿根弯曲疲劳强度的校核公式为

$$\sigma_{\mathrm{F}} = \frac{4KT_1 Y_{\mathrm{Fa}} Y_{\mathrm{Sa}}}{\psi_{\mathrm{R}} \left(1 - 0.5\psi_{\mathrm{R}}\right)^2 z_1^2 m^3 \sqrt{u^2 + 1}} \leqslant [\sigma_{\mathrm{F}}] \quad (\mathrm{MPa}) \qquad (6\text{-}19)$$

设计公式为

$$m \geqslant \sqrt[3]{\frac{4KT_1 Y_{\mathrm{Fa}} Y_{\mathrm{Sa}}}{\psi_{\mathrm{R}} \left(1 - 0.5\psi_{\mathrm{R}}\right)^2 z_1^2 [\sigma_{\mathrm{F}}] \sqrt{u^2 + 1}}} \quad (\mathrm{mm}) \qquad (6\text{-}20)$$

式中　m——锥齿轮大端的模数；

Y_{Fa}、Y_{Sa}——齿形系数和应力修正系数，根据圆锥齿轮的当量齿数 $z_{\mathrm{v}} = z / \cos\delta$，由表 6-3
　　　　查得；

$[\sigma_{\mathrm{F}}]$——许用弯曲应力，确定方法与标准直齿圆柱齿轮相同。

式（6-19）和式（6-20）中其他符号的意义、单位及确定方法与标准直齿圆柱齿轮传动相同。

6.7.3　齿面接触疲劳强度计算

将当量齿轮有关参数代入标准直齿圆柱齿轮齿面接触疲劳强度计算公式，得标准圆锥齿轮齿面接触疲劳强度的校核公式为

$$\sigma_{\mathrm{H}} = \frac{4.98 Z_{\mathrm{E}}}{(1 - 0.5\psi_{\mathrm{R}})} \sqrt{\frac{KT_1}{\psi_{\mathrm{R}} d_1^3 u}} \leqslant [\sigma_{\mathrm{H}}] \quad (\mathrm{MPa}) \qquad (6\text{-}21)$$

设计公式为

$$d_1 \geqslant \sqrt[3]{\frac{KT_1}{\psi_{\mathrm{R}} u} \left[\frac{4.98 Z_{\mathrm{E}}}{(1 - 0.5\psi_{\mathrm{R}})[\sigma_{\mathrm{H}}]}\right]^2} \quad (\mathrm{mm}) \qquad (6\text{-}22)$$

式中　$[\sigma_{\mathrm{H}}]$——许用接触应力，确定方法与标准直齿圆柱齿轮相同。

6.8　齿轮的结构设计与润滑

6.8.1　齿轮的结构设计

齿轮传动设计中，通过强度计算能够确定齿数、模数、螺旋角、分度圆直径等主要参数和尺寸。此后，还需确定齿轮的结构形式以及齿轮的轮辐、轮毂、轮缘等部分的尺寸。齿轮的结构形式主要取决于齿轮的尺寸、毛坯材料、加工工艺、使用要求，以及经济性等因素。通常情况下，先根据齿轮直径的大小选择合适的结构形式，再运用经验公式确定相关尺寸，绘制零件工作图。

齿轮常用的结构形式如下。

（1）齿轮轴

对于直径较小的钢制圆柱齿轮，当齿顶圆直径 $d_a \leqslant 2d_s$（d_s 为轴的直径）或齿根圆到键槽底部的距离 $\delta \leqslant 2.5m_t$（m_t 为端面模数）时，应将齿轮与轴制成一体，称为齿轮轴，其结构及尺寸如图 6-11（a）所示。对于圆锥齿轮，当 $\delta \leqslant 1.6m$（m 为大端模数)时，可制成锥齿轮轴，如图 6-11（b）所示。齿轮轴一般采用锻造毛坯，刚度较好，但制造较复杂。

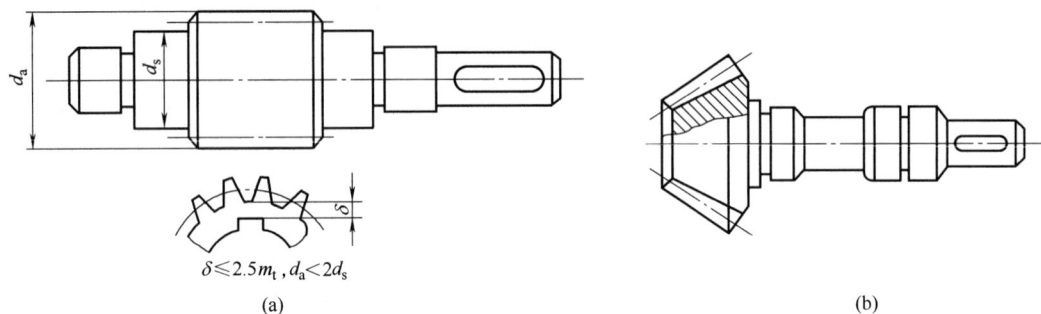

$$\delta \leqslant 2.5m_t, d_a < 2d_s$$

(a)   (b)

图 6-11 齿轮轴

（2）实体式齿轮

对于圆柱齿轮，当齿顶圆直径 $d_a \leqslant 160mm$，齿根圆到键槽底部的距离 $\delta > 2.5m_t$ 时，可采用轧制圆钢或锻钢制成的实体式结构齿轮，其结构如图 6-12（a）所示。对于圆锥齿轮，当 $\delta > 1.6m$ 时，可采用实体式结构，其结构如图 6-12（b）所示。实心式齿轮结构简单、制造方便，通常采用锻钢制造。

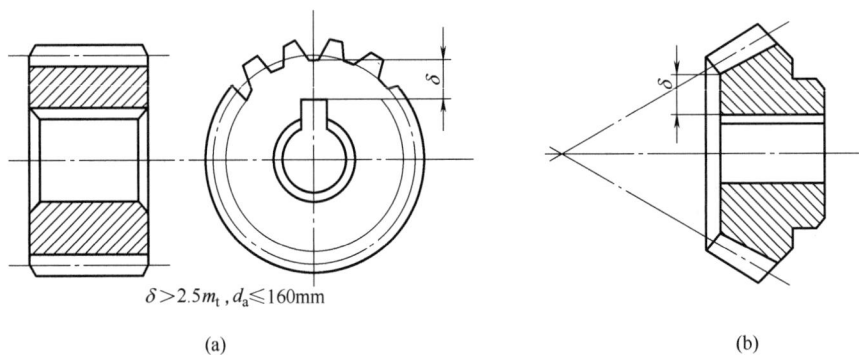

$$\delta > 2.5m_t, d_a \leqslant 160mm$$

(a)   (b)

图 6-12 实体式齿轮

（3）腹板式齿轮

当齿顶圆直径 $d_a=160\sim500mm$ 时，为节省材料、减轻重量，常采用腹板式，其结构及尺寸如图 6-13 所示。考虑到制造、搬运等需要，腹板上常对称设有多个孔。腹板式齿轮多用锻钢制造，也可采用铸造毛坯。

（4）轮辐式齿轮

当齿顶圆直径 $d_a>500mm$ 时，由于锻造加工困难，常用铸钢或铸铁制成的轮辐式结构，其结构及尺寸如图 6-14 所示。

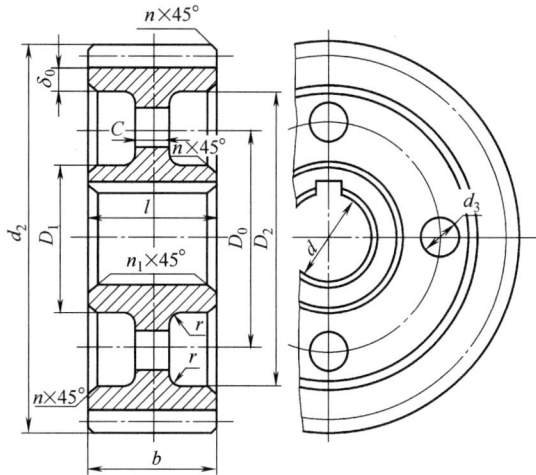

图 6-13　腹板式齿轮

图中，d 由轴的设计确定；$D_1=1.6d$；$\delta_0=（2.5\sim4）\,m_n\geqslant8mm$；$l=（1.2\sim1.5）\,d\geqslant b$；$D_0=0.5（D_2+D_1）$；$d_3=0.25$（$D_2-D_1$）；$C=0.3b$（自由锻）；$C=(0.2\sim0.3)b$（模锻）；$n=0.5m$；$r=5mm$；$n_1$ 由结构确定

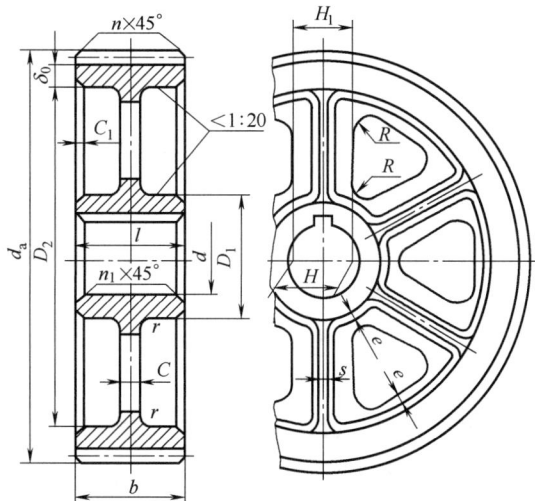

图 6-14　轮辐式齿轮

图中，d 由轴的设计确定；$b\leqslant200mm$，$D_1=1.6d$（铸钢）；$D_1=1.8d$（铸铁）；$\delta_0=（2.5\sim4）\,m\geqslant8mm$；$l=1.2\sim1.5$；$d\geqslant b$；$n=0.5m$；$H=0.8d$（铸钢），$H=0.9d$（铸铁），$H_1=0.8H$；$C=H/4\geqslant10mm$；$C_1=0.7H$；$e=0.8\delta_0$；$s=H/6$

6.8.2　齿轮的润滑

齿轮啮合传动时，相啮合的齿面间既有相对滑动，又承受较高压力，会产生摩擦和磨损现象，并造成发热，影响齿轮的使用寿命。因此，必须考虑齿轮的润滑问题，尤其是高速齿轮的润滑更应给予充分重视。良好的润滑不仅可提高效率、减少磨损，还能起到散热

及防锈蚀等作用,对防止轮齿失效、延缓轮齿磨损和改善齿轮传动的工作状况起着至关重要的作用。

（1）润滑方式

齿轮传动的润滑方式主要由齿轮圆周速度的大小决定。对于速度较低的齿轮传动或开式齿轮传动,可采用定期人工添加润滑油或润滑脂的方式。一般情况下,采用润滑油进行润滑;润滑脂主要用于不易加油或低速、开式齿轮传动的场合。此外,固体润滑剂有时会作为添加剂,与润滑油（或润滑脂）配合使用。

对于闭式齿轮传动,当齿轮圆周速度 $v<12m/s$ 时,采用大齿轮浸油润滑[图 6-15（a）]。没入油中的深度约为一个齿高,浸入过深会增大齿轮的运动阻力并使油温升高,但不应小于 10mm。在多级齿轮传动中,用带油轮将油带到齿面上 [图 6-15（b）],同时将油甩到齿轮箱壁面上散热,使油温下降。当 $v>12m/s$ 时,由于圆周速度大,齿轮搅油剧烈,且因离心力较大,会使黏附在齿廓面上的油被甩掉,因此不宜采用浸油润滑,可采用喷油润滑,用油泵将具有一定压力的油喷到啮合的齿面上 [图 6-15（c）]。

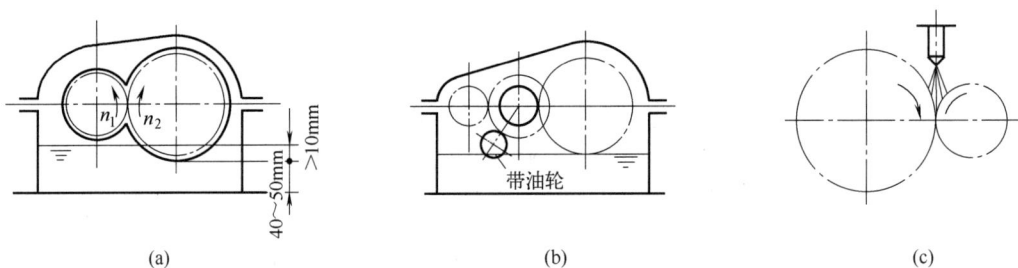

图 6-15 齿轮润滑方式

（2）润滑剂的选择

在齿轮传动中,润滑剂大多采用润滑油。润滑油的黏度常根据齿轮的承载情况以及圆周速度来选取（表 6-9）。当齿轮圆周速度较高时,为了确保良好的润滑效果并降低因黏度过高带来的能量损耗等不利影响,往往会选用低黏度的油品;而当齿轮圆周速度较低时,则需要选用高黏度的油品,以此来保证在承受较大载荷的情况下,齿面间仍能维持可靠的润滑膜,防止出现干摩擦等不良状况。多级齿轮传动按照各级所选润滑油黏度的平均值来最终确定所需使用的润滑油。

表 6-9 齿轮传动润滑油黏度推荐值

齿轮材料	强度极限 σ_B/MPa	圆周速度 $v/$（m/s）						
		<0.5	0.5~1	1~2.5	2.5~5	5~12.5	12.5~25	>25
		运动黏度 $v_{40℃}/$（mm²/s）						
铸铁、青铜	—	320	220	150	100	68	46	—

齿轮材料	强度极限 σ_B/MPa	圆周速度 v/（m/s）						
		<0.5	0.5~1	1~2.5	2.5~5	5~12.5	12.5~25	>25
		运动黏度 $v_{40℃}$/（mm²/s）						
钢	450~1000	460	320	220	150	100	68	46
	1000~1250	460	460	320	220	150	100	68
渗碳或表面淬火	1250~1600	1000	460	460	320	220	150	100

本章小结

齿轮传动应用广泛，常见的失效形式有轮齿折断、齿面点蚀、齿面磨损、齿面胶合和塑性变形。常用的齿轮材料主要有钢（锻钢和铸钢）、铸铁和非金属材料，其中锻钢应用最广。

闭式软齿面齿轮传动的主要失效形式是齿面点蚀，其设计准则是先按照齿面接触疲劳强度进行设计，再进行齿根弯曲疲劳强度校核；闭式硬齿面齿轮传动的主要失效形式是轮齿折断，其设计准则是先按照齿根弯曲疲劳强度设计，再按照齿面接触疲劳强度校核；开式齿轮传动的主要失效形式是磨损和轮齿折断，其设计准则是先按照齿根弯曲疲劳强度设计，再考虑磨损的影响，将模数增大 10%~20%。

本章重点：齿轮传动的失效形式，直齿圆柱齿轮传动受力分析、齿面接触疲劳强度和齿根弯曲疲劳强度计算，斜齿圆柱齿轮传动受力分析、齿面接触疲劳强度和齿根弯曲疲劳强度计算，直齿锥齿轮传动受力分析等。

本章难点：针对不同条件确定设计准则，应用齿面接触疲劳强度、齿根弯曲疲劳强度进行齿轮的设计。

习题

6-1　轮齿的主要失效形式有哪些？如何防止这些失效形式的发生？

6-2　一般使用的闭式硬齿面、闭式软齿面和开式齿轮传动的设计计算准则是什么？软齿面齿轮传动设计时，为何应使小齿轮的齿面硬度比大齿轮齿面硬度高 30~50HBW？

6-3　如图 6-16 所示为两级斜齿圆柱齿轮减速器，试分析：

（1）如何选择低速级斜齿轮 4 的螺旋线方向，才能使中间轴上齿轮 2 和齿轮 3 的轴向力方向相反？

（2）画出中间轴上齿轮 2、齿轮 3 的圆周力和轴向力的方向。

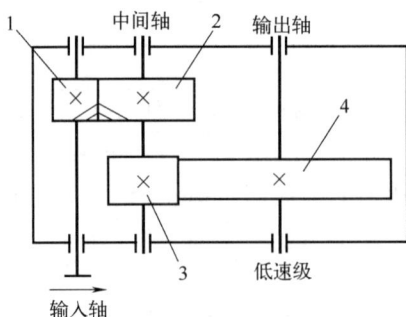

图 6-16 两级斜齿圆柱齿轮减速器

6-4 一对闭式直齿圆柱齿轮，已知 $z_1 = 20$，$z_2 = 60$，$m = 3mm$，$\psi_d = 1$，小齿轮转速 $n_1=950r/min$。主、从动齿轮的许用接触应力分别为$[\sigma_H]_1=700MPa$，$[\sigma_H]_2=650MPa$；载荷系数 $K=1.6$；节点区域系数 $Z_H=2.5$；弹性系数 $Z_E=188.9\sqrt{MPa}$。试按接触疲劳强度，求该齿轮传动所能传递的功率。

6-5 一对标准直齿圆柱齿轮，已知模数 $m=5mm$，两齿轮的参数分别为：应力修正系数 $Y_{Sa1}=1.56$，$Y_{Sa2}=1.76$；齿形系数 $Y_{Fa1}=2.8$，$Y_{Fa2}=2.28$；许用应力$[\sigma_F]_1=314MPa$，$[\sigma_F]_2=286MPa$。经计算得小齿轮的齿根弯曲应力 $\sigma_{F1}=306$ MPa。试问：

（1）哪一个齿轮的弯曲疲劳强度较大？

（2）计算大齿轮的弯曲应力，判断两齿轮的弯曲疲劳强度是否均满足要求。

6-6 试设计两级齿轮减速器中的低速级直齿圆柱齿轮传动。已知传递功率 $P=10kW$，小齿轮转速 $n_1=480r/min$，传动比 $i=3.2$，原动机为电动机，载荷为中等冲击，单向转动，小齿轮相对轴承为不对称布置。

6-7 试设计一闭式斜齿圆柱齿轮传动。已知传递功率 $P=22kW$，小齿轮转速 $n_1=960r/min$，传动比 $i=3$，单向运转，原动机为电动机，载荷为中等冲击，齿轮相对于轴承对称布置。

6-8 图 6-17 为直齿圆锥齿轮-斜齿圆柱齿轮减速器。已知齿轮 1 主动，转向如图所示。试分析：

（1）轴Ⅱ和轴Ⅲ的转向；

（2）标出为使轴Ⅱ所受轴向力最小，齿轮 3、4 的螺旋线方向；

（3）轴Ⅱ上齿轮 2、3 所受各力的方向。

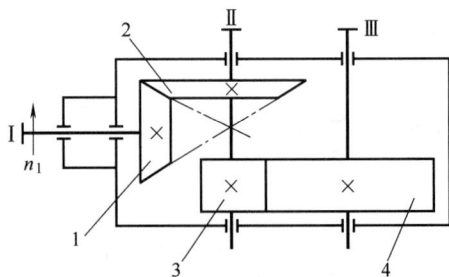

图 6-17 直齿圆锥齿轮-斜齿圆柱齿轮减速器

6-9　一对标准直齿圆锥齿轮传动，已知齿数 z_1=28，z_2=56，大端模数 m=4mm，轴交角 Σ = 90°，齿宽 B=40mm，传递功率 P_1=7kW，小轮转速 n_1=320r/min，试求啮合点作用力（分解为三个力）的大小和方向，并作图表示。

6-10　试设计一对标准直齿圆锥齿轮传动，其中轴交角 Σ = 90°，传递功率 P=5kW，转速 n_1=160r/min，齿数比 u=3，单向运转，载荷为中等冲击，小齿轮悬臂布置，电机驱动。

拓展阅读

齿轮机构广泛应用于机床、汽车、航空航天等领域，具有传动平稳、承载能力强、传动比准确等特点。在实际工作中，齿轮传动受制造、安装、载荷、齿廓磨损、塑性变形等因素的影响，实际啮合线可能发生位移，导致啮合角及重合度也随之发生变化，齿轮传动连续性、稳定性和承载能力下降。因此，检测齿轮结构参数和啮合性能对提高齿轮传动的平稳性和承载能力具有重要意义。齿轮参数检测内容较多，主要包括齿厚检测、齿圈跳动误差检测、齿廓误差检测、螺旋线误差检测、相邻和累积齿距误差检测、综合误差检测等。

齿轮检测方法有：量测检测法、声学检测法和机器视觉检测法。量测检测法是指借助各种测量仪器对齿轮的各项参数进行测量，以确定其加工精度和表面质量。常用的量测检测仪器包括三坐标测量机、投影仪、高斯仪等。该检测方法精度高且数字化程度高，但成本较高，需要专业技术人员进行操作和分析。声学检测法是通过声学传感器对齿轮传动时产生的声波进行检测，以确定齿轮的运动稳定性和噪声水平。这种检测方法可以在不拆卸齿轮的情况下进行，对于大型齿轮或难以拆卸的齿轮有着很大的优势。但其对检测环境的要求比较高。机器视觉检测法是利用摄像机、显微镜等光学仪器对齿轮表面的形状、缺陷以及参数等进行检测。这种检测方法采用计算机图像处理方法进行数据分析，技术先进、精度高，具有广阔的发展前景。

图 6-18 为基于机器视觉技术的齿轮传动性能检测系统。该检测系统主要由检测装置和图像分析系统组成。其中，检测装置由 CCD 工业摄像机、轮系、传动装置和支架等组成，对齿轮结构参数和传动性能参数进行检测，输出检测结果图像，实现齿轮传动性能的高效、智能、非接触、动态检测。

启动 CCD 工业摄像机，拍摄齿轮啮合运动图像，并将图像导入计算机。使用模-数转换器将图像转为数字信号，以数字灰度矩阵的形式导入图像分析软件，图像二值化后进行数据分析。采用最小二乘法进行拟合，根据误差的平方和最小化原则，求出圆弧的圆心坐标及半径的最优解。图像分析系统基于啮合传动原理计算并输出检测值及图像。

该检测装置可检测齿顶圆、齿根圆、齿厚等结构参数，绘制出基圆、节圆、齿顶圆、齿根圆、啮合线等线条，得出模数、中心距、压力角、啮合角和重合度等参数，具有技术先进、测量准确等特点，可应用于齿轮设计教学及工程检测中。

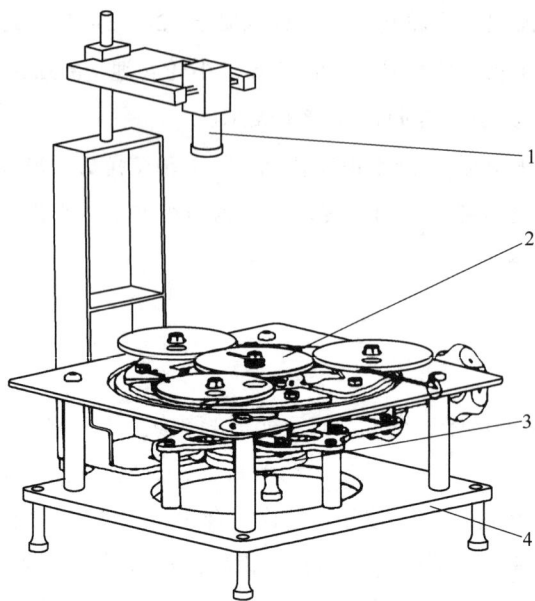

图 6-18　齿轮传动性能检测系统

1—CCD 工业摄像机；2—轮系；3—传动装置；4—支架

第 7 章 蜗杆传动

本章知识导图

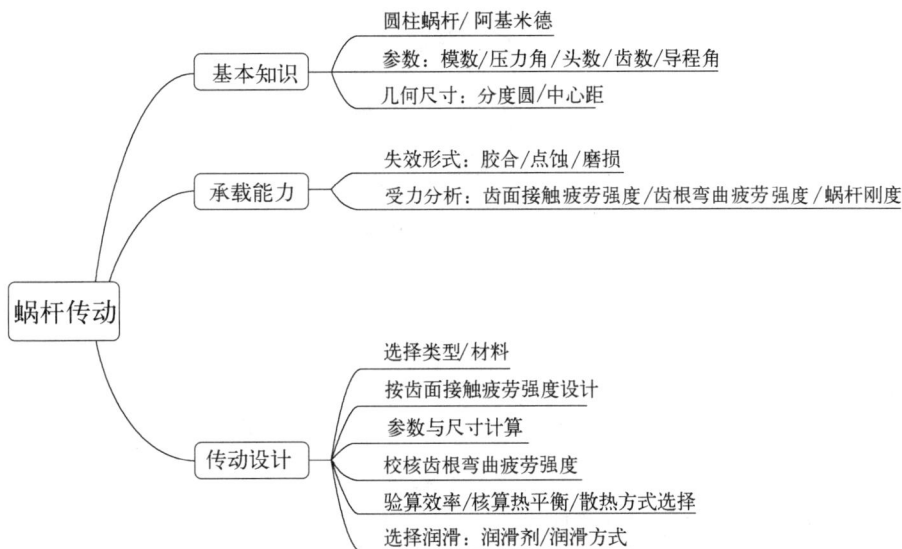

```
                          圆柱蜗杆 / 阿基米德
                基本知识 ─ 参数：模数 / 压力角 / 头数 / 齿数 / 导程角
                          几何尺寸：分度圆 / 中心距

                          失效形式：胶合 / 点蚀 / 磨损
                承载能力 ─ 受力分析：齿面接触疲劳强度 / 齿根弯曲疲劳强度 / 蜗杆刚度
蜗杆传动 ─

                          选择类型 / 材料
                          按齿面接触疲劳强度设计
                          参数与尺寸计算
                传动设计 ─ 校核齿根弯曲疲劳强度
                          验算效率 / 核算热平衡 / 散热方式选择
                          选择润滑：润滑剂 / 润滑方式
```

本章学习目标

（1）了解蜗杆传动的特点和类型；

（2）理解圆柱蜗杆传动的主要参数和几何尺寸；

（3）掌握蜗杆传动的失效形式、材料和结构；

（4）掌握蜗杆传动的受力分析及强度计算；

（5）理解圆柱蜗杆传动的效率、润滑和热平衡计算。

蜗杆传动以其传动比大、结构紧凑、运行平稳、噪声小及自锁性强等特点，在各种机械设备中发挥着重要作用。例如，在电动伸缩门系统中，蜗杆传动精准驱动门体实现平稳且流畅的开启与关闭动作，确保了门扇操作的柔和性，并提供了可靠的安全锁定功能，从而大大提升了系统的整体安全性和用户体验；在精密机床中，它精确控制工作台移动，满足微米级加工精度的严苛需求，为高精度制造提供了坚实的基础；在搅拌机中，电动机通过蜗杆传动实现食材的混合和搅拌，展现蜗杆传动在生活领域的便捷应用。这些典型案例不仅展示了蜗杆传动的广泛适用性，也凸显了其在提高设备性能与安全性方面的重要作用。从工业制造到日常生活，蜗杆传动以其卓越的性能和广泛的应用前景，持续推动着机械设备技术的革新与发展。

7.1 蜗杆传动的特点和类型

蜗杆传动由蜗杆和蜗轮所组成（图7-1），它主要用于交错轴的回转运动和动力的传递，通常情况下，两轴交错角定为 90°。一般情况，在传动过程中蜗杆是主动件，蜗轮是从动件。蜗杆传动因其独特的性能优势，广泛应用于各种设备中。

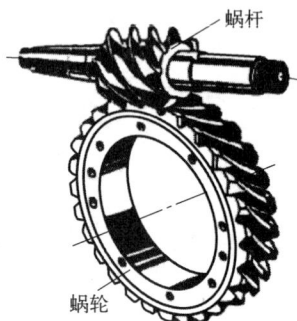

图 7-1 蜗杆与蜗轮

蜗杆传动在精密分度机构中传动比 i 可达 1000；在动力传动领域中传动比 i=8~80，有效满足了不同的功率传输需求。蜗杆传动的主要缺点是传动效率较低、成本较高。

蜗杆按螺纹旋向的不同，可分为左旋蜗杆和右旋蜗杆，其中右旋蜗杆最为常用。按形状的不同，蜗杆可分为圆柱蜗杆 [图 7-2（a）] 和环面蜗杆 [图 7-2（b）]。圆柱蜗杆按其螺旋面的形状又可分为阿基米德蜗杆（ZA 蜗杆）和渐开线蜗杆（ZI 蜗杆）。

车削阿基米德蜗杆与加工梯形螺纹类似。车刀切削刃夹角 2α=40°，加工时切削刃的平面通过蜗杆轴线（图 7-3）。因此切出的齿形，在包含轴线的截面内为侧边呈直线的齿条，而在垂直于蜗杆轴线的截面内为阿基米德螺旋线。

渐开线蜗杆的齿形，在垂直于蜗杆轴线的截面内为渐开线，在包含蜗杆轴线的截面内为凸廓曲线。这种蜗杆可以像圆柱齿轮那样用滚刀铣削，适用于成批生产。

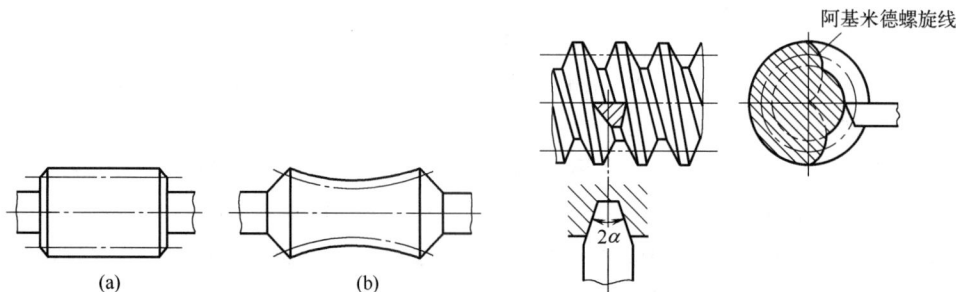

(a)　　　　(b)

图 7-2 圆柱蜗杆与环面蜗杆

图 7-3 阿基米德蜗杆

7.2　圆柱蜗杆传动的主要参数和几何尺寸计算

7.2.1　圆柱蜗杆传动的主要参数

（1）模数 m 和压力角 α

如图 7-4 所示，通过蜗杆轴线并垂直于蜗轮轴线的平面，称为中间平面。由于蜗轮是用与蜗杆形状相仿的滚刀按展成原理切制而成的轮齿，因此在中间平面内蜗轮与蜗杆的啮合就相当于渐开线齿轮与齿条的啮合。蜗杆传动的设计计算都以中间平面的参数和几何关系为准。其正确啮合的条件是：蜗杆轴向模数 m_{a1} 和轴向压力角 α_{a1} 应分别等于蜗轮端面模数 m_{t2} 和端面压力角 α_{t2}，即

$$m_{a1} = m_{t2} = m$$
$$\alpha_{a1} = \alpha_{t2}$$

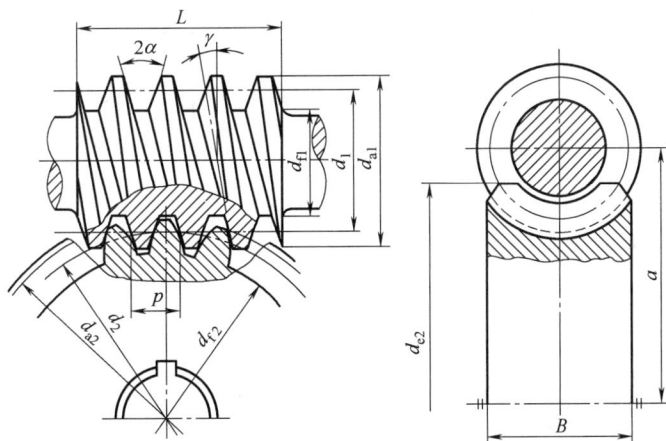

图 7-4　圆柱蜗杆传动的主要参数

模数 m 的标准值见表 7-1，压力角的标准值为 20°。切削刀具的选择与蜗杆的类型有关，ZA 蜗杆取轴向压力角为标准值，ZI 蜗杆取法向压力角为标准值。

如图 7-4 所示，齿厚与齿槽宽相等的圆柱称为蜗杆分度圆柱（或称为中圆柱）。蜗杆分度圆（或称为蜗杆中圆）直径以 d_1 表示，其值见表 7-1。蜗轮分度圆直径以 d_2 表示。

在两轴交错角为 90°的蜗杆传动中，蜗杆分度圆柱上的导程角 γ 应等于蜗轮分度圆柱上的螺旋角 β，且两者的旋向也必须相同，即

$$\gamma = \beta$$

（2）传动比 i_{12}、蜗杆头数 z_1 和蜗轮齿数 z_2

当蜗杆每分钟转 n_1 转时，将在轴向推进 n_1 个升距为 $n_1 z_1 p$，其中 p 为周节，与此同时

表 7-1　圆柱蜗杆的基本尺寸和参数

m/mm	d_1/mm	z_1	q	m^2d_1/mm³	m/mm	d_1/mm	z_1	q	m^2d_1/mm³
1	18	1	18.000	18	6.3	63	1,2,4,6	10.000	2500
1.25	20	1	16.000	31.25		112	1	17.778	4445
1.25	22.4	1	17.920	35	8	80	1,2,4,6	10.000	5120
1.6	20	1,2,4	12.500	51.2		140	1	17.500	8960
	28	1	17.500	71.68	10	90	1,2,4,6	9.000	9000
2	22.4	1,2,4,6	11.200	89.6		160	1	16.000	16000
	35.5	1	17.750	142	12.5	112	1,2,4	8.960	17500
2.5	28	1,2,4,6	11.200	175		200	1	16.000	31250
	45	1	18.000	281	16	140	1,2,4	8.750	35840
3.15	35.5	1,2,4,6	11.270	352		250	1	15.625	64000
	56	1	17.778	556	20	160	1,2,4	8.000	64000
4	40	1,2,4,6	10.000	640		315	1	15.750	126000
	71	1	17.750	1136	25	200	1,2,4	8.000	125000
5	50	1,2,4,6	10.000	1250		400	1	16.000	250000
	90	1	18.000	2250					

注：1.本表数据来源于 GB/T 10085—2018，本表所列 d_1 数值为国家标准规定的优先使用值。

2.表中同一模数有两个 d_1 值，当选取其中较大的 d_1 值时，蜗杆导程角 γ 小于 3°30'，有较好的自锁性。

相应蜗轮将被推动在分度圆弧上转过相同的距离，故蜗轮每分钟转过的转数为 $n_2 = \dfrac{n_1 z_1 p}{z_2 p}$。

其传动比为

$$i_{12} = \frac{n_1}{n_2} = \frac{z_2}{z_1} \tag{7-1}$$

通常蜗杆头数 $z_1 = 1$，2，4。若要得到大传动比，可取 $z_1 = 1$，但传动效率较低。传递功率较大时，为提高效率可采用多头蜗杆，取 $z_1 = 2$ 或 4。

蜗轮齿数 $z_2 = i_{12}z_1$。z_1、z_2 的推荐值见表 7-2。为了避免蜗轮轮齿发生根切，z_2 不应小于 26，但也不宜大于 80。若 z_2 过大，会使结构尺寸过大，蜗杆长度也随之增加，致使蜗杆刚度和啮合精度下降。

表 7-2　蜗杆头数 z_1 与蜗轮齿数 z_2 的推荐值

传动比 i_{12}	7~13	14~27	28~40	>40
蜗杆头数 z_1	4	2	2，1	1
蜗轮齿数 z_2	28~52	28~54	28~80	>40

（3）蜗杆直径系数 q 和导程角 γ

切制蜗轮的滚刀，其直径及齿形参数（如模数 m、螺旋线数 z_1 和导程角 γ 等）必须与相应的蜗杆相同。如果蜗杆分度圆直径 d_1 不作必要的限制，可用刀具品种和数量势必太多。

为了减少刀具数量并便于标准化，制定了蜗杆分度圆直径的标准系列。国家标准 GB/T 10085—2018 中，一个模数与一个或几个蜗杆分度圆直径的标准值相对应，见表 7-1。

如图 7-5 所示，蜗杆螺旋面和分度圆柱的交线是螺旋线。设 γ 为蜗杆分度圆柱上的螺旋线导程角，p_x 为轴向齿距，由图 7-5 得

$$\tan\gamma = \frac{z_1 p_x}{\pi d_1} = \frac{z_1 m}{d_1} = \frac{z_1}{q} \qquad (7\text{-}2)$$

式中　q——蜗杆分度圆直径与模数的比值，称为蜗杆直径系数，$q = \dfrac{d_1}{m}$。

由式（7-2）可知，d_1 越小或者 q 越小，导程角 γ 越大，传动效率也越高，但蜗杆的刚度和强度越低。通常，转速高的蜗杆可取较小的 d_1 值，蜗轮齿数 z_2 较大时可取较大的 d_1 值。

（4）齿面间滑动速度 v_s

蜗杆传动即使在节点 C 处啮合，齿廓之间也有较大的相对滑动，滑动速度 v_s 沿蜗杆螺旋线方向。设蜗杆圆周速度为 v_1、蜗轮圆周速度为 v_2，由图 7-6 可得

$$v_s = \sqrt{v_1^2 + v_2^2} = \frac{v_1}{\cos\gamma} \quad (\text{m/s}) \qquad (7\text{-}3)$$

滑动速度的大小对齿面的润滑情况、齿面失效形式、发热，以及传动效率等方面都有很大影响。

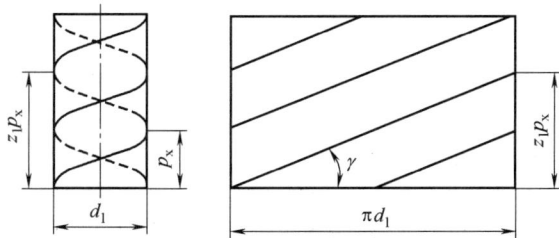

图 7-5　蜗杆导程

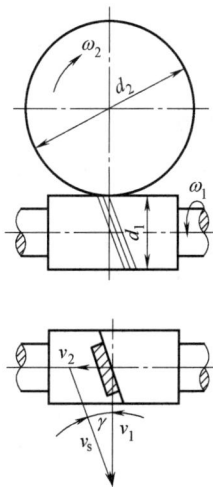

图 7-6　滑动速度

（5）中心距 a

当蜗杆节圆与分度圆重合时，称为标准传动，其中心距计算式为

$$a = 0.5(d_1 + d_2) = 0.5m(q + z_2) \qquad (7\text{-}4)$$

7.2.2 圆柱蜗杆传动的几何尺寸计算

设计蜗杆传动时，一般是先根据传动的功用和传动比的要求，选择蜗杆头数 z_1 和蜗轮齿数 z_2，然后再按强度计算确定中心距 a 和模数 m。上述参数确定后，即可根据表 7-3 计算出蜗杆和蜗轮的几何尺寸（两轴交错角为 90°，标准传动）。

表 7-3 圆柱蜗杆传动的几何尺寸计算

名称	计算公式	
	蜗杆	蜗轮
蜗杆分度圆直径、蜗轮分度圆直径	$d_1 = mq$	$d_2 = mz_2$
齿顶高	$h_a = m$	$h_a = m$
齿根高	$h_f = 1.2m$	$h_f = 1.2m$
蜗杆齿顶圆直径、蜗轮喉圆直径	$d_{a1} = m(q+2)$	$d_{a2} = m(z_2+2)$
齿根圆直径	$d_{f1} = m(q-2.4)$	$d_{f2} = m(z_2-2.4)$
蜗杆轴向齿距，蜗轮端面齿距	$p_{a1} = p_{t2} = p_x = \pi m$	
径向间隙	$c = 0.2m$	
中心距	$a = 0.5(d_1+d_2) = 0.5m(q+z_2)$	

注：蜗杆传动中心距标准系列为：40，50，63，80，100，125，160，(180)，200，(225)，250，(280)，315，(355)，400，(450)，500。

【例题 7-1】在带传动和蜗杆传动组成的传动系统中，初步计算后取蜗杆模数 $m=4$mm，头数 $z_1=2$，分度圆直径 $d_1=40$mm，蜗轮齿数 $z_2=39$，试计算蜗杆直径系数 q、导程角 γ 及蜗杆传动的中心距 a。

解：（1）蜗杆直径系数

$$q = \frac{d_1}{m} = \frac{40}{4} = 10$$

（2）导程角

$$\tan\gamma = \frac{z_1}{q} = \frac{2}{10} = 0.2$$

$$\gamma = 11.3099°（即 \gamma = 11°18'36''）$$

（3）传动的中心距

$$a = 0.5m(q+z_2) = 0.5\times4\times(10+39) = 98（mm）$$

7.3 蜗杆传动的失效形式、材料选择和结构

7.3.1 蜗杆传动的失效形式及材料选择

蜗杆传动的主要失效形式有胶合、点蚀和磨损等。由于蜗杆传动在齿面间有较大的相

对滑动,这一过程伴随着热量的产生,会导致润滑油因温度升高而稀释,使润滑条件变差,增大胶合的可能性。在闭式传动中,如果不能及时散热,往往会因胶合而影响蜗杆传动的承载能力。在开式传动或润滑密封不良的闭式传动中,蜗轮轮齿的磨损显得尤其突出。

　　由于蜗杆传动的特点,蜗杆副的材料不仅要求有足够的强度,而且更重要的是要有良好的耐磨性能和抗胶合的能力。因此常采用青铜作蜗轮的齿圈与淬硬磨削的钢制蜗杆相配。

　　蜗杆一般采用碳钢或合金钢制造,要求齿面光洁并具有较高硬度。对于高速重载的蜗杆常用 20Cr、20CrMnTi（渗碳淬火硬度为 56~62HRC）或 40Cr、42SiMn、45 钢（表面淬火硬度为 45~55HRC）等,并应磨削。一般蜗杆可采用 40、45 等碳钢调质处理（硬度为 220~250HBW）。在低速、轻载的传动中,蜗杆可不经热处理,甚至可采用铸铁。

　　在重要的高速蜗杆传动中,蜗轮常用 10-1 锡青铜（ZCuSn10P1）制造,它的抗胶合和耐磨性能好,允许的滑动速度可达 25m/s,易于切削加工,但价贵。在滑动速度 $v_s<12m/s$ 的蜗杆传动中,可采用含锡量低的 5-5-5 锡青铜（ZCuSn5Pb5Zn5）。10-3 铝青铜（ZCuAl10Fe3）有足够的强度,铸造性能好、耐冲击、价廉,但切削性能差,抗胶合性能不如锡青铜,一般用于 $v_s \leqslant 6m/s$ 的传动。在速度较低（如 $v_s<2m/s$）的传动中,可用球墨铸铁或灰铸铁。蜗轮也可用尼龙或增强尼龙材料制成。

7.3.2　蜗杆和蜗轮的结构

　　蜗杆绝大多数和轴制成一体,称为蜗杆轴,如图 7-7 所示。

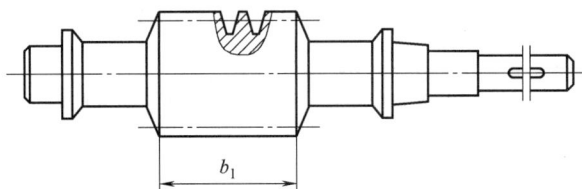

图 7-7　蜗杆轴

$z_1=1$ 或 2 时,　$b_1 \geqslant (11+0.06z_2)m$；$z_1=4$ 时,　$b_1 \geqslant (12.5+0.09z_2)m$

　　蜗轮可以制成整体的［图 7-8（a）］,但为了节约贵重的有色金属,对大尺寸的蜗轮通常采用组合式结构,即齿圈用有色金属制造,而轮芯用钢或铸铁制成［图 7-8（b）］。采用组合结构时,齿圈和轮芯可用过盈连接,为工作可靠起见,又沿接合面圆周装上 4~8 个螺钉。为了便于钻孔,应将螺孔中心线向材料较硬的一边偏移 2~3mm。这种结构用于尺寸不大且工作温度变化较小的地方。轮圈与轮芯也可用螺栓来连接［图 7-8（c）］,由于装拆方便,常用于尺寸较大或磨损后需要更换齿圈的场合。对于成批制造的蜗轮,常在铸铁轮芯上浇铸出青铜齿圈［图 7-8（d）］。

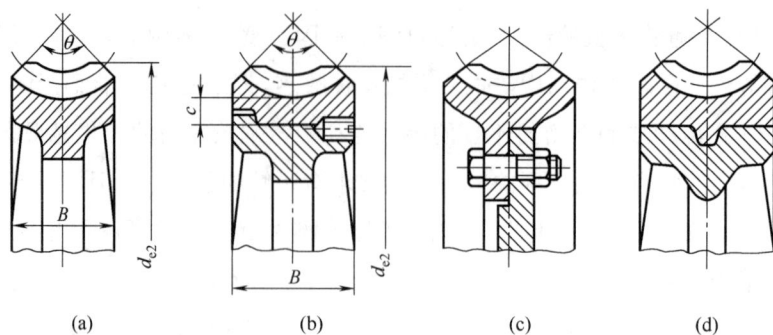

蜗杆头数z_1	1	2	4
蜗轮齿顶圆直径(外径) $d_{e2}\leq$	$d_{a2}+2m$	$d_{a2}+1.5m$	$d_{a2}+2m$
轮缘宽度$B\leq$	$0.75d_{a1}$		$0.67d_{a1}$
蜗轮齿宽角$\theta=$	$90°\sim130°$		
轮圈厚度$c\approx$	$1.65m+1.5\text{mm}$		

图 7-8 蜗轮的结构

7.4 圆柱蜗杆传动的受力分析

分析蜗杆传动作用力时,可先根据蜗杆的螺旋线旋向及其旋转方向确定蜗轮的旋转方向。如图 7-9 所示为右旋蜗杆,用右手拇指的指向代表蜗杆轴向力的方法分析,使拇指伸直与轴线平行,其余四指沿蜗杆的转动方向握拳,则拇指指向左即是蜗杆轴向力向左。根据相对运动原理,蜗轮所受反向力指向右,故蜗轮沿逆时针方向回转。

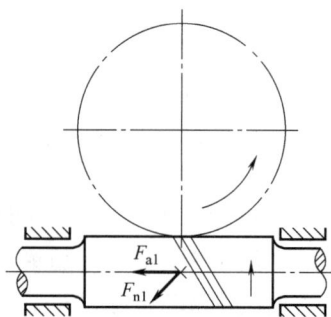

图 7-9 确定蜗轮的旋转方向

蜗杆传动的受力分析和斜齿轮相似,齿面上的法向力 F_n 可分解为三个相互垂直的分力:圆周力 F_t、轴向力 F_a 和径向力 F_r。各分力的方向如图 7-10 所示。当蜗杆轴和蜗轮轴交错成 90°时，如不计摩擦力的影响，蜗杆圆周力 F_{t1} 等于蜗轮轴向力 F_{a2}，但方向相反；蜗杆轴向力 F_{a1} 等于蜗轮圆周力 F_{t2}，但方向相反；蜗杆径向力 F_{r1} 等于蜗轮径向力 F_{r2}，指向各自的轴心，即

蜗杆圆周力
$$F_{t1} = F_{a2} = \frac{2T_1}{d_1}$$
（7-5）

蜗杆轴向力
$$F_{a1} = F_{t2} = \frac{2T_2}{d_2}$$
（7-6）

蜗杆径向力
$$F_{r1} = F_{r2} = F_{a1}\tan\alpha$$
（7-7）

式中，T_1 和 T_2 分别为作用在蜗杆和蜗轮上的转矩，$T_2 = T_1 i_{12}\eta$，η 为蜗杆传动的效率。

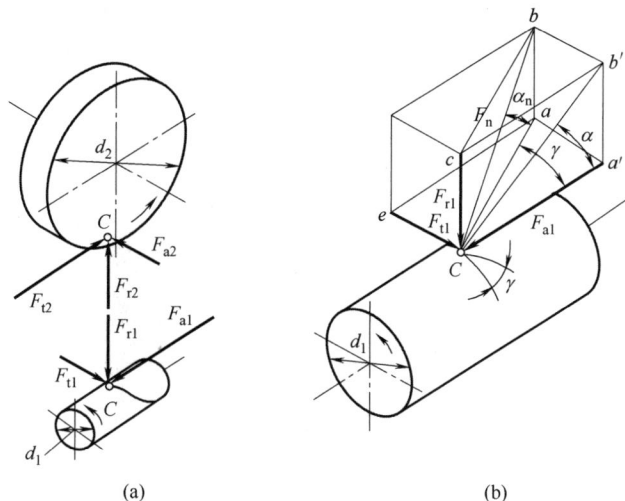

图 7-10　蜗杆与蜗轮的作用力

7.5　圆柱蜗杆传动的强度计算

圆柱蜗杆传动的失效形式，主要是蜗轮轮齿表面产生胶合、点蚀和磨损，目前在设计时用限制接触应力的办法来解决，而轮齿的弯曲和断裂现象，只有当 $z_2 > 80$ 时才会发生，此时须校核弯曲强度。对于开式传动，因磨损速度大于点蚀速度，故只需按齿根弯曲强度进行设计计算。此外，还需校核蜗杆的刚度。对于闭式传动，还需进行热平衡计算。

7.5.1　蜗轮齿面接触疲劳强度计算

（1）计算公式

蜗轮齿面接触疲劳强度仍以赫兹公式为基础，其强度校核公式为

$$\sigma_{\mathrm{H}} = Z_{\mathrm{E}} Z_{\mathrm{p}} \sqrt{\frac{K_{\mathrm{A}} T_2}{a^3}} \leqslant [\sigma_{\mathrm{H}}] \quad (\mathrm{MPa}) \tag{7-8}$$

设计公式为

$$a \geqslant \sqrt[3]{K_{\mathrm{A}} T_2 \left(\frac{Z_{\mathrm{E}} Z_{\mathrm{p}}}{[\sigma_{\mathrm{H}}]}\right)^2} \quad (\mathrm{mm}) \tag{7-9}$$

式中　a——中心距，mm；

　　　Z_{E}——材料的综合弹性系数，钢与锡青铜配对时取 $Z_{\mathrm{E}} = 150$，钢与铝青铜或灰铸铁配对时取 $Z_{\mathrm{E}} = 160$；

　　　Z_{p}——接触系数，用以考虑接触线长度和综合曲率半径对接触疲劳强度的影响，根据蜗杆分度圆直径与中心距之比（d_1 / a），查图 7-11 确定，一般 $d_1 / a = 0.3 \sim 0.5$，取小值时，导角大，效率高，但蜗杆刚性较差；

　　　K_{A}——使用系数，$K_{\mathrm{A}} = 1.1 \sim 1.4$，有冲击载荷、环境温度高（$t > 35℃$）、速度较高时，$K_{\mathrm{A}}$ 取大值。

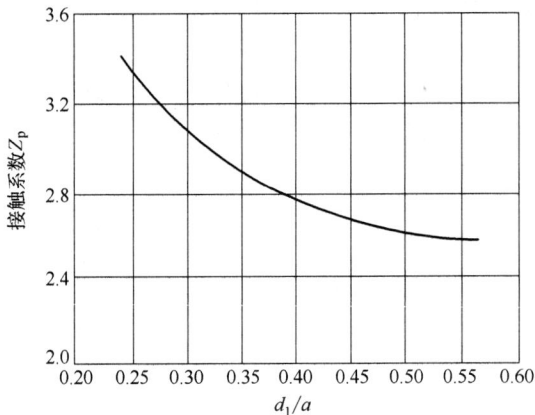

图 7-11 接触系数

（2）许用接触应力 $[\sigma_{\mathrm{H}}]$

对于锡青铜，许用接触应力可由表 7-4 确定；对于铝青铜及灰铸铁，其主要失效形式是胶合，与相对速度有关，其值应查表 7-5，接触强度计算可限制胶合的产生。

由式（7-9）算出中心距 a 后，可由下列公式粗算出蜗杆分度圆直径 d_1 和模数 m：

$$d_1 \approx 0.68 a^{0.875}$$

$$m = \frac{2a - d_1}{z_2} \tag{7-10}$$

再由表 7-1 选定标准模数 m 及 q、d_1 的数值。

表 7-4 锡青铜蜗轮的许用接触应力[σ_H] 单位：MPa

蜗轮材料	铸造方法	适用的滑动速度 v_s/（m/s）	蜗杆齿面硬度	
			≤350HBW	>45HRC
10-1 锡青铜	砂型	≤12	180	200
	金属型	≤25	200	220
5-5-5 锡青铜	砂型	≤10	110	125
	金属型	≤12	135	150

表 7-5 铝青铜及灰铸铁蜗轮的许用接触应力[σ_H] 单位：MPa

蜗轮材料	铸造方法	滑动速度 v_s/(m/s)						
		0.5	1	2	3	4	6	8
810-3 铝青铜	淬火钢[①]	250	230	210	180	160	120	90
HT150、HT200	渗碳钢	130	115	90	—	—	—	—
HT150	调质钢	110	90	70	—	—	—	—

① 蜗杆未经淬火时，需将表中[σ_H]值降低 20%。

7.5.2 蜗轮齿根弯曲疲劳强度计算

蜗轮的齿形比较复杂，且齿根是曲面，要精确计算蜗轮齿根弯曲应力很困难。一般参照斜齿圆柱齿轮作近似计算，其验算公式为

$$\sigma_F = \frac{1.53K_A T_2}{d_1 d_2 m \cos\gamma} Y_{Fa2} \leqslant [\sigma_F] \ (\text{MPa}) \tag{7-11}$$

其设计公式为

$$m^2 d_1 = \frac{1.53K_A T_2}{z_2 \cos\gamma [\sigma_F]} Y_{Fa2} \tag{7-12}$$

式中 γ——蜗杆导程角，$\gamma = \arctan\dfrac{z_1}{q}$；

[σ_F]——蜗轮许用弯曲应力，MPa，查表 7-6 确定；

Y_{Fa2}——蜗轮齿形系数，由当量齿数 $z_v = \dfrac{z_1}{\cos^3\gamma}$ 查表 6-3 确定。

由求得的 $m^2 d_1$ 值查表 7-1，可确定主要尺寸。

表 7-6 蜗轮的许用弯曲应力[σ_F] 单位：MPa

蜗轮材料	ZCuSn10P1		ZCuSn5Pb5Zn5		ZCuAl10Fe3		HT150	HT200
铸造方法	砂型铸造	金属型铸造	砂型铸造	金属型铸造	砂型铸造	金属型铸造	砂型铸造	
单侧工作	50	70	32	40	80	90	40	47
双侧工作	30	40	24	28	63	80	25	30

7.5.3　蜗杆的刚度计算

由于蜗杆形状细长，支承跨距较大时，受力后可能产生过大挠度，影响正常啮合传动，因此蜗杆产生的挠度应小于许用挠度[Y]。

由切向力 F_{t1} 和径向力 F_{r1} 产生的挠度分别为

$$Y_{t1}=\frac{F_{t1}l^3}{48EI} \qquad Y_{r1}=\frac{F_{r1}l^3}{48EI}$$

合成总挠度为

$$Y=\sqrt{Y_{t1}^2+Y_{r1}^2}\leqslant[Y]\text{（mm）}$$

式中　E——蜗杆材料的弹性模量，MPa，钢蜗杆 $E=2.06\times10^5$ MPa；

I——蜗杆危险截面惯性矩，$I=\dfrac{\pi d_1^4}{64}$；

l——蜗杆支点跨距，mm，初步计算时可取 $l=0.92d_2$；

$[Y]$——许用挠度，mm，$[Y]=d_1/1000$。

7.6　圆柱蜗杆传动的效率、润滑和热平衡计算

7.6.1　蜗杆传动的效率

与齿轮传动类似，闭式蜗杆传动的效率包括三部分：轮齿啮合的效率 η_1，轴承效率 η_2 以及考虑搅动润滑油阻力的效率 η_3，其中，$\eta_2\eta_3=0.95\sim0.97$，$\eta_1$ 可根据螺旋传动的效率公式求得。

蜗杆主动时，蜗杆传动的总效率为

$$\eta=(0.95\sim0.97)\frac{\tan\gamma}{\tan(\gamma+\rho')} \tag{7-13}$$

式中　γ——蜗杆导程角；

ρ'——当量摩擦角，$\rho'=\arctan f'$。

当量摩擦系数 f' 主要与蜗杆副材料、表面状况以及滑动速度等有关，见表 7-7。

由式（7-13）可知，增大导程角 γ 可提高效率，故常采用多头蜗杆。但导程角过大，会引起蜗杆加工困难，而且导程角 $\gamma>28°$ 时，效率提高很少。

$\gamma\leqslant\rho'$ 时，蜗杆传动具有自锁性，但效率很低（$\eta<50\%$）。必须注意，在振动条件下 ρ' 值的波动可能很大，因此不宜单靠蜗杆传动的自锁作用来实现制动，在重要场合应另加制动装置。

表 7-7　当量摩擦系数 f' 和当量摩擦角 ρ'

蜗轮材料	锡青铜				无锡青铜	
蜗杆齿面硬度	>45HRC		其他情况		>45HRC	
滑动速度 v_s /（m/s）	f'	ρ'	f'	ρ'	f'	ρ'
0.01	0.11	6.28°	0.12	6.84°	0.18	10.2°
0.10	0.08	4.57°	0.09	5.14°	0.13	7.4°
0.50	0.055	3.15°	0.065	3.72°	0.09	5.14°
1.00	0.045	2.58°	0.055	3.15°	0.07	4°
2.00	0.035	2°	0.045	2.58°	0.055	3.15°
3.00	0.028	1.6°	0.035	2°	0.045	2.58°
4.00	0.024	1.37°	0.031	1.78°	0.04	2.29°
5.00	0.022	1.26°	0.029	1.66°	0.035	2°
8.00	0.018	1.03°	0.026	1.49°	0.03	1.72°
10.0	0.016	0.92°	0.024	1.37°		
15.0	0.014	0.8°	0.020	1.15°		
24.0	0.013	0.74°				

注：1.硬度大于 45HRC 的蜗杆，其 f'、ρ' 值是指经过磨削和跑合并有充分润滑的情况。

2.蜗轮材料为灰铸铁时，可按无锡青铜查取 f'、ρ'。

估计蜗杆传动的总效率时，可按表 7-8 选取。

表 7-8　蜗杆传动总效率 η 的概值

z_1	η/%	
	闭式传动	开式传动
1	0.7~0.75	
2	0.75~0.82	0.6~0.7
4	0.87~0.92	

【例题 7-2】 试设计一由电动机驱动的单级圆柱蜗杆减速器中的蜗杆传动。电动机功率 P_1=5.5kW，转速 n_1=960r/min，传动比 i_{12}=21，载荷平稳，单向回转。

解：（1）选择材料并确定其许用应力

蜗杆用 45 钢，表面淬火，硬度为 45~55HRC；蜗轮用锡青铜 ZCuSn10P1，砂模铸造。

① 许用接触应力，查表 7-4 得 $[\sigma_H]$=200MPa；

② 许用弯曲应力，查表 7-6 得 $[\sigma_F]$=50MPa。

（2）选择蜗杆头数 z_1，并估计传动效率 η

由 i_{12}=21 查表 7-2，取 z_1=2，则 $z_2=i_{12}z_1=21\times2=42$；

由 z_1=2 查表 7-8，取 η=0.8。

（3）确定蜗轮转矩 T_2

$$T_2 = 9.55 \times 10^6 \frac{P\eta}{n_2} = 9.55 \times 10^6 \frac{P\eta i_{12}}{n_1}$$

$$= 9.55 \times 10^6 \times \frac{5.5 \times 0.8 \times 21}{960} = 919188 （\text{N·mm}）$$

（4）确定使用系数 K_A，综合弹性系数 Z_E

取 $K_A = 1.2$；取 $Z_E = 150$（钢与锡青铜）。

（5）确定接触系数 Z_p

假定 $d_1/a = 0.4$，由图 7-11 得 $Z_p = 2.8$。

（6）计算中心距 a

$$a \geqslant \sqrt[3]{K_A T_2 \left(\frac{Z_E Z_p}{[\sigma_H]}\right)^2} = \sqrt[3]{1.2 \times 919188 \times \left(\frac{150 \times 2.8}{200}\right)^2} = 169.44 （\text{mm}）$$

（7）确定其他参数

确定模数 m、蜗轮齿数 z_2、蜗杆直径系数 q、蜗杆导程角 γ、中心距 a 等参数。由式（7-10）得

$$d_1 \approx 0.68 a^{0.875} = 0.68 \times 169.44^{0.875} = 60.66 （\text{mm}）$$

$$m = \frac{2a - d_1}{z_2} = \frac{2 \times 169.44 - 60.66}{42} = 6.62 （\text{mm}）$$

由表 7-1，取 $m = 8$ mm，$q = 10$，$d_1 = 80$ mm，$d_2 = 8 \times 42$ mm $= 336$ mm，由式（7-4）得

$$a = 0.5m(q + z_2) = 0.5 \times 8 \times (10 + 42) = 208 （\text{mm}） > 169.44 （\text{mm}）$$

故接触强度足够。

由式（7-2）得导程角 $\qquad \gamma = \arctan \dfrac{2}{10} = 11.3099°$

（8）校核弯曲强度

① 蜗轮齿形系数。

由当量齿数 $\qquad z_v = \dfrac{z_2}{\cos^3 \gamma} = \dfrac{42}{(\cos 11.3099°)^3} \approx 45$

查表 6-3，得 $Y_{Fa2} = 2.4$。

② 蜗轮齿根弯曲应力。

$$\sigma_F = \frac{1.53 K_A T_2}{d_1 d_2 m \cos \gamma} Y_{Fa2} = \frac{1.53 \times 1.2 \times 919188}{80 \times 336 \times 8 \times \cos 11.3099°} \times 2.4$$

$$\approx 19.2 （\text{MPa}） < [\sigma_F] = 50 （\text{MPa}）$$

弯曲强度足够。

（9）蜗杆刚度计算（略）

7.6.2　蜗杆传动的润滑

蜗杆传动的润滑是个值得注意的问题。如果润滑不良，传动效率将显著降低，并且会使轮齿早期发生胶合或磨损。一般蜗杆传动用润滑油的牌号为 L-CKE，重载及有冲击时用 L-CKE/P。润滑油黏度可按表 7-9 选取。

表 7-9　蜗杆传动润滑油的黏度和润滑方式

滑动速度 v_s/（m/s）	≤1.5	>1.5~3.5	>3.5~10	>10
黏度 v_{40}/（mm²/s）	>612	414~506	288~352	198~242
润滑方式	v_s≤5m/s 油浴润滑		v_s>5~10m/s 油浴润滑或喷油润滑	v_s>10m/s 喷油润滑

用油浴润滑，常采用蜗杆下置式，由蜗杆带油润滑。但当蜗杆线速度 v_1>4m/s 时，为减小搅油损失，常将蜗杆置于蜗轮之上，形成上置式传动，由蜗轮带油润滑。

7.6.3　蜗杆传动的热平衡计算

由于蜗杆传动效率低、发热量大，若不及时散热，会引起箱体内油温升高、润滑失效，导致轮齿磨损加剧，甚至出现胶合。因此对连续工作的闭式蜗杆传动要进行热平衡计算。

在闭式传动中，热量通过箱壳散逸，要求箱体内的油温 t（℃）和周围空气温度 t_0（℃）之差不超过允许值，即

$$\Delta t = \frac{1000 P_1 (1-\eta)}{\alpha_t A} \leq [\Delta t] \tag{7-14}$$

式中　Δt——温度差，$\Delta t = t - t_0$；

　　　P_1——蜗杆传递功率，kW；

　　　η——传动效率；

　　　α_t——表面传热系数，根据箱体周围通风条件，一般取 α_t=10~17W/（m²·℃）；

　　　A——散热面积，m²，指箱体外壁与空气接触而内壁被油飞溅到的箱壳面积，对于箱体上的散热片，其散热面积按 50%计算；

　　　$[\Delta t]$——温差允许值，一般为 60~70℃，并应使油温 t($t = t_0 + \Delta t$) 低于 90℃。

如果超过温差允许值，可采用下述冷却措施。

① 增加散热面积。合理设计箱体结构，铸出或焊上散热片。

② 提高表面传热系数。在蜗杆轴上装设风扇 [图 7-12（a）]，或在箱体油池内装设蛇形冷却水管 [图 7-12（b）]，或用循环油冷却 [图 7-12（c）]。

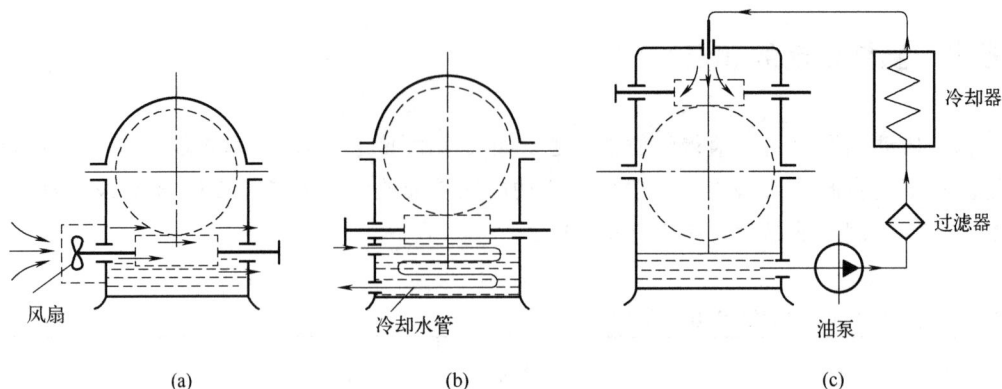

图 7-12　蜗杆传动的散热方法

【**例题 7-3**】　试计算例题 7-2 蜗杆传动的效率。若已知散热面积 $A=1.2\text{m}^2$，试计算润滑油的温升。

解：（1）相对滑动速度

$$v_s = \frac{\pi d_1 n_1}{60 \times 1000 \cos \gamma} = \frac{\pi \times 63 \times 960}{60 \times 1000 \times \cos 11.3099°} = 3.23 \text{（m/s）}$$

（2）当量摩擦角

由表 7-7 查得 $\rho' = 1.547°$。

（3）总传动效率

$$\eta = 0.96 \frac{\tan \gamma}{\tan(\gamma + \rho')} = 0.96 \times \frac{\tan 11.3099°}{\tan(11.3099° + 1.547°)} = 84\%$$

（4）散热计算

取 $\alpha_t = 15 \text{ W/(m}^2 \cdot ℃)$，则

$$\Delta t = \frac{1000 P_1 (1-\eta)}{\alpha_t A} = \frac{1000 \times 5.5 \times (1 - 0.84)}{15 \times 1.2} = 48.89(℃) \leqslant [\Delta t] = 60 \sim 70(℃)$$

合格。

本章小结

本章主要介绍了圆柱蜗杆传动的参数和几何计算、失效形式、受力分析、强度刚度计算、效率、润滑和热平衡计算。

本章重点：蜗杆传动的受力分析，即圆周力、径向力和轴向力的方向判断。

本章难点：蜗杆传动的参数选择、效率及热平衡计算。

习题

7-1　如图 7-13 所示，蜗杆主动，T_1=20N·m，m=4mm，z_1=2，d_1=50mm，蜗轮从动 z_2=50，传动的啮合效率 η =0.75。试确定：

（1）蜗轮的转向；

（2）蜗杆与蜗轮上作用力的大小和方向。

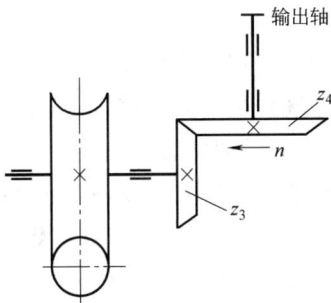

7-2　如图 7-14 所示为蜗杆传动和锥齿轮传动的组合，已知输出轴上的锥齿轮 z_4 的转向 n：

（1）欲使中间轴上的轴向力能部分抵消，试确定蜗杆传动的螺旋线方向和蜗杆的转向；

（2）在图中标出各轮轴向力的方向。

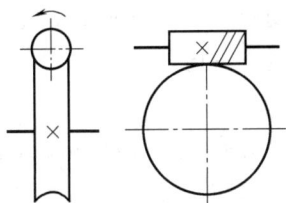

图 7-13　蜗轮蜗杆传动　　　　　图 7-14　蜗杆传动和锥齿轮传动的组合

7-3　设计一个由电动机驱动的单级圆柱蜗杆减速器。电动机功率为 7kW，转速为 1440 r/min，蜗轮轴转速为 80r/min，载荷平稳，单向传动。蜗轮材料选 ZCuSn10P1 锡青铜，砂型铸造；蜗杆选用 40Cr，表面淬火。

7-4　手动绞车采用圆柱蜗杆传动，如图 7-15 所示，已知 m=8mm，z_1=1，d_1=80mm，z_2=40，卷筒直径 D=200mm。问：

（1）欲使重物 W 上升 1m，蜗杆应转多少转？

（2）蜗杆与蜗轮间的当量摩擦系数 f'=0.18，该机构能否自锁？

（3）若重物 W=5kN，手摇时施加的力 F=100N，手柄转臂的长度 l 应是多少？

7-5　单级蜗杆减速器输入功率 P_1=3kW，z_1=2，箱体散热面积约为 1m²，通风条件较好，室温为 20℃，试计算油温是否满足使用要求。

7-6　开式蜗杆传动，传递功率 P=5kW，蜗杆转速 n_1=1460r/min，传动比 i_{12}=21，载荷平稳，单向传动，选择蜗杆、蜗轮材料并确定其主要尺寸参数。[提示：可根据表 7-1 初定 q 值，以便由式（7-2）求出导程角 γ]。

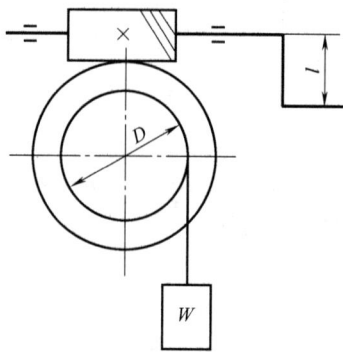

图 7-15 手动绞车中的传动

拓展阅读

蜗杆传动，也称为蜗杆减速器，是一种常见的传动装置，广泛应用于机械传动领域。其历史可以追溯到两千多年前，以下是蜗杆传动的发展史概述。

（1）起源与早期发展

蜗杆传动的原理研究可以追溯到 2300 多年前。古希腊数学家 Archimedes（阿基米德，公元前 287~前 212 年）提出了利用螺旋运动推动齿轮旋转的方法，并发明了阿基米德蜗杆传动卷扬机。这一发明标志着蜗杆传动的诞生，其原理至今仍在被广泛应用。16 世纪，意大利文艺复兴时期的伟大科学家达·芬奇在其手稿中提出了"环面蜗杆传动"的概念，为蜗杆传动的发展提供了新的思路。

（2）近代发展与创新

① 亨得利蜗杆传动：1765 年，英国人 Hindley（亨得利）首次提出直廓环面蜗杆传动，因此也称之为"亨得利蜗杆传动"。1909 年，美国人 S.Cone（柯恩）将其开发成功，命名为"Cone Drive"。此后，该传动形式得到了广泛的发展和应用。

② 威氏蜗杆传动：1922 年，美国格里森公司的总工程师 E.Wildhaber（威尔德哈卜）提出了一种新型的蜗杆传动形式，即威氏蜗杆传动。这种传动形式具有齿面磨削简单、承载能力高、传动精度高等优点，被广泛应用于精密分度蜗轮传动。

③ 尼曼蜗杆传动：1935 年，德国慕尼黑工业大学的 G.Niemann（尼曼）教授提出了圆弧齿圆柱蜗杆传动，也称为"尼曼蜗杆传动"或"ZC 蜗杆传动"。该传动形式具有承载能力高、润滑效果好等优点，被广泛应用于各种重载传动场合。

（3）现代应用与改进

在现代工业中，蜗杆传动得到了广泛的应用和改进。随着科学技术的发展，人们对蜗杆传动的性能要求也越来越高。为了提高传动效率、减小摩擦和磨损、提高承载能力，人们不断研发新的蜗杆传动形式和材料。例如，为了解决传统蜗杆传动滑动摩擦过大的问题，人们提出了用滚动摩擦替换滑动摩擦的方案，并研发出了圆柱滚子包络蜗杆传动、圆锥滚子包络蜗杆传动、滚珠蜗杆传动等新型蜗杆传动形式。这些新型传动形式在一定程度上改善了蜗杆传动的性能，提高了传动效率和承载能力。

　　蜗杆传动作为一种重要的机械传动装置，经历了漫长而丰富的发展史。从阿基米德蜗杆传动到现代的各种新型蜗杆传动形式，人们不断对蜗杆传动进行改进和创新，以满足不同应用场合的需求。未来，随着科学技术的不断进步和工业需求的不断变化，蜗杆传动将继续发展并迎来更加广阔的应用前景。

第 8 章　滑动轴承

本章知识导图

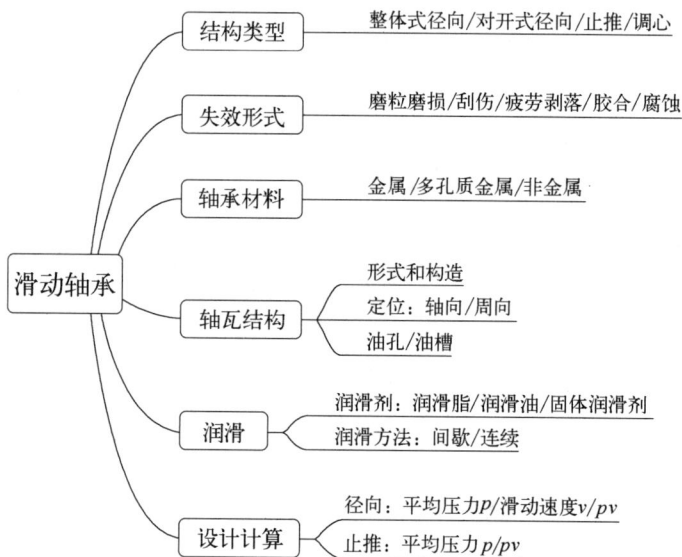

本章学习目标

（1）熟悉滑动轴承的类型、失效形式；

（2）熟悉常用轴瓦材料及轴瓦结构；

（3）了解滑动轴承润滑剂的选用及润滑装置；

（4）掌握不完全流体润滑滑动轴承的设计计算；

（5）了解流体动力润滑轴承的承载机理。

　　滑动轴承是一种通过滑动摩擦来支承载荷的轴承。滑动轴承最早出现在公元前 3 世纪，当时人们使用简单的木杆和石头来制作轴承；到了公元前 4 世纪，古希腊人开始使用铜制轮子和铜制轴承；进入近现代，为提高轴承的耐磨性和耐腐蚀性，开始使用钢铁来制造滑动轴承，并采用了多层结构的设计；到 20 世纪初期，又采用了新的材料和技术来制造滑动轴承，如铝合金、陶瓷和复合材料等；第二次世界大战以来，随着科学技术的不断发展，新材料、新工艺和新技术不断涌现，科技的发展对滑动轴承提出了更高的要求，人们开始使用先进的材料和加工技术来制造高精度、高负荷、高速度和高温度下使用的滑动轴承；在现代，滑动轴承广泛应用于能源发电、舰船动力、航空航天、机械制造、石油化工等领域。滑动轴承具有承载范围广、工作平稳、低噪声、工作寿命长等优点。

8.1　滑动轴承类型、失效形式及常用材料

根据轴承中摩擦性质的不同，可把轴承分为滑动摩擦轴承（简称滑动轴承）和滚动摩擦轴承（简称滚动轴承）两大类。与滚动轴承相比，滑动轴承具有承载能力大、工作平稳可靠、噪声小、耐冲击、吸振、可以剖分等优点。特别是流体润滑轴承，可以在很高的转速下工作，并且旋转精度高、摩擦因数小、寿命长。此外，一些简单支承和不重要的场合，也常采用结构简单的滑动轴承。

滑动轴承根据其承受载荷方向的不同，可分为径向轴承（承受径向载荷）和止推轴承（承受轴向载荷）；根据其滑动表面间润滑状态的不同，可分为流体润滑轴承、不完全流体润滑轴承（指滑动表面间处于边界润滑或混合润滑状态）和自润滑轴承（指工作时不加润滑剂）；根据流体润滑轴承承载机理的不同，又可分为流体动力润滑轴承（简称流体动压轴承）和流体静力润滑轴承（简称流体静压轴承）。

滑动轴承的主要设计内容包括以下几个方面：①选择并确定轴承的结构形式；②选择轴瓦的结构和材料；③确定轴承结构参数；④选择润滑剂、润滑方法和润滑装置；⑤轴承的工作能力及热平衡计算。

8.1.1　滑动轴承结构类型

（1）整体式径向滑动轴承

整体式径向滑动轴承的结构形式如图 8-1 所示，它由轴承座和由减摩材料制成的整体轴套组成。轴承座一般由铸铁材料制成，上面设有安装润滑油杯的螺纹孔；轴套上开有油孔，并且轴套的内表面上开有油沟。这种轴承的优点是结构简单，成本低廉。它的缺点是轴套磨损后，轴承间隙过大时无法调整；另外，装拆轴时，必须做轴向位移，因此整体式滑动轴承装拆不方便。这种轴承多用在低速、轻载或间歇性工作的机器中，如某些农业机械、手动机械等。

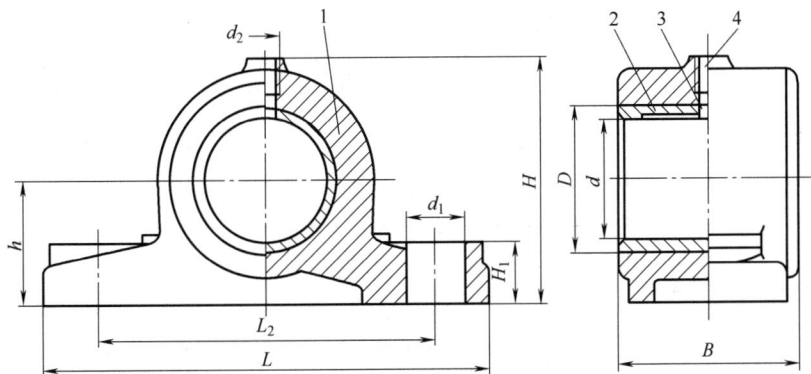

图 8-1　整体式径向滑动轴承

1—轴承座；2—整体轴套；3—油孔；4—油杯螺纹孔

（2）对开式径向滑动轴承

对开式径向滑动轴承的结构如图 8-2 所示。它是由轴承座、轴承盖、上轴瓦、下轴瓦、和双头螺柱等构件组成。轴承盖和轴承座的剖分面常做成阶梯形以便对中和防止横向错动。轴承盖上部开有螺纹孔，用以安装油杯或油管。一般下轴瓦承受载荷，上轴瓦不承受载荷。为了节省贵重金属或因其他需要，常在轴瓦内表面上贴附一层轴承衬。在轴瓦内壁不承受载荷的表面上开设油槽，润滑油通过油孔和油槽流进轴承间隙。轴瓦磨损后可以用减少剖分面处的垫片厚度来调整轴承间隙（调整后应修刮轴瓦内孔）。轴承座和轴承盖的材料一般为铸铁，重载、振动及冲击工况下可用铸钢。这种轴承装拆方便，应用广泛。

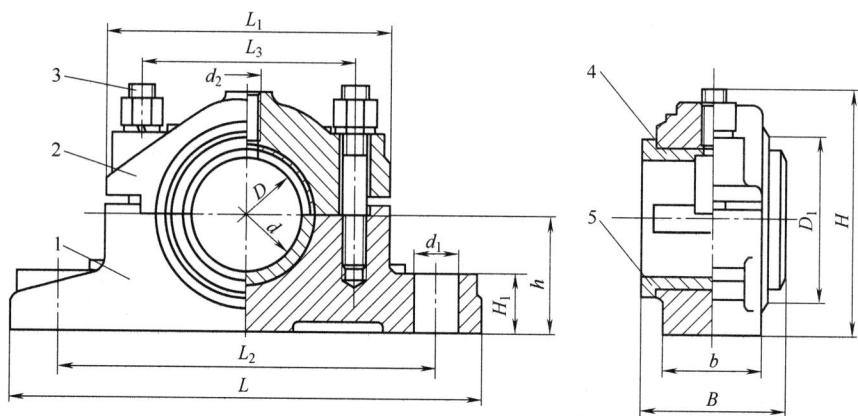

图 8-2 对开式径向滑动轴承

1—轴承座；2—轴承盖；3—双头螺柱；4—上轴瓦；5—下轴瓦

表 8-1 止推滑动轴承结构形式及尺寸

空心式	单环式	多环式
① d_2 由轴的结构设计确定 $d_1=(0.4\sim0.6)d_2$ ② 若结构上无限制，应取 $d_1=0.5d_2$	d_1、d_2 由轴的结构设计确定	d 由轴的结构设计确定 $d_2=(1.2\sim1.6)d$ $d_1=1.1d$ $h=(0.12\sim0.15)d$ $h_0=(2\sim3)h$

（3）止推滑动轴承

止推滑动轴承由轴承座和止推轴颈组成。常用的结构形式有空心式、单环式和多环式，其结构形式及尺寸见表 8-1。由于实心式轴颈接触面上压强分布不均匀，以致中心部分的压强极高，因此应用不多。空心式轴颈接触面上压强分布较均匀，润滑条件较实心式有所改善。单环式是利用轴颈的环形端面止推，而且可以利用纵向油槽输入润滑油，结构简单，润滑方便，广泛用于低速、轻载的场合。轴向载荷较大时可采用多环式轴颈，多环式结构还可承受双向轴向载荷。

（4）调心式滑动轴承

当轴颈的长度较长时，轴的倾斜易使轴瓦边缘产生严重磨损。因此，当轴承宽度 B 与轴颈直径 d 之比 B/d 大于 1.5 时，将轴瓦外部中间做成球面，装在轴承盖和轴承座间的凹球面上，使其自动适应轴或机架工作时的变形所造成的轴颈与轴瓦不同轴的情况，避免出现边缘接触。这种轴承称为调心式滑动轴承，如图 8-3 所示。

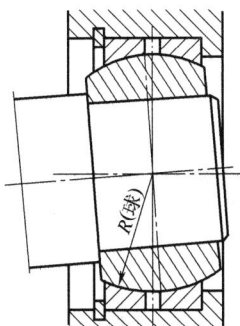

图 8-3 调心式滑动轴承

8.1.2 滑动轴承的失效形式

（1）磨粒磨损

进入轴承间隙的硬颗粒（如灰尘、砂粒等）有的嵌入轴承表面，有的游离于间隙中并随轴一起转动，它们都将对轴颈和轴承表面起研磨作用，产生磨粒磨损（如图 8-4）。在启动、停车或轴颈与轴承发生边缘接触时，将加剧轴承磨损，导致轴承几何形状改变、精度丧失，轴承间隙加大，使轴承性能在预期寿命内急剧恶化。

（2）刮伤

进入轴承间隙中的硬颗粒或轴颈表面粗糙的轮廓峰，在轴瓦上划出线状伤痕，导致轴承因刮伤而失效（如图 8-5）。

（3）疲劳剥落

在载荷反复作用下，轴承表面出现与滑动方向垂直的疲劳裂纹，当裂纹向深处扩展后造成轴承衬材料剥落（如图 8-6），称为疲劳剥落。

（4）胶合（咬黏）

当轴承温升过高，载荷过大导致油膜破裂或润滑油供应不足时，轴颈和轴承的相对运动将产生表面材料的黏附和迁移，从而造成轴承的损坏（如图 8-7），称为胶合（咬黏）。胶合严重时可能无法正常工作。

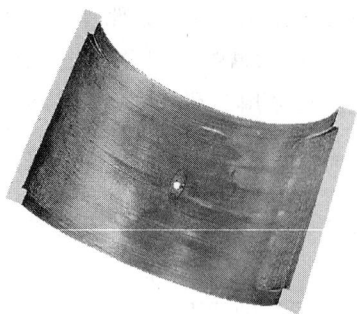

图 8-4　磨粒磨损

图 8-5　刮伤

图 8-6　疲劳剥落

图 8-7　胶合（咬黏）

（5）腐蚀

润滑剂在使用中会不断氧化，所生成的酸性物质对轴承材料有腐蚀作用，特别是铸造铜铅合金中的铅，易受腐蚀而形成点状的脱落（如图 8-8）。

图 8-8　腐蚀

此外，由于工作条件不同，滑动轴承还可能出现气蚀、流体侵蚀、电侵蚀和微动磨损等损伤。

8.1.3 轴承常用材料

轴瓦和轴承衬的材料统称为轴承材料。根据轴瓦失效形式及工作时轴瓦不损伤轴颈的原则，轴承材料应满足下列要求：

① 良好的减摩性、耐磨性和抗咬黏性。减摩性是指材料副具有低的摩擦因数。耐磨性是指材料的抗磨性能（通常以磨损率表示）。抗咬黏性是指材料的耐热性和抗黏附性。

② 良好的摩擦顺应性、嵌入性和磨合性。摩擦顺应性是指材料通过表层弹塑性变形来补偿轴承滑动表面初始配合不良的能力。嵌入性是指材料容纳硬质颗粒嵌入，从而减轻轴承滑动表面发生刮伤或磨粒磨损的性能。磨合性是指轴瓦与轴颈表面经短期轻载运转后，形成相互匹配的表面形貌状态的性能。

③ 足够的强度和抗腐蚀能力。

④ 良好的导热性、工艺性、经济性等。

应该指出，没有一种轴承材料能够全面具备上述性能，因而必须针对各种具体情况，仔细进行分析后合理选用。选择轴承材料主要应从载荷、速度、温度等几方面来考虑，其次是环境条件，如腐蚀性介质和粉尘等。

常用的轴承材料可分三大类：①金属材料，如轴承合金、铜合金、铝基合金和铸铁等；②多孔质金属材料；③非金属材料，如工程塑料、碳-石墨等。下面对常用类型的轴承材料略做介绍。

（1）轴承合金（通称巴氏合金或白合金）

轴承合金是锡、铅、锑、铜的合金，它以锡或铅作基体，其内含有锑锡（Sb-Sn）或铜锡（Cu-Sn）的硬晶粒。硬晶粒起抗磨作用，软基体则增加材料的塑性。轴承合金的弹性模量和弹性极限都很低，在所有轴承材料中，它的嵌入性及摩擦顺应性最好，很容易和轴颈磨合，也不易与轴颈发生胶合。但轴承合金的强度很低，不能单独制作轴瓦，只能贴附在青铜、钢或铸铁轴瓦上作轴承衬。轴承合金适用于重载、中高速场合，价格较高。

（2）铜合金

铜合金具有较高的强度、较好的减摩性和耐磨性。青铜有锡青铜、铅青铜和铝青铜等几种，其中锡青铜的减摩性和耐磨性最好，应用较广。但锡青铜比轴承合金硬度高，磨合性及嵌入性差，适用于重载及中速场合。铅青铜抗黏附能力强，适用于高速、重载轴承。

（3）铝基轴承合金

铝基轴承合金具有较好的耐蚀性和较高的疲劳强度，摩擦性能亦较好，铝基轴承合金在部分领域取代了较贵的轴承合金和青铜。铝基轴承合金可以制成单金属零件（如轴套、轴承等），也可制成双金属零件。双金属轴瓦以铝基轴承合金为轴承衬，以钢为衬背。

（4）灰铸铁及耐磨铸铁

普通灰铸铁或加有镍、铬、钛等合金成分的耐磨灰铸铁，或者球墨铸铁，都可以用作轴承材料。这类材料中的片状或球状石墨在材料表面上覆盖后，可以形成一层起润滑作用的石墨层，故具有一定的减摩性和耐磨性。由于铸铁性脆、磨合性差，故只适用于轻载、低速和不受冲击载荷的场合。

（5）多孔质金属材料

多孔质金属材料是一种用不同金属粉末经压制、烧结而成的轴承材料。这种材料是多孔结构，孔隙占体积的 10%~35%。使用前需要先把轴瓦在热油中浸渍数小时，使孔隙中充满润滑油，因而通常把这种材料制成的轴承称为含油轴承，它具有自润滑性。工作时，由于轴颈转动时的抽吸作用及轴承发热时油的膨胀作用，油进入摩擦表面起到润滑作用；不工作时，因毛细管作用，油被吸回到轴承内部，故在相当长时间内，即使不加润滑油轴承仍能很好地工作。如果定期供油则使用效果更佳。但由于其韧性较小，故宜用于平稳、无冲击载荷及中、低速度情况。常用的有多孔铁和多孔质青铜。多孔铁常用来制作磨粉机轴套、机床油泵衬套、内燃机凸轮轴衬套等。多孔质青铜常用来制作电唱机、电风扇、纺织机械及汽车发电机的轴承。我国已有专门制造含油轴承的工厂，需要时可根据相关设计手册选用。

（6）非金属材料

可用作轴瓦的非金属材料有塑料、硬木、橡胶和石墨等，其中塑料用得最多。轴承塑料种类很多，常用的有酚醛树脂、尼龙和聚四氟乙烯等。

常用金属轴承材料的性能参数及应用，列于表 8-2。

表 8-2 常用金属轴承材料的性能参数及应用

名称	代号	最大许用值			最高工作温度 /℃	轴颈硬度 HBW	备注
		$[p]$ /MPa	$[v]$ /（m/s）	$[pv]$ /（MPa·m/s）			
锡基轴承合金	ZSnSb11Cu6 ZSnSb8Cu4	平稳载荷			150	150	用于高速、重载的重要轴承，变载荷下易疲劳，价格贵
		25	80	20			
		冲击载荷					
		20	60	15			
铅基轴承合金	ZPbSb16Sn16Cu2	15	10	10	150	150	用于中速、中载轴承，不宜受显著冲击，可作锡基轴承合金代用品
	ZPbSb15Sn5-Cu3Cd2	5	8	5			
锡青铜	ZCuSn10P1 （10-1 锡青铜）	15	10	15	280	300~400	用于中速、重载及受变载的轴承
	ZCuSn5Pb5Zn5 （5-5-5 锡青铜）	8	3	15			用于中速、中载轴承
铅青铜	ZCuPb30 （30 铅青铜）	25	12	30	280	300	用于高速、重载轴承，能受变载荷和冲击载荷
铝青铜	ZCuAl10Fe3 （10-3 铝青铜）	15	4	12	280	300	最宜用于润滑充分的低速、重载轴承

名称	代号	最大许用值			最高工作温度 /℃	轴颈硬度 HBW	备注
		[p] /MPa	[v] /（m/s）	[pv] /（MPa·m/s）			
黄铜	ZCuZn16Si4（16-4 硅黄铜）	12	2	10	200	200	用于低速、中载轴承
	ZCuZn40Mn2（40-2 锰黄铜）	10	1	10			用于高速、中载轴承，是较新的轴承材料，强度高、耐腐蚀、表面性能好
铝基轴承合金	2%铝锡合金	28~35	14	—	140	300	
耐磨铸铁	HT300	0.1~6	0.75~3	0.3~4.5	150	<150	用于低速、轻载的不重要轴承，价廉
灰铸铁	HT150	4	0.5	—	—	—	
	HT120	2	1				
	HT250	1	2				

注：表中[p]、[v]、[pv]为不完全液体润滑下的许用值。

8.2 轴瓦结构

轴瓦是滑动轴承中的重要零件，它的结构设计是否合理对轴承性能影响很大。有时为了节省贵重合金材料或者由于结构上的需要，常在轴瓦的内表面上浇铸或轧制一层轴承合金，称为轴承衬。轴瓦应具有一定的强度和刚度，在轴承中定位可靠，便于输送润滑剂，容易散热，并且装拆、调整方便。为此，轴瓦应在外形结构、定位、油槽开设和配合等方面采用不同的形式以适应不同的工作要求。

8.2.1 轴瓦的形式和构造

常用的轴瓦有整体式和对开式两种结构。

整体式轴瓦按材料及制法不同，分为整体式轴套（图 8-9）和单层、双层或多层材料的卷制轴套（图 8-10）。非金属整体式轴瓦既可以是整体非金属轴套，也可以是钢套上镶衬非金属材料制成的轴套。

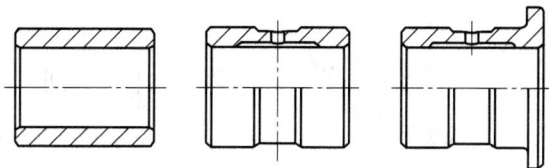

图 8-9 整体式轴套

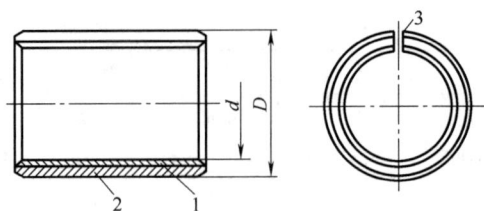

图 8-10 卷制轴套

1—轴承衬；2—轴瓦（衬背）；3—开缝

对开式轴瓦有厚壁轴瓦和薄壁轴瓦之分。厚壁轴瓦（图 8-11）用铸造方法制造，内表面可附有轴承衬，常将轴承合金用离心铸造法浇铸在铸铁、钢或青铜轴瓦的内表面上。为使轴承合金与轴瓦贴附连接得更好，常在轴瓦内表面上制出各种形式的榫头和沟槽等（图 8-12）。

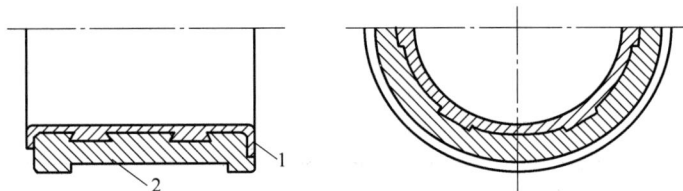

图 8-11 对开式厚壁轴瓦

1—轴承衬；2—轴瓦

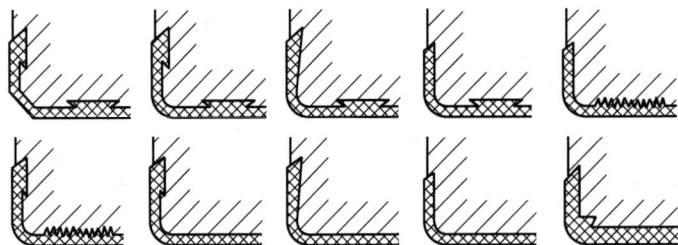

图 8-12 瓦背和轴承衬的连接形式

薄壁轴瓦（图 8-13）由于能用双金属板连续轧制等新工艺进行大批量生产，因此质地稳定，成本低。但轴瓦刚性小，装配时不再修刮轴瓦内圆表面，轴瓦受力后，其形状完全取决于轴承座的形状，因此轴瓦和轴承座均需精密加工。薄壁轴瓦在汽车发动机、柴油机上得到了广泛应用。

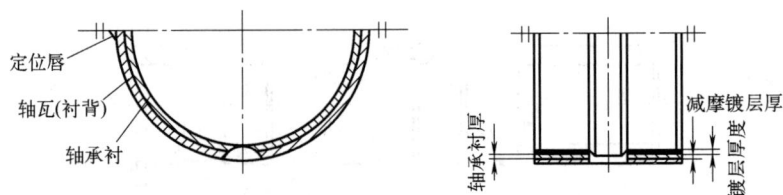

图 8-13 对开式薄壁轴瓦

8.2.2 轴瓦的定位

轴瓦和轴承座不允许有相对移动。为了防止轴瓦沿轴向和周向移动，可将其两端做出凸缘来做轴向定位，也可用紧定螺钉［图 8-14（a）］或销钉［图 8-14（b）］将其固定在轴承座上，或在轴瓦剖分面上冲出定位唇（凸耳）以供定位用（图 8-15）。

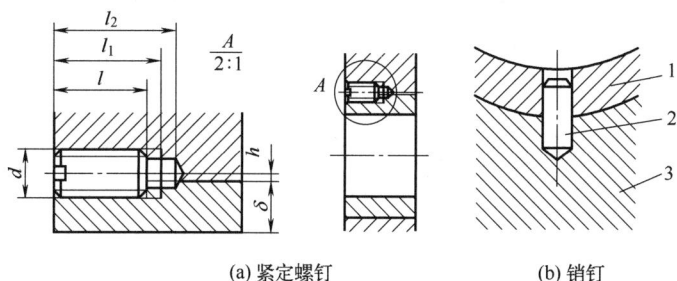

(a) 紧定螺钉 (b) 销钉

图 8-14 轴瓦的固定

1—轴瓦；2—销钉；3—轴承座

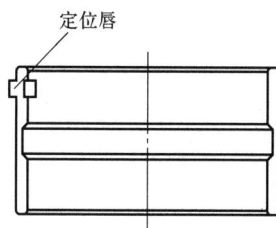

图 8-15 轴瓦定位唇固定

8.2.3 油孔及油槽

为了把润滑油导入整个摩擦面间，轴瓦或轴颈上需开设油孔和油槽。对于宽径比小的轴承，只需设置一个油孔。对于宽径比大、可靠性较高的轴承，还需加设油槽。常见的油槽形式如图 8-16 所示。

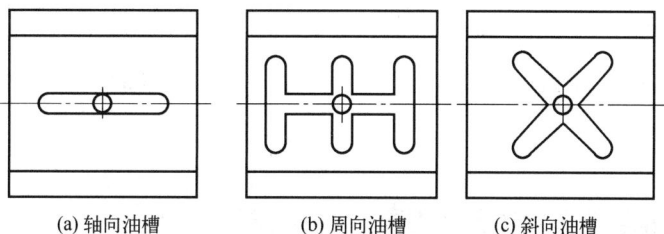

(a) 轴向油槽 (b) 周向油槽 (c) 斜向油槽

图 8-16 常见的油槽形式（非承载区轴瓦）

对于液体动压径向轴承，设置油孔和油槽时应注意如下问题：

① 油孔和油槽不应设置在油膜承载区内，否则将降低轴承的承载能力（图 8-17）。

② 轴向油槽分为单轴向油槽及双轴向油槽。对于整体式径向轴承，轴颈单向旋转，载荷方向变化不大时，单轴向油槽应设在非承载区域［图 8-18（a）］或油膜压力最小区域［图 8-18（b）］。对于对开式径向轴承，常把轴向油槽开在轴承剖分面处（剖分面与载荷作用线成 90°），如果轴颈双向旋转，可在轴承剖分面上开设双轴向油槽（图 8-19）。通常

轴向油槽应较轴承宽度稍短，以便在轴瓦两端留出封油面，防止润滑油从端部大量流失。

③ 对于周向油槽，如轴承水平布置，最好在非承载区域开设半周，不要延伸到承载区。如果轴承竖直放置，应开在轴承的上端。

④ 油槽的截面形状应避免有棱角和锐边，以便润滑油顺畅流入润滑表面。

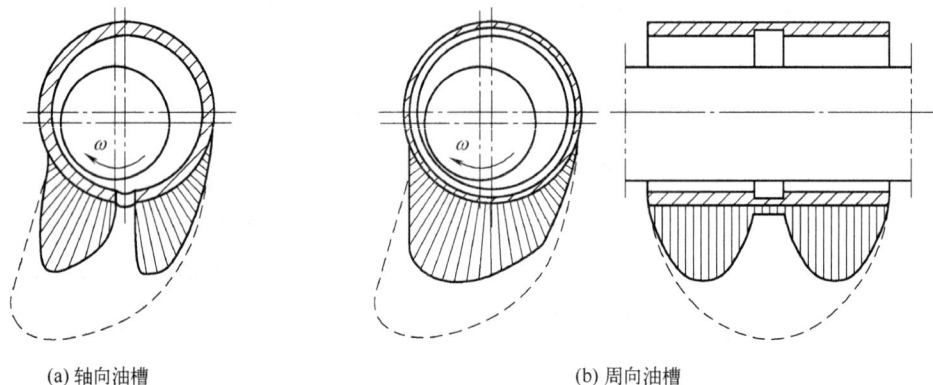

(a) 轴向油槽　　　　　　　　　(b) 周向油槽

图 8-17　油槽对承载力的影响

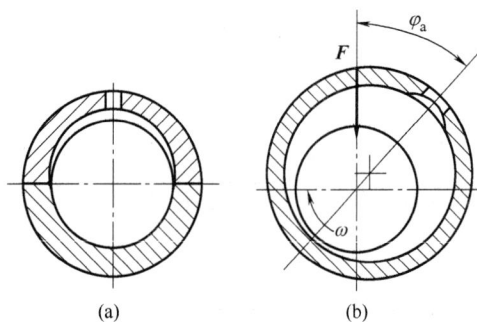

(a)　(b)

图 8-18　单轴向油槽设置　　　　图 8-19　双轴向油槽设置

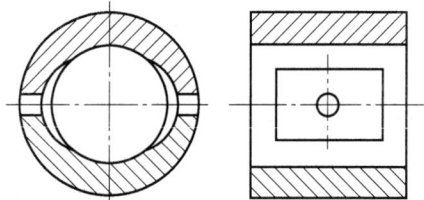

8.3　滑动轴承润滑剂及润滑方法选择

滑动轴承种类繁多，使用条件和重要程度不同，因而对润滑剂的要求也各不相同。下面仅就滑动轴承常用润滑剂的选择方法做简要介绍。

8.3.1　滑动轴承的润滑剂及其选择

（1）润滑油的选择

润滑油是滑动轴承中应用最广的润滑剂。流体动压轴承通常采用润滑油作润滑剂。原则上讲，当转速高、压力小时，应选黏度较低的油；反之，当转速低、压力大时，应选黏度较高的油。

润滑油黏度随温度的升高而降低，故在较高温度下工作的轴承（例如 $t>60℃$）所用油的黏度应比常温轴承的高一些。

不完全液体润滑轴承润滑油的选择参考表 8-3。

表 8-3　滑动轴承常用润滑油牌号选择（不完全液体润滑、工作温度 $t<60℃$）

轴颈圆周速度 $v/$（m/s）	平均压力 $p_m<3MPa$	轴颈圆周速度 $v/$（m/s）	平均压力 $p_m=3\sim7.5MPa$
<0.1	L-AN68、L-AN100、L-AN150	<0.1	L-AN150
0.1~0.3	L-AN68、L-AN100	0.1~0.3	L-AN100 L-AN150
0.3~2.5	L-AN68、L-AN46	0.3~0.6	L-AN100
2.5~5.0	L-AN32、L-AN46	0.6~1.2	L-AN68、L-AN100
5.0~9.0	L-AN15、L-AN22、L-AN32	1.2~2.0	L-AN68
>9	L-AN7、L-AN10、L-AN15		

注：表中润滑油黏度等级以 40℃时运动黏度为基础。

（2）润滑脂的选择

润滑脂具有不易流失，不需经常加添、密封简单等优点，但是物理化学性质不如润滑油稳定，且摩擦功耗大。常用在那些要求不高、难以经常供油或者低速、重载以及做摆动运动的轴承中。

选择润滑脂的一般原则如下：

① 当压力高和滑动速度低时，选择锥入度小一些的润滑脂；反之，选择锥入度大一些的润滑脂。

② 所用润滑脂的滴点一般应较轴承的工作温度高 20~30℃，以免工作时润滑脂过多流失。

③ 在有水淋或潮湿的环境下，应选择防水性强的钙基或铝基润滑脂；在温度较高处应选用钠基或复合钙基润滑脂。

润滑脂选择时可参考表 8-4。

表 8-4　滑动轴承润滑脂的选择

轴承压强 p/MPa	轴颈圆周速度 $v/$（m/s）	最高工作温度/℃	选用润滑脂牌号
≤1.0	≤1.0	75	3 号钙基脂
1.0~6.5	0.5~5.0	55	2 号钙基脂
≥6.5	≤0.5	75	3 号钙基脂
≤6.5	0.5~5.0	120	2 号钠基脂
>6.5	≤0.5	110	1 号钙钠基脂
1.0~6.5	≤1	−50~100	锂基脂
>6.5	0.5	60	2 号压延机脂

（3）固体润滑剂的选择

常用的固体润滑剂有二硫化钼、石墨和聚四氟乙烯等。固体润滑剂可以在摩擦表面上形成固体膜以减小摩擦阻力，一般用于低速、重载条件下或高温介质中。

二硫化钼用黏结剂调配后涂在轴承摩擦表面上可以大大提高摩擦副的磨损寿命。在金属表面上涂一层钼，然后放在含硫的气体中加热，可生成 MoS_2 膜。这种膜黏附最为牢固，承载能力极高。在用塑料或多孔质金属制造的轴承材料中渗入 MoS_2 粉末，会在摩擦过程中连续对摩擦表面提供 MoS_2 薄膜。将全熔金属注到石墨或碳-石墨零件的孔隙中，或经过烧结制成轴瓦可获得较高的黏附能力。聚四氟乙烯片材可冲压成轴瓦，也可以用烧结法或黏结法形成聚四氟乙烯膜黏附在轴瓦内表面上。

8.3.2 润滑方法的选用

为了获得良好的润滑，除了正确选择润滑剂外，还要考虑选择合适的润滑方法。润滑方法的使用和零件或机构的工作状态直接相关，要根据工况情况来选择用油润滑还是脂润滑以及相应的装置。

（1）油润滑

① 压配式注油杯（图 8-20）和旋套式注油杯（图 8-21）。可利用油壶或油枪向注油杯内注油，属于间歇润滑的给油方式，只用于小型、低速或间歇运动的润滑场合。

② 针阀式油杯（图 8-22）。当手柄放平时，针阀受弹簧推压向下而堵住杯体底部油孔，当手柄直立时，针阀提起，底部油孔打开，油杯中润滑油流进轴承而处于供油状态，调节螺母可控制油的流量。针阀式油杯可用作连续滴油润滑，停车时放平手柄便可中断供油。

③ 油芯式油杯（图 8-23）。油芯的一端浸入油中，利用毛细管作用将润滑油引到轴颈表面，可用作连续滴油润滑，但其供油量不易调节，特别是油芯在停车时仍继续滴油，会引起浪费。

④ 油环润滑（图 8-24）。轴颈上套一油环，油环下部浸入油池内，靠轴颈摩擦力带动油环旋转，从而将润滑油带到轴颈表面。轴颈速度过高或者过低时，油环带的油量都会不足。通常用于转速不低于 50r/min 的场合。这种装置只适用于连续运转的水平轴轴承的润滑。

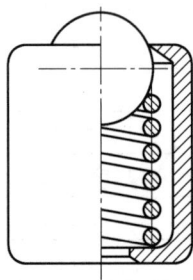

图 8-20　压配式注油杯　　　图 8-21　旋套式注油杯　　　图 8-22　针阀式油杯

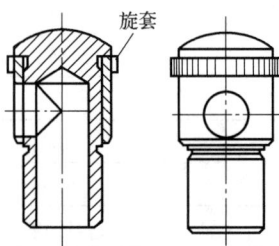

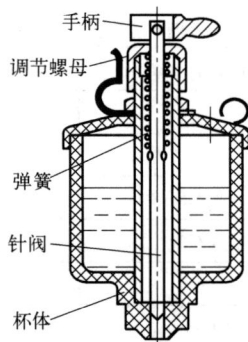

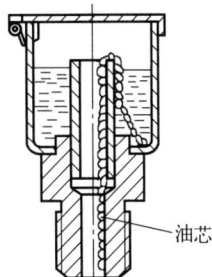

图 8-23　油芯式油杯

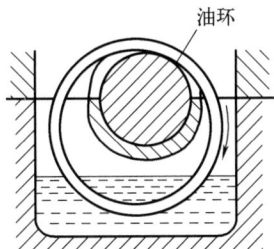

图 8-24　油环润滑

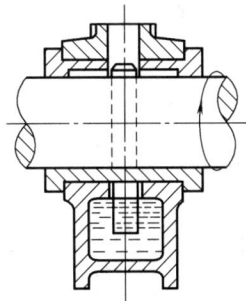

⑤ 飞溅润滑（图 8-25）。飞溅润滑常用于闭式箱体内的轴承润滑。工作时利用浸入油池中的齿轮、曲轴等旋转零件，将润滑油飞溅到箱壁上，再沿油槽进入轴承。溅油零件的圆周速度不宜超过 14m/s，浸油深度也不宜过大，否则搅油剧烈会造成能量损失，引起油液和轴承严重过热。

⑥ 压力循环润滑（图 8-26）。利用液压油泵供给充足的润滑油来润滑和冷却轴承，用过的油流回油箱，经过冷却和过滤后可循环使用，其供油压力和流量都可调节。这种润滑方法多用于高速、重载轴承或齿轮传动上。

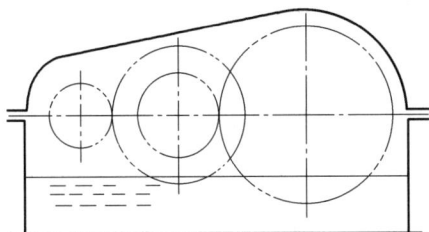

图 8-25　飞溅润滑

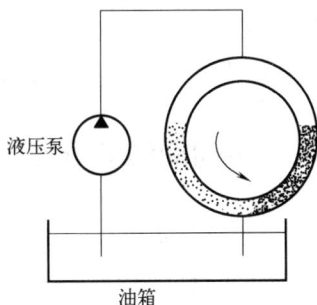

图 8-26　压力循环润滑

（2）脂润滑

脂润滑只能间歇供应润滑脂。旋盖式油脂杯（图 8-27）是应用最广的脂润滑装置。杯中装满润滑脂后，旋动上盖即可将润滑脂挤入轴承中。有的使用油枪向轴承补充润滑脂。

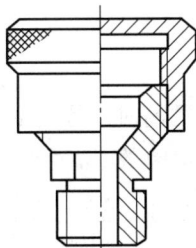

图 8-27　旋盖式油脂杯

滑动轴承所用润滑剂和润滑方法可根据经验公式（8-1）求得 k 值后参考表 8-5 选择。

$$k = \sqrt{pv^3} \tag{8-1}$$

式中　p——轴承压强，MPa；

　　　v——轴颈圆周速度，m/s。

表 8-5　滑动轴承润滑剂和润滑方法选择

k	$k \leqslant 2$	$2<k\leqslant16$	$16<k\leqslant32$	$k>32$
润滑剂	润滑脂	润滑油		
润滑方法	旋盖式油脂杯润滑	针阀油杯滴油润滑	飞溅、油环或压力循环润滑	压力循环润滑

8.4　不完全流体润滑滑动轴承设计计算

不完全流体润滑滑动轴承工作时，轴颈与轴瓦表面间处于边界摩擦或混合摩擦状态，其主要的失效形式是磨粒磨损和黏附磨损。因此，防止失效的关键是在轴颈与轴瓦表面之间形成一层边界油膜，以避免轴瓦的过度磨粒磨损和因轴承温度上升过高而引起黏附磨损。因此，这类轴承常以维持边界油膜不遭破坏作为设计的最低要求。但是促使边界油膜破裂的因素较复杂，目前仍采用简化的条件性计算，即主要是进行轴承压强 p、轴颈圆周速度 v 和 pv 值的验算，使它们不超过轴承材料的相应许用值。

8.4.1　径向滑动轴承的计算

（1）限制轴承平均压强 p

为了防止过度磨损，应限制轴承平均压强。

$$p = \frac{F}{dB} \leqslant [p] \tag{8-2}$$

式中　F——轴承径向载荷，N；

　　　B——轴承宽度，mm；

　　　$[p]$——轴承材料的许用压强，MPa，见表 8-2。

对于低速（$v \leqslant 0.1$m/s）或间歇工作的轴承，当其工作时间不超过停歇时间时，仅需进行轴承压强的验算。

（2）限制轴承 pv 值

轴承工作时摩擦发热量大，温升过高时，易发生黏附磨损。轴承的发热量与其单位面积上的摩擦功耗 fpv 成正比（f 是摩擦因数），因此要限制 pv。

$$pv = \frac{F}{dB} \times \frac{\pi dn}{60 \times 1000} = \frac{Fn}{19100B} \leqslant [pv] \tag{8-3}$$

式中　v——轴颈圆周速度，即滑动速度，m/s；

n——轴的转速，r/min；

　[pv]——轴承材料的 pv 许用值，MPa·m/s，见表 8-2。

（3）限制滑动速度 v

当压强 p 较小，p 与 pv 值都在许用范围内时，也可能由于滑动速度过高而加速轴承磨损，此时应限制滑动速度 v。

$$v = \frac{\pi dn}{60 \times 1000} \leqslant [v] \tag{8-4}$$

式中　[v]——轴承材料的许用滑动速度，m/s，见表 8-2。

不完全流体润滑径向滑动轴承设计计算过程如下。

① 根据工作条件和使用要求，确定轴承的结构形式，选择轴承材料，具体见第 8.1 节和第 8.2 节。

② 确定轴承宽度 B。可取 B/d=0.5~2（以 0.7~1.3 最好）。

③ 计算轴承的平均压强 p、轴承 pv 值、滑动速度 v。若验算不合格，应根据具体情况改选更好的轴承材料或增大宽径比 B/d 重新计算。

④ 确定轴承间隙。轴承间隙 $\varDelta$ 主要由轴的转速确定，一般可按下列推荐值选取（d 为轴承直径）：

高速、中压时，$\varDelta$=(0.02~0.03)d；

高速、高压时，$\varDelta$=(0.0015~0.0025)d；

低速、中压时，$\varDelta$=(0.02~0.03)d；

高速、中压时，$\varDelta$=(0.0007~0.0012)d；

低速、高压时，$\varDelta$=(0.0003~0.0006)d。

与上述间隙范围相应的配合，可用 $\frac{H7}{g6}$、$\frac{H7}{f7}$、$\frac{H7}{e8}$、$\frac{H7}{d8}$ 以及 $\frac{H9}{f7}$、$\frac{H11}{b11}$、$\frac{H11}{d11}$ 等。

8.4.2　止推滑动轴承的计算

设计止推轴承时，通常已知轴承所受轴向载荷 F_a（单位为 N）、轴颈转速 n（单位为 r/min）、轴环直径 d_2 和轴承孔直径 d_1（单位为 mm），以及轴环数目（参考表 8-1），处于混合润滑状态下的止推轴承需要校核 p 和 pv。

（1）验算轴承的平均压强 p（单位为 MPa）

$$p = \frac{F_a}{A} = \frac{F_a}{z\frac{\pi}{4}(d_2^2 - d_1^2)} \leqslant [p] \tag{8-5}$$

式中　F_a——轴承所受轴向载荷，N；

　　　d_2——轴环直径，mm；

　　　d_1——轴承孔直径，mm；

　　　z——环数；

　[p]——许用压力，MPa，见表 8-6。

对于多环式止推轴承，由于载荷在各环间分布不均，因此其许用压力[p]比单环式降低 50%。

（2）验算轴承的 pv（单位为 MPa·m/s）值

轴承的环形支承面平均直径处的圆周速度可按下式计算：

$$v = \frac{\pi n(d_1 + d_2)}{60 \times 1000 \times 2}$$

则有

$$pv = \frac{F_a}{z \frac{\pi}{4}(d_2^2 - d_1^2)} \times \frac{\pi n(d_1 + d_2)}{60 \times 1000 \times 2} = \frac{nF_a}{30000z(d_2 - d_1)} \leqslant [pv] \qquad (8\text{-}6)$$

式中　　n——轴的转速，r/min；

[pv]——轴承材料的 pv 许用值，MPa·m/s，见表 8-6。

表 8-6　止推滑动轴承的[p]和[pv]值

轴的材料	轴承材料	[p]/MPa	[pv]/（MPa·m/s）
未淬火钢	铸铁	2~2.5	1~2.5
	青铜	4~5	
	轴承合金	5~6	
淬火钢	青铜	7.5~8	
	轴承合金	8~9	
	淬火钢	12~15	

【例题 8-1】　某离心泵滑动轴承，其直径 $d = 50\,\text{mm}$，转速 $n = 1420\,\text{r/min}$，轴承载荷 $F = 2600\,\text{N}$，轴承材料为 ZCuSn5Pb5Zn5，根据非流体润滑径向滑动轴承的计算方法，校核该轴承是否可用。应如何改进？改进后再进行验算（根据强度、刚度条件，轴颈直径≥40mm）。

解：①查表 8-2，ZCuSn5Pb5Zn5 材料的[p]=8MPa，[pv]=15MPa·m/s，[v]=3m/s。

② 取 B/d=1，则轴承的宽度 $B=d$=50mm。

③ 验算工作能力。

$$p = \frac{F}{dB} = \frac{2600}{50 \times 50} = 1.04 \ (\text{MPa}) \leqslant [p]$$

$$pv = \frac{Fn}{19100B} = \frac{2600 \times 1420}{19100 \times 50} = 3.87 \ (\text{MPa·m/s}) \leqslant [pv]$$

$$v = \frac{\pi dn}{60 \times 1000} = \frac{\pi \times 50 \times 1420}{60 \times 1000} = 3.72 \ (\text{m/s}) > [v]$$

由于 $v > [v]$，不能满足工作要求。

④ 改进措施。

措施一：把轴颈直径减小到 40mm，则

$$v = \frac{\pi dn}{60 \times 1000} = \frac{\pi \times 40 \times 1420}{60 \times 1000} = 2.97 \ (\text{m/s}) < [v]$$

速度满足要求，此时 $p = \dfrac{F}{dB} = \dfrac{2600}{40 \times 50} = 1.3$（MPa）$< [p]$，仍满足要求。

措施二：更换轴承材料为 ZCuAl10Fe3，其 $[p]$=15MPa，$[pv]$=12MPa·m/s，$[v]$=4m/s，均大于以上计算值，满足要求。

8.5　流体动压滑动轴承简介

流体动压滑动轴承的承载机理如下。

（1）流体动压润滑的基本方程

流体动压滑动轴承是利用轴颈与轴瓦的相对运动和表面与油的黏着性能，将润滑油带入轴承间隙，从而建立起压力油膜的滑动轴承。1886 年，英国科学家雷诺根据流体力学原理提出了流体动力润滑的基本方程（雷诺方程）。

雷诺认为，流体膜的厚度与轴承半径相比很小，曲率的影响可以忽略；径向轴承可视为由两块互相倾斜的平板构成的平面轴承，如图 8-28 所示。A、B 两板互相倾斜，板 A 以速度 v 沿 x 方向运动，板 B 静止不动。

为简化问题，做以下假设：①润滑油为牛顿流体，并做层流流动；②不计润滑油的重力和惯性力；③润滑油不可压缩；④忽略压力对润滑油黏度的影响；⑤润滑油沿 z 向没有流动；⑥油与工作表面吸附牢固，表面油分子随工作表面一同运动或静止。

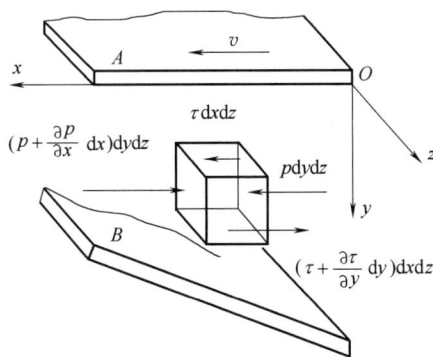

图 8-28　流体动力润滑分析

现从层流运动的油膜中取一微单元 $\mathrm{d}x\mathrm{d}y\mathrm{d}z$ 进行分析。p 及 $\left(p + \dfrac{\partial p}{\partial x}\mathrm{d}x\right)$ 为作用在微单元体两侧的压力，τ 及 $\left(\tau + \dfrac{\partial \tau}{\partial y}\mathrm{d}y\right)$ 为作用在微单元体上下两面的切应力。根据 x 方向的力系

平衡得

$$p\mathrm{d}y\mathrm{d}z + \tau\mathrm{d}x\mathrm{d}z - \left(p + \frac{\partial p}{\partial x}\mathrm{d}x\right)\mathrm{d}y\mathrm{d}z - \left(\tau + \frac{\partial \tau}{\partial y}\mathrm{d}y\right)\mathrm{d}x\mathrm{d}z = 0$$

整理后得

$$\frac{\partial p}{\partial x} = -\frac{\partial \tau}{\partial y} \tag{8-7}$$

将牛顿黏性定理 $\tau = -\eta\dfrac{\partial u}{\partial y}$（该式中 η 为流体的动力黏度，u 为流体的流动速度）对 y 求导数，得 $\dfrac{\partial \tau}{\partial y} = -\eta\dfrac{\partial^2 u}{\partial y^2}$，带入式（8-7），经过推导整理得

$$u = \frac{1}{2\eta} \times \frac{\partial p}{\partial x} y^2 + C_1 y + C_2 \tag{8-8}$$

由图 8-29 知，当 $y = 0$ 时，$u = v$（随移动件移动）；$y = h$（油膜厚度）时，$u = 0$（随静止件静止）。利用这两个边界条件可求得待定系数 C_1、C_2 的值，整理后得

$$u = \frac{v}{h}(h - y) - \frac{1}{2\eta} \times \frac{\partial p}{\partial x}(h - y)y \tag{8-9}$$

当无侧泄时，润滑油在单位时间内流经任意截面上单位宽度面积的流量为

$$q = \int_0^h u\mathrm{d}y = \int_0^h \left[\frac{v}{h}(h - y) - \frac{1}{2\eta} \times \frac{\partial p}{\partial x}(h - y)y\right]\mathrm{d}y = \frac{vh}{2} - \frac{h^3}{12\eta} \times \frac{\partial p}{\partial x} \tag{8-10}$$

设油压最大处（$p = p_{\max}$）的间隙为 h_0（即 $\dfrac{\partial p}{\partial x} = 0$ 时，$h = h_0$），可知该截面处的流量为

$$q = \frac{vh_0}{2} \tag{8-11}$$

当润滑油连续流动时，各截面的流量相等，得

$$\frac{vh_0}{2} = \frac{vh}{2} - \frac{h^3}{12\eta} \times \frac{\partial p}{\partial x} \tag{8-12}$$

整理后，得

$$\frac{\partial p}{\partial x} = \frac{6\eta v}{h^3}(h - h_0) \tag{8-13}$$

式（8-13）为一维雷诺方程。

（2）油楔承载机理

由式（8-13）可知，油膜压力的变化与润滑油的黏度、表面滑动速度和油膜厚度及其变化有关。利用这一公式，积分后可求出油膜的承载能力。由式（8-13）及图 8-29 也可看出：在 ab（$h > h_0$）段，$\dfrac{\partial^2 u}{\partial y^2} > 0$（即速度分布曲线呈凹形），所以 $\dfrac{\partial p}{\partial x} > 0$，即压力沿 x 方向

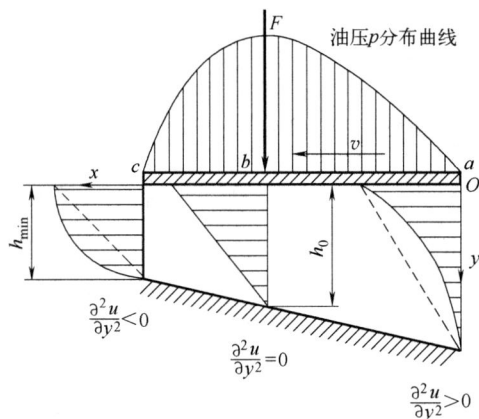

图 8-29　两板间油层压力分布

逐渐增大；而在 bc ($h < h_0$) 段，$\dfrac{\partial^2 u}{\partial y^2} < 0$（即速度分布曲线呈凸形），所以 $\dfrac{\partial p}{\partial x} < 0$，即压力

沿 x 方向逐渐降低。在点 a 和点 c 之间必有一处（点 b）的油流动速度变化规律不变，此

处的 $\dfrac{\partial^2 u}{\partial y^2} = 0$，$\dfrac{\partial p}{\partial x} = 0$，因而压力 p 达到最大值。由于油膜沿着 x 方向各处的油压都大于入

口和出口的压力，且压力形成如图 8-29 上部曲线所示的分布，因而能承受一定的外载荷。

　　由上述分析可知，流体动力润滑轴承形成承载油膜的条件为：

　　① 相对滑动的两表面间必须形成收敛的楔形间隙；

　　② 被油膜分开的两表面必须有足够的相对滑动速度（即滑动表面带油时要有足够的油层最大速度），其运动方向必须使润滑油由大口流进，由小口流出；

　　③ 润滑油要有一定的黏度且供油充分。

　　（3）径向滑动轴承形成流体动力润滑的过程

　　图 8-30（a）表示停车状态，轴颈处于轴承孔的最下部与轴瓦接触。此时，轴颈表面与轴承孔表面间自然形成一楔形间隙，满足了形成动压油膜的首要条件。当轴颈开始转动时，转度较低，带入轴承间隙中的油量较少，这时轴瓦对轴颈摩擦力的方向与轴颈表面圆周速度方向相反，会迫使轴颈在摩擦力作用下沿孔壁向右爬，如图 8-30（b）所示。随着转速的增大，轴颈表面的圆周速度增大，带入楔形空间的油量也逐渐增多。这时，右侧楔形油膜会产生一定的动压力，将轴颈向左浮起。当轴颈达到稳定运转时，油膜内各点的压力其垂直方向的合力与外载荷 F 相平衡，其水平方向的压力左、右自行抵消，轴颈便稳定在一定的偏心位置上，如图 8-30（c）所示，此时轴承处于流体动力润滑状态，轴承内的摩擦阻力仅为液体的内阻力，摩擦因数达到最小值。

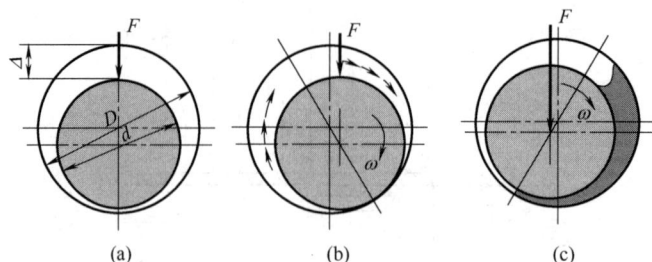

(a)　　　　　　(b)　　　　　　(c)

图 8-30 流体动力润滑形成过程

本章小结

本章讲述了滑动轴承的类型、常用材料、轴瓦结构及不完全流体润滑滑动轴承设计计算方法，并对流体动压滑动轴承的承载机理进行了阐述。

本章重点：滑动轴承的结构特点，常用轴瓦材料、轴瓦结构，不完全流体润滑滑动轴承的设计计算。

本章难点：流体动力润滑的基本方程及形成流体动力润滑的必要条件。

习题

8-1　设计液体动力润滑滑动轴承时，为保证轴承正常工作，应满足哪些条件？

8-2　试述径向动压滑动轴承油膜的形成过程。

8-3　就液体动力润滑一维雷诺方程 $\dfrac{\partial p}{\partial x}=6\eta v\dfrac{(h-h_0)}{h^3}$，说明形成液体动力润滑的必要条件。

8-4　不完全液体润滑滑动轴承需进行哪些计算？各有何含义？

8-5　为了保证滑动轴承获得较高的承载能力，油沟应做在什么位置？

8-6　滑动轴承的主要失效形式有哪些？

8-7　一减速器中有不完全液体润滑径向滑动轴承，轴的材料为 45 钢，轴瓦材料为铸造青铜 ZCuSn5Pb5Zn5 承受径向载荷 F=35kN，轴颈直径 d=190mm，工作长度 l=250mm，转速 n=150r/min。试验算该轴承是否适合使用。

8-8　有一不完全液体润滑径向滑动轴承，直径 d=100mm，宽径比 B/d=1，转速 n=1200r/min，轴的材料为 45 钢，轴承材料为铸造青铜 ZCuSn10P1。试问该轴承最大可以承受多大的径向载荷？

拓展阅读

随着现代工业的发展，人们对旋转机械提出了各种越来越苛刻的性能要求。在能源化工机械中，要求转子的旋转速度和精度越来越高，转子与定子之间的间隙越小越好，以追求更高的效率；对于工作在极端高温或低温等环境下的航空航天和核工业等领域的旋转机械来说，除了要求能够承受严酷的环境考验外，对于支承的可控性、安全及可靠性的考虑往往是第一位的。磁悬浮轴承技术正是在这种情况下得以提出并获得了极大的发展。磁悬浮轴承的基本工作原理如图 8-31 所示，它是由转子、传感器、控制器和执行器四部分组成，其中执行器包括电磁铁和功率放大器两部分。假设在参考位置上，转子受到一个向下的扰动，就会偏离其参考位置，这时传感器检测出转子偏离参考点的位移，作为控制器的微处理器将检测的位移变换成控制信号，功率放大器将这一控制信号转换成控制电流并送往电磁铁线圈，执行电磁铁产生磁力驱动转子返回到原来平衡位置。因此，不论转子受到向下或向上的扰动，转子始终能处于稳定的平衡状态。

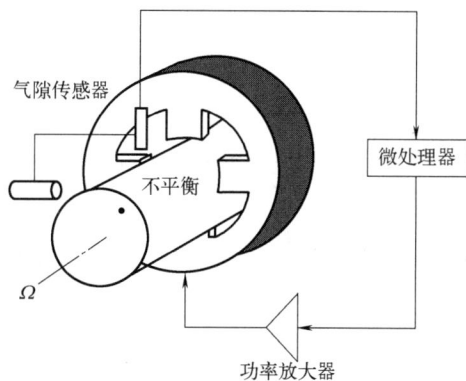

图 8-31　磁悬浮滑动轴承的工作原理

磁悬浮轴承拥有许多传统轴承所不具备的优点：

① 允许的转速高。磁悬浮轴承的转子可以在超临界、每分钟数十万转的工况下运行。

② 无须润滑。不存在润滑剂对环境所造成的污染问题，加之无须润滑油存储、过滤、加温、冷却及循环等成套设备，磁悬浮轴承在价格和占有空间上完全可以和常规轴承技术相竞争。

③ 摩擦功耗较小，维护成本低，寿命长。由于磁悬浮轴承是靠磁场力来悬浮轴颈，相对运动表面之间没有接触，不存在摩擦、磨损和接触疲劳产生的寿命问题，磁悬浮轴承的寿命和可靠性远高于传统轴承。

另外，磁悬浮轴承对运行环境也有很好的适应性，可以在极端高温、低温环境下正常工作。

磁悬浮轴承具有诸多优点，使得它在各个领域具有广泛的应用前景，如航天器中的姿态控制陀螺、离心泵、分子泵、真空泵、压缩机、高速电动机、发电机、斯特林制冷机，以及各种超高速磨、铣切削机床，飞轮蓄能装置和机器人等。磁悬浮轴承在军工和空间技术领域也占有特殊的位置，如卫星导航系统中的飞轮、陀螺仪、航空发动机等。

第 9 章　滚动轴承

本章知识导图

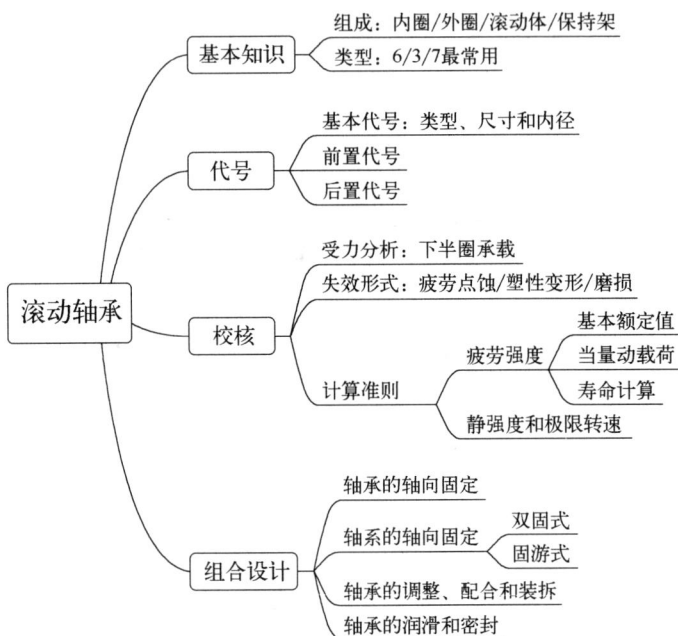

本章学习目标

（1）正确选择滚动轴承的类型；

（2）熟练掌握滚动轴承承载能力和疲劳寿命的计算方法；

（3）熟练掌握滚动轴承的组合结构设计。

　　轴承作为机械设备中的关键部件，其性能状态直接关系设备的整体运行效率和安全性。1991 年，兰州铁路局一辆货运列车因轴承质量不佳，保持架破裂造成轴承卡死，导致列车脱轨。1992 年，日本关西电力公司一台 600MW 发电机组在超速试验过程中，轴承失效引发剧烈振动导致发动机组损毁，造成高达 50 亿日元的经济损失。轴承故障可能带来严重后果，因此对于轴承的选用、安装、维护和检查都需要高度重视。

9.1　滚动轴承的基本知识

　　滚动轴承的使用非常广泛，具有摩擦阻力小、启动灵活、选用方便、效率高和互换性好等优点，但抗冲击能力差，高速时有噪声，工作寿命不及液体摩擦的滑动轴承，其类型、尺寸和公差等级等已有国家标准并实行专业化生产。

9.1.1　滚动轴承的组成

　　滚动轴承是标准件，一般由内圈、外圈、滚动体和保持架组成，其基本结构如图 9-1 所示。安装轴承时，内圈装在轴颈上，外圈装在箱体的轴承孔或轴承座内。一般轴承在工作时外圈不转动，内圈与轴一起转动，滚动体沿着内外圈上的滚道滚动，有时也可用于外圈回转而内圈不动，或者内外圈同时回转的场合。

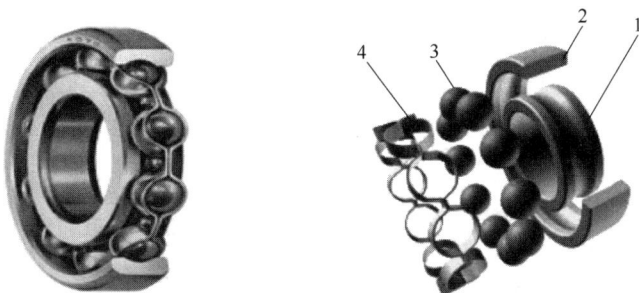

图 9-1　滚动轴承的基本结构

1—内圈；2—外圈；3—滚动体；4—保持架

　　如图 9-2 所示，常见的滚动体有球形、圆柱形、圆锥形、鼓形和针形五种形状。

(a) 球形　　　(b) 圆柱形　　　(c) 圆锥形　　　(d) 鼓形　　　(e) 针形

图 9-2　常见滚动体的形状

　　保持架的主要作用是均匀地隔开滚动体，如果没有保持架，相邻滚动体转动时将会由于接触处产生较大的相对滑动速度而引起磨损。保持架有冲压和实体两类，冲压保持架与滚动体间有较大间隙，一般采用低碳钢材料冲压加工制成；实体保持架有较好的定心作用，一般采用铜合金、铝合金或塑料等材料切削加工制成。

　　滚动轴承的内、外圈和滚动体均采用强度高且耐磨性好的含铬轴承钢制造，如 GCr9、GCr15 和 GCr15SiMn 等（G 表示专用的滚动轴承钢），经淬火后表面硬度可达 60~65HRC。一般轴承元件都会经过 150℃ 的回火处理，故当轴承工作温度不高于 120℃ 时，元件硬度不会下降。为适应某些特殊要求，有些滚动轴承还要附加其他特殊元件或采用特殊结构，如轴承无内圈或外圈、带有防尘罩、在外圈上加止动环等。

9.1.2 滚动轴承的类型

滚动轴承的种类很多，一般按不同标准进行分类。

按滚动轴承承受载荷方向的不同，可分为向心轴承、推力轴承和向心推力轴承三种类型。滚动体与套圈接触处的公法线和轴承径向平面（垂直于轴承轴心线的平面）之间的夹角称为公称接触角，在 0°~90°范围内，滚动轴承能否承受不同方向的载荷，与其公称接触角有关。公称接触角越大，承受径向载荷的能力越小，承受轴向载荷的能力越大。各类轴承的公称接触角及承载能力见表 9-1。

表 9-1　各类轴承的公称接触角

轴承种类	向心轴承	推力轴承	向心推力轴承	
	径向接触	轴向接触	角接触	角接触
公称接触角 α	$\alpha=0°$	$\alpha=90°$	$0°<\alpha\leq45°$	$45°<\alpha<90°$
图例（以球轴承为例）				
说明	主要承受径向载荷，一般不能承受轴向载荷	只能承受轴向载荷，不能承受径向载荷	既能承受径向载荷，也能承受一定的轴向载荷	既能承受轴向载荷，也能承受一定的径向载荷

向心轴承主要承受径向载荷作用，其中有几种类型可以承受不大的轴向载荷；推力轴承只能承受轴向载荷作用，与轴颈配合的元件称为轴圈，与机座孔配合的元件称为座圈；向心推力轴承能同时承受径向载荷和轴向载荷的作用。

按滚动体的种类可分为球轴承和滚子轴承，球轴承与套圈滚道点接触，摩擦小，滚子轴承与套圈滚道线接触，承载能力高；按滚动体的列数可分为单列、双列及多列滚动轴承；按工作时能否调心可分为调心轴承和非调心轴承；按安装轴承时其内圈和外圈是否可以分别安装可分为可分离轴承和不可分离轴承，等等。

如图 9-3 所示，轴承两套圈之间沿径向或轴向所产生的相对位移称为径向游隙 u_r 或轴向游隙 u_a，游隙对轴承的寿命、温升和噪声等均有影响。轴承在机构运转过程中，轴与外壳的散热条件和膨胀系数有所不同，使内圈和外圈之间产生温度差，会导致游隙值的缩小或增大。

轴承内圈和外圈轴线之间的相对角位移称为角偏差或偏转角 δ，如图 9-4 所示，各类轴承允许角偏差的能力是不同的，其许用值越大，轴承自动适应轴挠曲变形的能力越强。角偏差的存在对于确保轴承在实际应用中的稳定性和可靠性至关重要，尤其是在需要高精度应用的场合，如精密机械和航空航天等领域，对轴承角偏差有着更为严格的要求和控制标准。

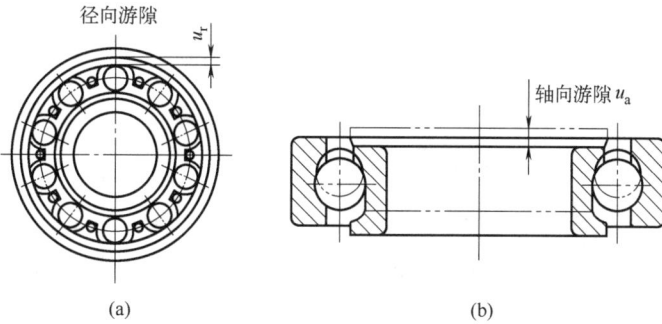

图 9-3 轴承的游隙

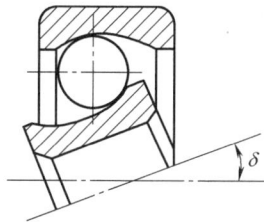

图 9-4 轴承的角偏差

滚动轴承的类型很多，常用的滚动轴承见表 9-2。

表 9-2 常用的滚动轴承

类型		实物	示意图	说明
向心轴承	深沟球轴承			主要承受径向载荷，同时可承受少量的双向轴向载荷；极限转速高；允许角偏差 8′~16′；在高转速且荷载不大时，可替代推力球轴承承受纯轴向载荷；价格最低，应用最广
	圆柱滚子轴承			只能或主要承受径向载荷（很大），有些还可承受单向或双向轴向载荷；极限转速较高；允许角偏差 2′~4′；内外圈可分离
	调心球轴承			主要承受径向载荷，同时可承受少量的双向轴向载荷；极限转速中等；外圈滚道是以轴承中心为球心的球面，故能调心，允许角偏差 2°~3°

续表

类型		实物	示意图	说明
向心轴承	调心滚子轴承			能承受很大的径向载荷，同时可承受少量的双向轴向载荷；极限转速低；外圈滚道为球面，故能调心，允许角偏差 $0.5°\sim2°$；带紧定衬套的调心滚子轴承利用锥面的楔紧作用可固定在光轴上，装拆方便
	滚针轴承			只能承受径向载荷（很大），摩擦大；极限转速低；不允许角偏差；一般不带保持架，内外圈可分离，径向尺寸特别小
向心推力轴承	角接触球轴承			能同时承受较大的径向载荷和单向轴向载荷；极限转速较高。允许角偏差 $2'\sim10'$。公称接触角有 $15°$、$25°$、$40°$ 三种，须成对使用
	圆锥滚子轴承			能同时承受较大的径向载荷和单向轴向载荷；极限转速中等；允许角偏差 $2'$；内外圈可分离，游隙可调；装拆方便，须成对使用
推力轴承	推力球轴承			只能承受单向或双向轴向载荷，且载荷作用线必须与轴线重合；高速时滚动体因离心力与保持架摩擦严重，故极限转速低；不允许角偏差
	推力圆柱滚子轴承			只能承受单向轴向载荷（可很大），且载荷作用线必须与轴线重合；极限转速低；不允许角偏差

9.2 滚动轴承的代号和选择

9.2.1 滚动轴承的代号

滚动轴承的类型很多，每种类型又有不同的尺寸、结构和公差等级等，以便适应不同的技术要求。为了统一表征各类轴承的特点，便于区分、组织生产和选用，国标中规定了每种滚动轴承的代号表示方法。

滚动轴承的代号由基本代号、前置代号和后置代号构成，用字母和数字表示，其构成见表 9-3。

表 9-3　轴承的代号构成

前置代号	基本代号					后置代号						
	五	四	三	二	一		内部结构代号	密封与防尘结构代号	保持架及其材料代号	特殊轴承材料代号	公差等级代号	游隙代号	多轴承配置代号	其他代号
轴承分部件代号	类型代号	尺寸系列代号		内径代号									
		宽度系列代号	直径系列代号										

（1）基本代号

基本代号是轴承代号的基础，表示轴承的基本类型、结构和尺寸，由轴承类型代号、尺寸系列代号及内径代号三部分构成。轴承的类型代号位于基本代号左起第 1 位，由一位（少数两位）数字或英文字母表示，见表 9-4。

表 9-4　轴承的类型代号

轴承类型	代号	轴承类型	代号
调心球轴承	1	深沟球轴承	6
调心滚子轴承	2	角接触球轴承	7
圆锥滚子轴承	3	推力圆柱滚子轴承	8
双列深沟球轴承	4	圆柱滚子轴承	N
推力球轴承	5	滚针轴承	NA

宽度系列代号表示相同内径和外径的同类型轴承在宽（高）度方面的变化系列，位于基本代号右起第四位。常见的宽度系列代号有 8、0、1、2、3、4、5 和 6，对应同一直径系列的轴承，其宽度依次增加，对比如图 9-5 所示。多数轴承在宽度系列代号为 0 时不需要标出，但对于调心滚子轴承和圆锥滚子轴承，宽度系列 0 应标出。

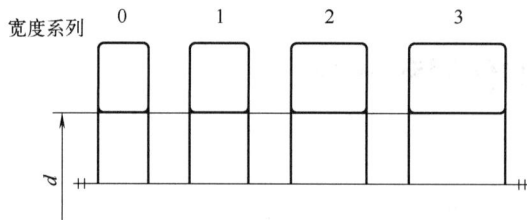

图 9-5　宽度系列的对比

　　直径系列代号表示相同内径的同类型轴承在外径和宽度方面的变化系列，位于基本代号右起第三位。常见的直径系列代号有 7、8、9、0、1、2、3、4 和 5，对应相同内径尺寸的轴承，其外径依次增加，对比如图 9-6 所示。

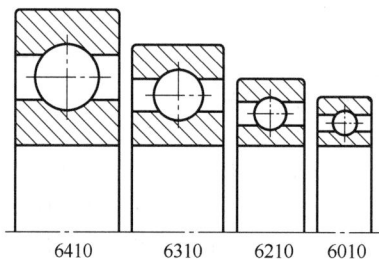

图 9-6　直径系列的对比

　　内径代号表示轴承的内径尺寸，位于基本代号右起第一位和第二位。其中内径 20~480mm 的轴承，内径代号的这两位数字为轴承内径尺寸被 5 除得的商，如 06 表示 30mm 内径。其他内径代号的含义各有不同，具体见表 9-5。

表 9-5　轴承内径代号

轴承公称内径/mm		内径代号	示例
0.6~9.9（非整数）		直接用公称内径毫米数表示，与尺寸系列代号之间用"/"分开	深沟球轴承 618/2.5，d=2.5mm
1~9（整数）		直接用公称内径毫米数表示，与尺寸系列代号之间用"/"分开	深沟球轴承 618/5，d=5mm
10~17	10	00	深沟球轴承 6200，d=10mm
	12	01	
	15	02	
	17	03	
20~480		用公称内径除以 5 表示，商数为一位数时需在商数左边加 0	深沟球轴承 6208，d=40mm

轴承公称内径/mm	内径代号	示例
≥500	直接用公称内径毫米数表示，与尺寸系列代号之间用"/"分开	深沟球轴承 613/500，d=500mm

（2）前置代号

前置代号是在轴承基本代号左侧添加的补充代号，表示成套轴承分部件。如 L 表示可分离轴承的可分离套圈，K 表示轴承的滚动体与保持架组件，WS 表示推力圆柱滚子轴承轴圈，GS 表示推力圆柱滚子轴承座圈。

（3）后置代号

后置代号是在轴承基本代号右侧添加的补充代号，表示轴承的内部结构变化、密封防尘与外部形状变化、保持架及材料改变、轴承材料改变、公差等级、游隙组别和配置形式等特征。常见的后置代号如下：

① 内部结构代号。表示同一类型轴承的不同内部结构，用字母表示，不同类型轴承内部结构代号相同时表示的含义不一样。如角接触球轴承用 C、AC 和 B 分别表示接触角为 15°、25°和 40°三种类型，圆锥滚子轴承用 B 表示接触角加大型，圆柱滚子轴承用 E 表示加强型。

② 公差等级代号。用代号/P 连数字表示，轴承公差等级分为 2、4、5、6（或 6X）和 0 共 5 个级别，依次由高级到低级，6X 级只用于圆锥滚子轴承，其中 0 级为普通级，应用最多，不必标出。

③ 游隙代号。用代号/C 连数字表示，轴承游隙分为 1、2、0、3、4 和 5 共 6 个组别，依次由高级到低级，其中 0 级最常用，不必标出。

后置代号置于基本代号的右侧，并与基本代号空半个汉字距（代号符号中有"/"的除外）；当具有多组后置代号时，按从左到右的顺序排列；当前组与后组代号中的数字或文字表示含义可能混淆时，两代号间空半个汉字距。

前置代号和后置代号的其他内容可查阅轴承标准及设计手册。

（4）代号举例

"6308"表示深沟球轴承，宽度系列 0，直径系列 3，内径 40mm，正常结构，0 级公差，0 组游隙。

"62205/P6/C2"表示深沟球轴承，宽度系列 2，直径系列 2，内径为 25mm，正常结构，6 级公差，2 组游隙。

"30211 B/P6X"表示大锥角圆锥滚子轴承，宽度系列 0，直径系列 2，内径 55mm，6X 级公差，0 组游隙。

"7315 AC/C3"表示角接触球轴承，宽度系列 0，直径系列 3，内径 75mm，接触角 25°，0 级公差，3 组游隙。

"N203"表示外圈无挡边的圆柱滚子轴承，宽度系列 0，直径系列 2，内径 17mm，0 级公差，0 组游隙。

9.2.2　滚动轴承的选择

在一般机械设计中，主要是根据具体工作条件正确选择轴承的类型和尺寸，然后进行承载能力和疲劳寿命的计算。选用轴承时首先应确定轴承类型，根据轴承的工作载荷（方向、大小和性质）、转速高低、支承刚性和安装精度等，结合各类轴承的特性和应用经验进行综合分析，确定合适的轴承。

（1）载荷条件

轴承承受载荷的方向、大小和性质是选择轴承类型的主要依据。

① 载荷方向。

当轴承承受纯径向载荷时，宜选用深沟球轴承；承受纯轴向载荷时，宜选用推力轴承；当径向载荷和轴向载荷都比较大时，宜选用角接触轴承；当轴向载荷比径向载荷大很多时，常用推力轴承和深沟球轴承的组合结构。应该注意，推力轴承不能承受径向载荷，圆柱滚子轴承不能承受轴向载荷。

② 载荷大小。

承受较小载荷时宜选用点接触的球轴承，承受较大载荷时宜选用线接触的滚子轴承。

③ 载荷性质。

载荷平稳时宜选用球轴承，有冲击载荷时宜选用滚子轴承。

（2）转速条件

每种滚动轴承都有最高转速的限制，在一定载荷和润滑条件下，滚动轴承允许的最高转速称为极限转速。超出了极限转速，滚动体与内、外圈会由于摩擦而产生高温，从而导致滚动体退火或发生胶合。各类轴承的极限转速可在相关手册中查出。

（3）调心性能

安装误差或轴的变形等都会引起轴承内圈和外圈中心线发生相对倾斜，角偏差应控制在极限值之内，否则会增加轴承附加载荷使其寿命降低，当角偏差较大时优先选用调心轴承。

（4）尺寸限制

对轴承的径向尺寸有限制时，宜选用轻系列、特轻系列或滚针轴承；对轴承的轴向尺寸有限制时，宜选用窄系列轴承。

（5）刚度要求

滚子轴承的刚性比球轴承大，要求刚性大时宜选用滚子轴承。

（6）安装和调整性能

有安装、拆卸和调整轴承间隙要求时，宜选用外圈可分离的轴承。

（7）公差等级

一般情况下，选用0级精度的轴承即可满足使用，对旋转精度有严格要求或者转速很高的轴，需要选用较高的公差等级。应当注意，采用高精度轴承时，要求轴和机座孔的制造精度与轴承的精度相适应，并具有足够的结构刚度。

（8）经济性

在满足使用要求的前提下，优先选用价格低廉的轴承。公差等级相同时，球轴承比滚子轴承便宜，同型号轴承精度越高价格越贵。

9.3　滚动轴承的计算

选定轴承类型后，需要根据实际工作情况，先判断轴承的失效形式，再针对特定的失效形式进行疲劳寿命或承载能力计算，最终确定轴承的具体型号和尺寸。

9.3.1　滚动轴承的受力分析

当轴承受轴向力作用时，整圈滚动体承载且载荷均匀分布；当轴承受径向力作用时，上半圈为非承载区，滚动体不承受载荷，下半圈为承载区，各滚动体承受的载荷不同；当轴承同时受径向力和轴向力作用时，承载区取决于两力的相对大小，其载荷呈不均匀分布。设深沟球轴承承受径向载荷 F_r 作用时，内圈沿载荷方向下移一距离 δ_0，其下半圈的承载状态如图 9-7 所示。

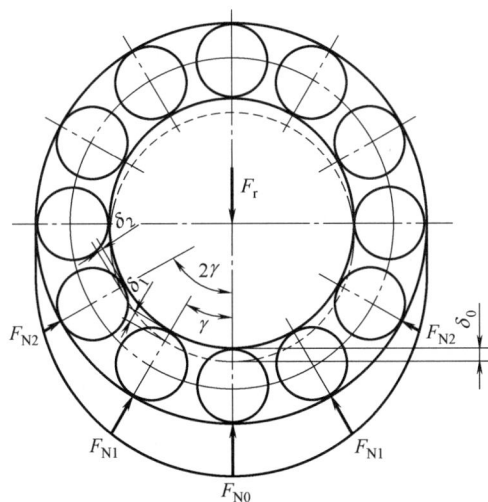

图 9-7　深沟球轴承的载荷分析

显然，处于载荷作用线最下位置的滚动体承载最大，远离作用线的各滚动体承载逐渐减小。由理论分析可知，若滚动体的总数为 Z，受载最大点的作用力为平均值 F_r/Z 的 5 倍（球轴承）或 4.6 倍（滚子轴承）。

滚动体从非承载区进入承载区后，所受载荷及接触应力由零逐渐增至最大值，然后再逐渐减至零。就滚动体上某一点而言，由于滚动体不断滚动，其载荷和应力是按周期性不稳定脉动循环变化的，如图 9-8（a）所示。不转的套圈（一般为外圈）在承载区内的各接触点所受载荷及接触应力因其所在位置不同而不同。对于套圈滚道上每一个具体点来说，每当滚过一个滚动体时便承受一次载荷，其大小是不变的，也就是说，不转的套圈承载区内某一点承受稳定脉动循环载荷的作用，如图 9-8（b）所示。

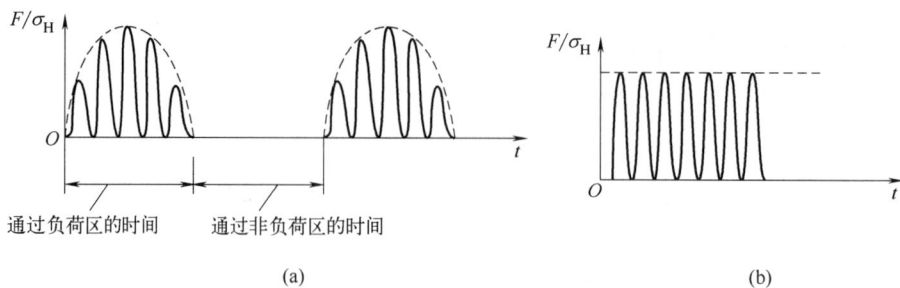

图 9-8　轴承元件上载荷及应力变化

9.3.2　滚动轴承的失效形式和计算准则

（1）失效形式

① 疲劳点蚀。

轴承在工作时，滚动体和内外圈都受到交变接触应力的作用，当应力循环次数达到一定数值后，滚动体和内外圈滚道的表面金属将发生剥落现象，形成疲劳点蚀。点蚀会使轴承旋转精度降低、工作温度升高、产生振动和噪声。疲劳点蚀是具有良好滑润和密封条件的滚动轴承的主要失效形式。

② 塑性变形。

当滚动轴承转速较低时，轴承往往因过大的静载荷或冲击载荷而产生局部塑性变形，形成不均匀的凹坑，导致摩擦增大，回转精度降低，产生剧烈振动和噪声。

③ 磨损。

密封不良、润滑油不纯净或处于多尘环境，轴承中会进入金属屑和磨粒性灰尘，使轴承发生严重的磨粒性磨损，从而导致轴承间隙增大及旋转精度降低而报废。

此外，滚动轴承还有其他一些失效形式，如：转速较高而润滑油不足时引起轴承烧伤；润滑油不清洁而使滚动体和滚道过度磨损；装配不当而使轴承卡死、保持架被挤碎、内外圈产生变形和破坏；等等。

（2）计算准则

① 对于滑润良好且转速大于 10r/min 的一般轴承，其主要失效形式为疲劳点蚀，应以疲劳强度为依据进行轴承的寿命计算。

② 对于转速小于 10r/min 的极慢轴承或静止轴承，其主要失效形式为塑性变形，应以不发生塑性变形为准则进行轴承的静载荷计算。

③ 对高速轴承，除进行寿命计算外，由于其磨损比较厉害，还要进行必要的极限转速校核，加强密封和润滑。

9.3.3　滚动轴承的疲劳强度计算

（1）滚动轴承的寿命

滚动轴承的寿命是指轴承内圈、外圈或滚动体任一元件第一次出现疲劳点蚀前轴承的总转数，或在恒定转速下运转的总工作时间。同一型号的滚动轴承由于受到材料和制造精度等因素的影响，每个轴承的寿命也不完全相同，因此寿命计算应以基本额定寿命为依据，保证同型号轴承中的大多数满足寿命要求。

基本额定寿命指同一批同型号的轴承在相同条件下运转，90%的轴承未发生疲劳点蚀前的总转数，或在恒定转速前提下运转的总工作时间，分别用 L_{10}（单位 10^6r）和 L_{10h}（单位 h）表示。基本额定寿命对于某一具体轴承来说，意味着在此寿命之前发生失效的概率为 10%（即可靠度为 90%）。设计中用基本额定寿命 L_{10}（L_{10h}）作为轴承寿命的指标，也就是取可靠度为 90%的一种轴承寿命计算标准。

当基本额定寿命为 10^6 转时，轴承能承受的最大载荷称为基本额定动载荷，用字母 C 表示。基本额定动载荷反映了轴承抵抗点蚀破坏的能力，载荷相同的情况下，C 越大轴承抵抗点蚀的能力越强。对于向心轴承 C 是径向载荷，对于推力轴承 C 是轴向载荷，对于向心推力轴承 C 是使套圈间产生纯径向位移的载荷的径向分量。各种型号轴承的基本额定动载荷都可在相关设计手册中查出。

（2）当量动载荷

滚动轴承实际工作过程中，其工作载荷情况较复杂，为便于和基本额定动载荷做等价比较，计算轴承寿命前需将实际的工作载荷转化为等效的当量动载荷。当量动载荷是一个假想的载荷，常用字母 P 表示，其含义是在当量动载荷作用下，轴承的寿命与实际载荷作用下的寿命相同。

对于只承受径向载荷 F_r 的向心轴承，其当量动载荷为

$$P = f_P F_r \tag{9-1a}$$

对于只承受轴向载荷 F_a 的推力轴承，其当量动载荷为

$$P = f_P F_a \tag{9-1b}$$

对于同时承受径向载荷 F_r 和轴向载荷 F_a 的向心推力轴承，其当量动载荷为

$$P = f_P \left(X F_r + Y F_a \right) \tag{9-1c}$$

式中　f_P——载荷系数，其取值见表 9-6；

X、Y——径向载荷系数和轴向载荷系数，其取值见表 9-7，表中，C_0 为轴承的径向基本额定静载荷，e 为判断系数。圆锥滚子轴承的 e 和 Y 值可根据接触角 α 计算，也可由产品目录或有关手册直接查出。

表 9-6　载荷系数

载荷性质	工作实例	载荷系数
无冲击或轻微冲击	电机、汽轮机、通风机、水泵	1.0~1.2
中等冲击	机床、车辆、内燃机、冶金机械、起重机械、减速器	1.2~1.8
强大冲击	轧钢机、破碎机、钻探机、剪床、振动筛	1.8~3.0

表 9-7　径向载荷系数和轴向载荷系数

轴承类型		F_a/C_0	e	$F_a/F_r > e$		$F_a/F_r \leqslant e$	
				X	Y	X	Y
深沟球轴承		0.014	0.19	0.56	2.30	1	0
		0.028	0.22		1.99		
		0.056	0.26		1.71		
		0.084	0.28		1.55		
		0.11	0.30		1.45		
		0.17	0.34		1.31		
		0.28	0.38		1.15		
		0.42	0.42		1.04		
		0.56	0.44		1.00		
角接触球轴承	$\alpha=15°$	0.015	0.38	0.44	1.47	1	0
		0.029	0.40		1.40		
		0.058	0.43		1.30		
		0.087	0.46		1.23		
		0.12	0.47		1.19		
		0.17	0.50		1.12		
		0.29	0.55		1.02		
		0.44	0.56		1.00		
		0.58	0.56		1.00		
	$\alpha=25°$	—	0.68	0.41	0.87	1	0
	$\alpha=40°$	—	1.14	0.35	0.57	1	0
圆锥滚子轴承		—	$1.5\tan\alpha$	0.40	$0.4\cot\alpha$	1	0

（3）滚动轴承的寿命计算

试验表明，滚动轴承的极限载荷与基本额定寿命的关系曲线方程为

$$P^\varepsilon L_{10} = 常数$$

式中　ε——寿命指数，球轴承等于 3，滚子轴承等于 10/3。

当 $P=C$ 时，$L_{10}=10^6 \mathrm{r}$，则滚动轴承寿命计算的基本公式为

$$L_{10} = \left(\frac{C}{P}\right)^\varepsilon \ (10^6 \mathrm{r}) \tag{9-2a}$$

若用工作时间表示则为

$$L_{10h} = \frac{10^6}{60n}\left(\frac{C}{P}\right)^\varepsilon \ (\mathrm{h}) \tag{9-2b}$$

当轴承温度高于 100℃时，其基本额定动载荷会降低，需引入温度系数 f_T 进行修正，

温度系数的选取见表 9-8。

表 9-8　温度系数 f_T

轴承工作温度/℃	100	125	150	175	200	225	250	300
温度系数 f_T	1	0.95	0.90	0.85	0.80	0.75	0.70	0.60

在设计中，轴承转速 n 通常是已知的设计条件，当量动载荷 P 可由设计者根据轴承所受外载荷和工作条件自行计算。当选定轴承型号时（额定动载荷 C 值确定），利用公式可以计算该轴承的使用寿命 L_{10h}，以校验所选择的轴承是否满足预期使用寿命 $[L_{10h}]$，属于校核计算，适用公式为

$$L_{10h} = \frac{10^6}{60n}\left(\frac{f_T C}{P}\right)^\varepsilon \geq [L_{10h}] \tag{9-3a}$$

反之，设计时如果已知转速 n 并计算出当量动载荷 P，又给定了轴承的预期使用寿命 $[L_{10h}]$，可根据逆公式计算额定动载荷 C 值，在相关设计手册中选用所需的滚动轴承型号，属于设计计算，适用公式为

$$C \geq \frac{P}{f_T}\left(\frac{60n[L_{10h}]}{10^6}\right)^{\frac{1}{\varepsilon}} \tag{9-3b}$$

其中轴承的预期寿命参考值见表 9-9。

表 9-9　轴承预期寿命参考值

机器种类		预期寿命/h
不经常使用的仪器或设备		500
间断使用的机器	中断使用不致引起严重后果的手动机械、农业机械等	4000~8000
	中断使用会引起严重后果的设备，如升降机、输送机、吊车等	8000~12000
每日工作 8h 的机器	利用率不高的齿轮传动、电机等	12000~20000
	利用率较高的通风设备、机床等	20000~30000
连续工作 24h 的机器	一般可靠性的空气压缩机、电机、水泵等	50000~60000
	高可靠性的电站设备、给排水装置等	>100000

（4）角接触球轴承和圆锥滚子轴承的载荷计算

由于角接触球轴承和圆锥滚子轴承的滚动体与滚道接触处存在着接触角 α，因此无论轴承是否承受外加轴向载荷，只要承受径向载荷 F_r，承载区内每个滚动体所受的反力 N 均可分解为径向分力 P 和轴向分力 S。所有径向分力的合力与径向载荷平衡，所有轴向分力的合力组成轴承的内部轴向力。以角接触球轴承为例，其受力情况如图 9-9 所示。

内部轴向力 S 的大小由其轴承内部结构和承受的径向载荷所决定，与轴向外载荷无关。方向为由外圈的宽边指向窄边，其近似计算式见表 9-10。

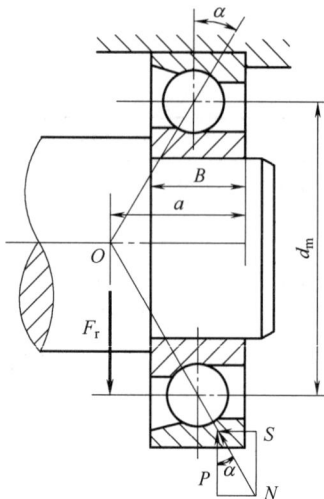

图 9-9 角接触球轴承的内部轴向力

表 9-10 圆锥滚子轴承和角接触球轴承的内部轴向力

圆锥滚子轴承	角接触球轴承		
	C 型（$\alpha = 15°$）	**AC 型（$\alpha = 25°$）**	**B 型（$\alpha = 40°$）**
$S = F_r /2Y$	$S = eF_r$	$S = 0.68F_r$	$S = 1.14F_r$

这两类轴承在工作过程中不仅要承受径向载荷 F_r 产生的内部轴向力 S，更要承受外部轴向载荷 F_A。在计算轴向力之前，应先按轴承压力中心确定轴的支点，并以此求出轴的支反力，即轴承所承受的径向载荷。

轴向力的具体计算步骤如下：

① 画轴承组合结构受力简图。无论轴承的安装形式如何，两个轴承内部轴向力的方向总是由各自轴承外圈的宽边指向窄边，两轴承所受径向载荷 F_{r1} 和 F_{r2} 应分别画在各自的作用点 O_1 和 O_2 上，外部轴向载荷方向依照传动零件确定。

② 计算两轴承所受径向载荷 F_{r1} 和 F_{r2}。

③ 计算内部轴向力 S_1 和 S_2。

④ 确定"压紧"轴承和"放松"轴承。

判明轴上全部轴向力（包括外部轴向载荷和轴承的内部轴向力）合力的指向，确定时必须考虑轴承成对使用时的安装方式。

以角接触球轴承为例，如图 9-10 所示，轴承的安装方式有两种，外圈窄边相对安装称为正装（面对面安装），外圈宽边相对安装称为反装（背对背安装）。前者使轴的支点靠近，减小了轴的跨距；后者使轴的支点远离，增大了轴的跨距。

以正装轴承为例，如果 $F_A+S_2>S_1$，则轴系有向左移动的趋势，由于轴承 1 的左侧已固定，所以轴承 1 被压紧，称为"压紧"轴承，轴承 2 被放松，称为"放松"轴承。

反之，若 $F_A+S_2<S_1$，则轴系有向右移动的趋势，由于轴承 2 的右侧已固定，所以轴承

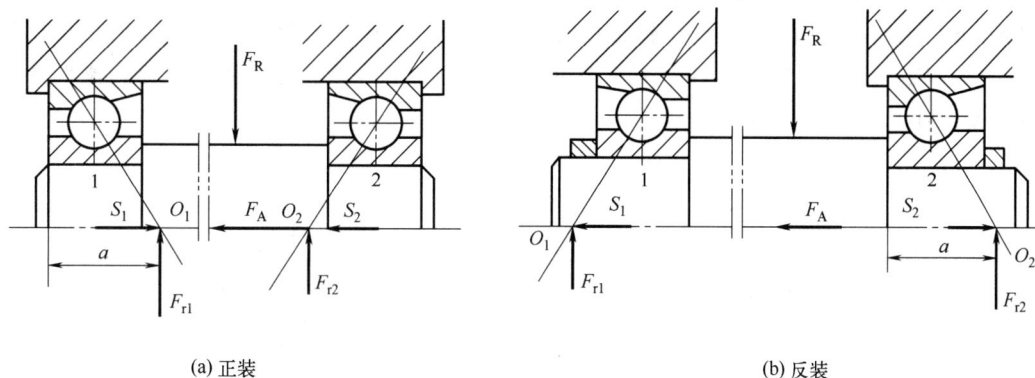

(a) 正装　　　　　　　　　　　　　　　(b) 反装

图 9-10　角接触球轴承的正装和反装

2 称为"压紧"轴承，轴承 1 称为"放松"轴承。

⑤ 计算各轴承承受的轴向载荷 F_{a1} 和 F_{a2}。

当 $F_A+S_2>S_1$ 时，被压紧的轴承 1 所受的总轴向力 $F_{a1}=F_A+S_2$，被放松的轴承 2 承受的轴向力为其本身派生的轴向力 S_2。

当 $F_A+S_2<S_1$ 时，被放松的轴承 1 所受的轴向力为其本身派生的轴向力 S_1，被压紧的轴承 2 承受的总轴向力为 $F_{a2}=S_1-F_A$。

【例题 9-1】　选择一水泵用深沟球轴承，已知轴颈为 40mm，轴的转速为 2860r/min，径向载荷为 1600N，轴向载荷为 800N，工作温度低于 100℃，预期寿命为 5000h。

解：解决此类问题时，一般先按工作条件和轴颈尺寸预选一个轴承进行计算，对比计算结果和已知参数，如不合适再重新选择，直到选定轴承的计算结果与已知条件相符为止。

（1）初选轴承

初选 6208 轴承，其基本额定静载荷 C_0 为 18kN，则有

$$\frac{F_a}{C_0}=\frac{800}{18\times1000}=0.044$$

查表 9-7，用线性插值法计算，得判断系数 e 值为 0.243。

$$\frac{F_a}{F_r}=\frac{800}{1600}=0.5>0.243$$

径向载荷系数 X 取 0.56，轴向载荷系数 Y 用线性插值法得 1.83，载荷系数 f_P 取 1.1。

（2）计算当量动载荷

$$P=f_P\left(XF_r+YF_a\right)=1.1\times\left(0.56\times1600+1.83\times800\right)=2596\text{（kN）}$$

（3）校核基本额定动载荷

$$C\geqslant\frac{P}{f_T}\left(\frac{60n[L_h]}{10^6}\right)^{\frac{1}{\varepsilon}}=\frac{2596}{1}\times\left(\frac{60\times2860\times5000}{10^6}\right)^{\frac{1}{3}}=24.7\text{（kN）}$$

6208 轴承基本额定动载荷为 29.1kN，余量不多，选择比较合适。如余量较多则应选择型号小一些的轴承，如数值不足则应选择型号大一些的轴承。

【例题 9-2】　如图 9-11 所示一对圆锥滚子轴承支承蜗轮轴工作，已知轴的转速 n 为

330r/min，轴颈 d 为 40mm，两轴承径向载荷 F_{r1} 和 F_{r2} 大小分别为 5500N 和 4000N，外加轴向载荷 F_A 大小为 2500N，工作载荷有中等冲击，工作温度低于 100℃，预期使用寿命 $[L_{10h}]$ 为 10000h。试确定轴承型号。

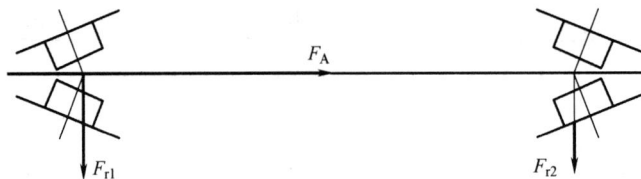

图 9-11 蜗轮轴

解：（1）初选轴承

初选轴承型号为圆锥滚子轴承 30208，该轴承基本额定动载荷 C 为 63kN，计算系数 e 为 0.37，径向载荷系数 X 为 0.4，轴向载荷系数 Y 为 1.6。

（2）计算轴向力

轴承内部轴向力分别为

$$S_1 = \frac{F_{r1}}{2Y} = \frac{5500}{2 \times 1.6} = 1718.75 \text{（N）} \qquad S_2 = \frac{F_{r2}}{2Y} = \frac{4000}{2 \times 1.6} = 1250 \text{（N）}$$

S_1 方向水平向右，S_2 方向水平向左。

（3）计算轴向载荷

S_1 的方向与 F_A 相同，则有

$$S_1 + F_A = 1718.75 + 2500 = 4218.75 \text{（N）} > S_2$$

轴承 2 为压紧轴承，轴承 1 为放松轴承，轴向载荷分别为

$$F_{a2} = S_1 + F_A = 4218.75 \text{（N）} \qquad F_{a1} = S_1 = 1718.75 \text{（N）}$$

（4）计算当量动载荷

$$\frac{F_{a1}}{F_{r1}} = \frac{1718.75}{5500} = 0.3125 < e \qquad \frac{F_{a2}}{F_{r2}} = \frac{4218.75}{4000} = 1.05 > e$$

轴承 1 的载荷系数为：$X=1, Y=0$。

轴承 2 的载荷系数为：$X=0.4, Y=1.6$。

载荷系数 f_P 取 1.5，当量动载荷分别为

$$P_1 = f_P \left(X_1 F_{r1} + Y_1 F_{a1} \right) = 1.5 \times \left(1 \times 5500 + 0 \times 1718.75 \right) = 8250 \text{（N）}$$

$$P_2 = f_P \left(X_2 F_{r2} + Y_2 F_{a2} \right) = 1.5 \times \left(0.4 \times 4000 + 1.6 \times 4218.75 \right) = 12525 \text{（N）}$$

取较大值计算，$P=12525N$。

（5）计算实际寿命

温度系数 f_T 取 1.0，实际寿命为

$$L_h = \frac{10^6}{60n} \left(\frac{f_T C}{P} \right)^{\varepsilon} = \frac{10^6}{60 \times 330} \times \left(\frac{1.0 \times 63000}{12525} \right)^{\frac{10}{3}} = 11012.3 \text{（h）}$$

大于$[L_{10h}]$且余量不多，圆锥滚子轴承 30208 满足要求。

9.3.4　滚动轴承的静强度计算

对于静止、缓慢摆动或转速极低（$n<10r/min$）的滚动轴承，其失效形式是滚动体与内外圈接触处产生过大的塑性变形，对此应根据静强度计算确定轴承尺寸。对于载荷变动较大尤其是受较大冲击载荷的旋转轴承，在按动载荷进行寿命计算后，应再验算静强度。

（1）查基本额定静载荷 C_0

滚动轴承静强度的计算标准是基本额定静载荷，用字母加下标 C_0 表示，是滚动轴承抵抗塑性变形的最大承载能力。对于径向接触轴承，C_0 是径向载荷；对于角接触轴承，C_0 是使套圈间产生纯径向位移的载荷的径向分量；对于轴向接触轴承，C_0 是轴向载荷。各种型号轴承的基本额定静载荷都可在相关设计手册中查出。

（2）计算当量静载荷 P_0

与当量动载荷的概念相似，静强度计算时用当量静载荷 P_0。轴承在该载荷作用下，受载最大的滚动体与滚道接触处的塑性变形量总和与实际载荷作用下的塑性变形量总和相等。

当径向接触轴承受纯径向载荷时：$P_0=F_r$。

当轴向接触轴承受纯轴向载荷时：$P_0=F_a$。

当角接触轴承既受径向载荷又受轴向载荷时：$P_0=X_0F_r+Y_0F_a$。

上述 X_0 和 Y_0 是静径向载荷系数和静轴向载荷系数，可在相关设计手册中查出。

（3）计算静强度

计算公式为

$$P_0 \leqslant \frac{C_0}{S_0} \tag{9-4}$$

式中　S_0——静强度安全系数，数值见表 9-11。

表 9-11　静强度安全系数

旋转条件	载荷条件	S_0
连续旋转轴承	普通载荷	1~2
	冲击载荷	2~3
不常旋转及做摆动运动的轴承	普通载荷	0.5
	冲击及不均匀载荷	1~1.5

9.3.5　滚动轴承的极限转速

对于高速轴承，除了按基本额定动载荷进行寿命计算外，还必须核验其最大转速是否超出了轴承的极限转速。在实际工作条件下轴承的极限转速，即工作时所允许的最高转速为

$$n_{\max} = f_1 f_2 n_{\lim} \tag{9-5}$$

式中 f_1——载荷系数，为考虑重载时接触应力增大的影响；

f_2——载荷分布系数，为考虑受载滚动体数目增多时轴承摩擦力增大的影响；

$n_{\lim}$——样本中轴承的极限转速。

9.4 滚动轴承的组合设计

要保证轴承顺利工作，除正确选择轴承的类型和尺寸外，还必须合理地进行轴承的组合设计。滚动轴承部件主要由轴、轴承、轴承支座以及其他有关零件组成，所谓组合设计就是将这些零件组合成合理的轴承部件结构，使之能满足工作中提出的种种要求，如正确解决轴承的装拆、配合、固定、调节、润滑和密封等问题。

9.4.1 轴承的轴向固定

（1）内圈固定

常用的内圈轴向固定方法如图 9-12 所示。在阶梯轴上，常利用轴肩和轴用弹性挡圈［图（a）］、轴端挡圈［图（b）］、圆螺母和止动垫圈［图（c）］来固定，为保证固定可靠，轴肩圆角半径必须小于轴承内孔的圆角半径。对于比较长的光轴，中间部位常利用开口圆锥紧定套［图（d）］固定轴承，有利于增加长轴的支承点，防止长轴发生弯曲变形。

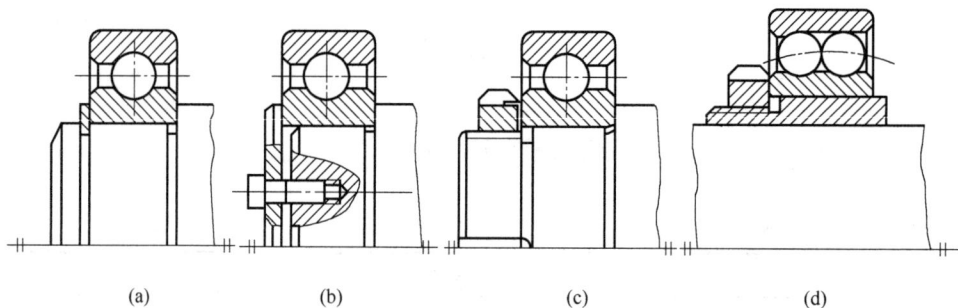

图 9-12 常用的内圈轴向固定方法

（2）外圈固定

常用的外圈轴向固定方法如图 9-13 所示。外圈在轴承座中的轴向位置常利用孔用弹性圈［图（a）］、止动环［图（b）］和凸缘式轴承盖［图（c）］来固定，有空间要求时可选择嵌入式轴承盖，通过增加或减少垫片来调整轴承与轴承盖的间隙。当外圈不适合用轴承盖固定时可利用螺纹环［图（d）］进行固定。

9.4.2 轴系的轴向固定

轴和轴上的传动零件统称为轴系，由滚动轴承、轴承座和轴承盖等组成的支承结构必

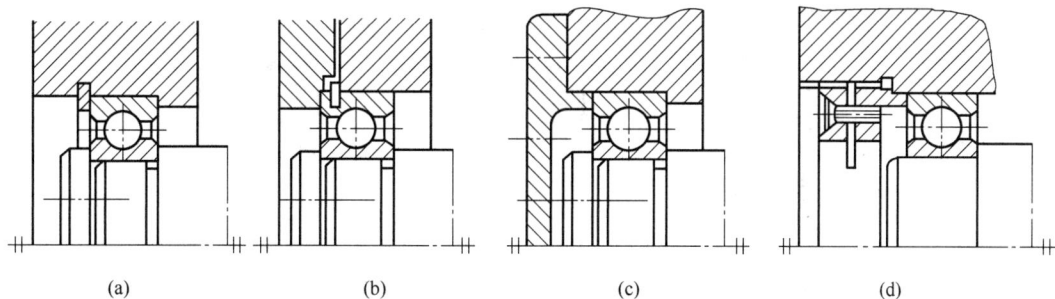

图 9-13　常用的外圈轴向固定方法

须满足轴系轴向定位准确可靠的要求，才能保证传动质量并承受载荷，同时轴系固定时还要考虑轴在工作中的热伸长量的补偿。常用的轴系固定方法有以下两种。

（1）两端各单向固定（双固式）

对于工作温度变化不大（工作温度小于 70℃）的短轴（跨距小于 350mm），通常采用两端各单向固定式支承，如图 9-14 所示。这种支承形式结构简单，对轴的位置精度要求不高，轴的两端滚动轴承各限制一个方向的轴向移动，合在一起限制轴的双向移动。为了补偿轴的受热伸长量，可在轴承外圈与轴承端盖间留一定间隙，轴热胀冷缩时在该间隙内自由伸缩。但间隙也会使得轴的位置不准确，故间隙不能太大，对于内外圈不可分离的轴承一般取 0.2~0.4mm，间隙大小可用垫片［图（a）］或调整螺钉［图（b）］进行调整。

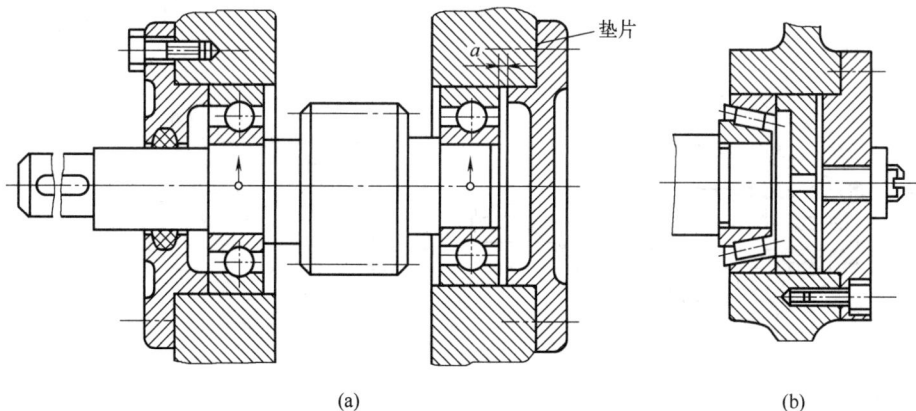

图 9-14　两端各单向固定式支承

（2）一端双向固定一端游动（固游式）

对于工作温度变化较大的轴或较长的轴，通常采用一端双向固定一端游动式支承，如图 9-15 所示。其固定端的轴承内外圈两侧均固定以限制轴的双向移动，游动端轴承盖凸缘与轴承间留有较大间隙［图（a）］以补偿轴的伸长量，也可使用内圈和外圈可分离的轴承［图（b）］，在轴受热伸长时依靠内外圈相对移动来补偿轴的伸长量。游动端的轴承内圈两侧都应固定，以防止轴承从轴上脱落。

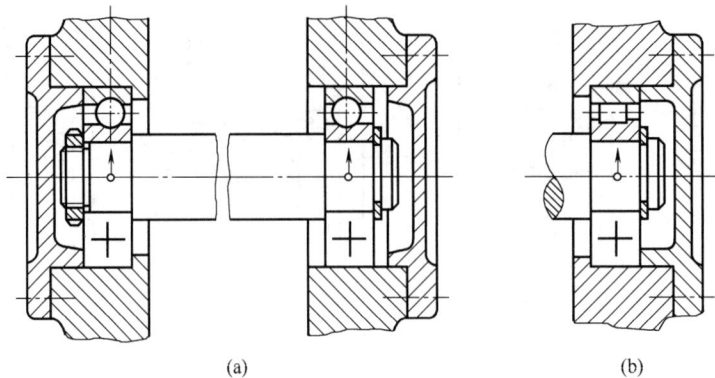

图 9-15 一端双向固定一端游动式支承

除以上两种轴系的轴向固定方法外，在一些特殊的场合，如人字齿轮传动，其小齿轮宜采用两端游动式支承以调节啮合位置，补偿人字齿轮加工误差，防止卡死现象。

9.4.3 轴系的轴向调整

轴系的轴向调整包括轴承间隙的调整和轴系轴向位置的调整。如图 9-16 所示是悬臂小圆锥齿轮轴支承结构的两种典型装配形式，均采用圆锥滚子轴承（也可以采用角接触球轴承）。图（a）所示是"面对面"安装，图（b）所示是"背对背"安装。

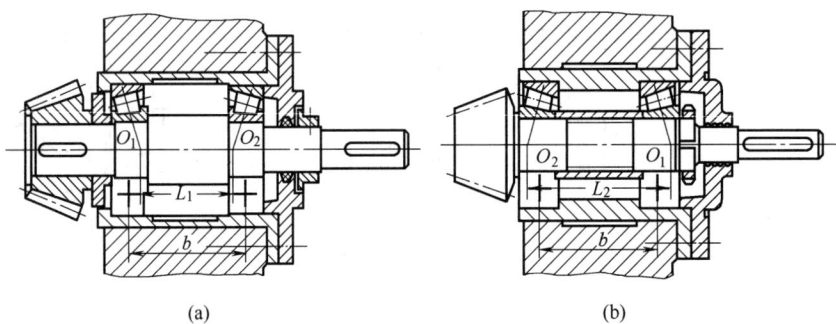

图 9-16 轴系的轴向调整

上述两种安装方式中，为了调整锥齿轮达到最好的啮合传动位置（锥顶点重合），均采用把两个轴承放在一个套杯中的安装方法。套杯装在机座孔中，可通过增减套杯端面与机体之间的垫片厚度来改变套杯的轴向位置，以达到调整锥齿轮位置的目的。面对面安装用端盖下的垫片来调整轴承游隙，比较方便。背对背安装靠轴上圆螺母调整轴承游隙，操作不太方便，且轴上加工有螺纹，应力集中严重，削弱了轴的强度，但这种结构整体刚性比前者好，锥轮所在外伸端长度较短，故也被采用。

9.4.4 滚动轴承的配合与装拆

滚动轴承是标准件，轴承内圈与轴的配合采用基孔制，轴承外圈与轴承座孔的配合采用基轴制。滚动轴承公差带与一般圆柱面配合的公差带不同，轴承内孔和外径的上偏差统一为零，下偏差为负，所以内圈与轴配合较紧，而外圈与座孔的配合较松。配合的松紧程度根据轴承工作载荷的大小、性质及转速高低等确定，既不能过松也不能过紧。配合过松不仅会影响轴的旋转精度，甚至会使配合表面发生滑动；配合过紧会使整个轴承装置变形，从而不能正常工作，且难于装拆。具体配合可查阅相关机械设计手册。

轴承在安装与拆卸时，要求滚动体不受力，装拆力要对称均匀地作用在配合较紧的套圈端面上。安装时，对中、小型轴承可在内圈端面加垫后用手锤配合装配套筒打入；对尺寸较大或过盈较大的轴承，可使用压力机压装，或把轴承放入油中加热至 80~100℃，然后套装在轴颈上。轴承拆卸时应采用专用的拆卸工具（如顶拔器），顶拔器的钩爪应钩住轴承的内圈，因此要限制轴肩的高度，并有足够的空间位置安放顶拔器，如图 9-17 所示。

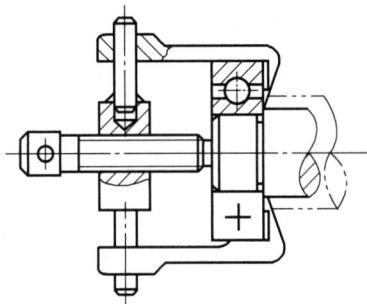

图 9-17 用顶拔器拆卸轴承

9.4.5 滚动轴承的润滑与密封

（1）滚动轴承的润滑

良好的润滑可以减少摩擦与磨损，并起到冷却轴承、吸收振动、防锈和防尘的作用。一般情况下，滚动轴承常使用润滑脂润滑，润滑脂的油膜强度高，承载能力强，易于密封，一次加油可使用较长时间。润滑脂在轴承中的填充量不能超过轴承内部空间的 1/3~1/2，否则轴承容易过热。在高速、高温或供油方便的情况下也可采用润滑油润滑，油润滑摩擦阻力小，润滑可靠，散热效果好，但是需要较复杂的密封装置和供油设备。油润滑方式一般根据滚动轴承的转速快慢和内径大小等因素来选择，常用方式的特点及适用场合见表 9-12。

表 9-12　滚动轴承常用油润滑方式

润滑方式	特点	适用场合
油浴润滑	轴承局部浸入润滑油中，油面高度通常不能超过轴承中最低滚动体的中心	中、低速轴承的润滑
飞溅润滑	利用转动的齿轮把润滑油甩到箱体内壁上，通过油沟把油引到轴承中	闭式齿轮箱
喷油润滑	利用油泵和油管将润滑油喷射在轴承内外圈与滚动体之间	转速高、载荷大、要求润滑可靠的轴承
油雾润滑	用专门的油雾发生器在闭式齿轮箱中产生油雾，供油量可以精确调节	高温、高速轴承的润滑

（2）滚动轴承的密封

为了保持良好的润滑效果及工作环境，防止润滑油泄出，阻止灰尘、杂物及水分的侵入，必须有可靠的滚动轴承密封结构。滚动轴承密封装置的选择与润滑的种类、工作环境和温度、密封表面的圆周速度等因素有关，可分为接触式密封和非接触式密封两大类。

① 接触式密封

接触式密封的密封件与轴直接接触，工作时轴旋转而密封件不转，二者之间有摩擦和磨损，适用于轴转速不高的场合。接触式密封常见的形式有毡圈密封和密封圈密封两类，如图 9-18 所示。

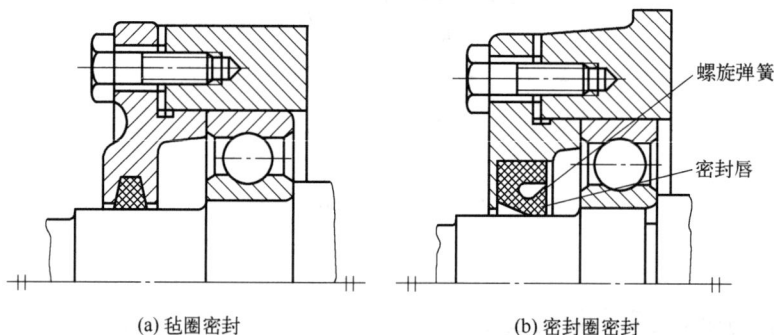

螺旋弹簧

密封唇

(a) 毡圈密封　　　　(b) 密封圈密封

图 9-18　接触式密封

毡圈密封要求在轴承端盖上按标准尺寸开出梯形槽，用毡圈填满槽并压紧，利用毡圈与轴接触产生密封作用。毡圈密封的密封效果较差，一般只用在低速脂润滑处，起防尘作用。密封圈已经标准化，用耐油橡胶、皮革或塑料制成，根据剖面形状的不同可分为 J 形密封圈和 U 形密封圈。密封圈唇口处带有螺旋弹簧，可以把唇口箍紧在轴上，使密封效果增强，密封圈在安装时有方向性，唇口应朝向润滑油的一侧。

② 非接触式密封

非接触式密封的密封件与轴不接触，不会产生滑动摩擦，适用于轴转速较高的场合。非接触式密封常见的形式有隙缝密封和迷宫式密封，如图 9-19 所示。

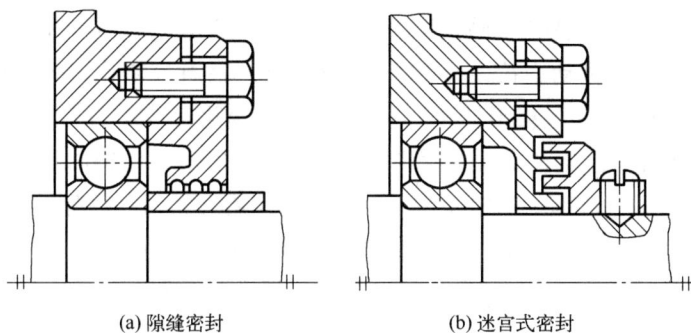

(a) 隙缝密封　　　　　(b) 迷宫式密封

图 9-19　非接触式密封

　　隙缝密封是利用轴与轴承端盖之间的极窄间隙（0.1~0.3mm）获得密封，一般在端盖的内孔上同时开出几个环形槽，填充润滑脂以提高密封效果，适用于环境比较干净的脂润滑轴承。迷宫式密封利用旋转密封件与静止密封件间的曲折外形构成的曲路进行密封，曲路中填入润滑脂，适用于较脏的工作环境。

　　当密封要求较高时，可以将以上介绍的密封形式合理地组合使用，称为组合式密封。

本章小结

　　按滚动轴承承受载荷方向的不同，可分为向心轴承、推力轴承和向心推力轴承三类，公称接触角决定了轴承能否承受不同方向的载荷。最常用的轴承为深沟球轴承、角接触球轴承和圆锥滚子轴承。

　　滚动轴承的代号由基本代号、前置代号和后置代号构成，基本代号表示轴承的基本类型、结构和尺寸，由轴承类型代号、尺寸系列代号及内径代号三部分构成。

　　本章重点：滚动轴承的主要失效形式有疲劳点蚀、塑性变形和磨损等，一般先按工作条件和轴颈尺寸预选好轴承型号，基于基本额定寿命和基本额定动载荷进行疲劳强度计算。角接触轴承具有内部轴向力，当量动载荷计算过程中需要先进行"压紧"轴承和"放松"轴承的判定。

　　本章难点：滚动轴承组合设计中，需要考虑轴承的轴向固定、轴系的轴向固定和调整、轴承的配合和装拆，以及轴承的润滑和密封等问题。

习题

　　9-1　说明下列各轴承代号的含义，按允许的极限转速和能承受的径向载荷分别排序。

6208、30208、7208C、5208、N208

　　9-2　对一批滚动轴承做寿命试验，同时投入 100 个正品轴承，按其基本额定动载荷数值加载，试验机转速为 2000r/min。试验进行 8 小时 20 分钟，约有多少轴承失效？

9-3 某滚动轴承的预期寿命为$[L_{10h}]$，转速为n，当量动载荷为P，基本额定动载荷为C。若转速不变，当量动载荷由P增大到$2P$，其寿命有何变化？若当量动载荷不变，转速由n增大到$2n$（不超过极限转速），其寿命有何变化？

9-4 图9-20所示齿轮轴由一对深沟球轴承支承，所承受的径向载荷$F_R=15000$N，轴向载荷$F_A=2500$N，轴的转速$n=1000$r/min。轴承工作温度正常，载荷平稳无冲击，预期寿命为10000h，轴颈不小于50mm。选择合适的轴承型号。

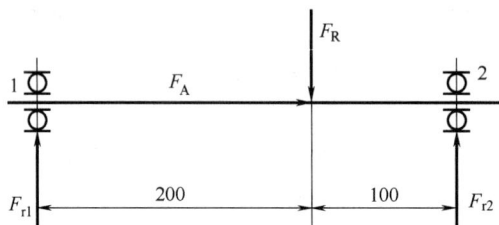

图 9-20 齿轮轴 1

9-5 图9-21所示齿轮轴由一对角接触球轴承7210AC支承，轴承处径向载荷$F_{r1}=8000$N，$F_{r2}=5200$N，外部轴向载荷为F_A。求下列情况下各轴承的轴向力。

（1）$F_A=2200$N；

（2）$F_A=900$N；

（3）$F_A=1904$N；

（4）$F_A=0$N。

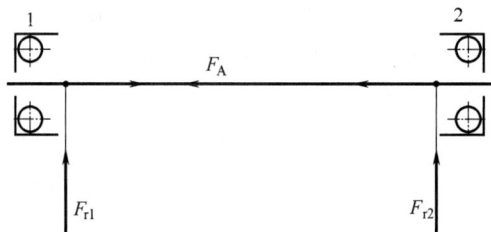

图 9-21 齿轮轴 2

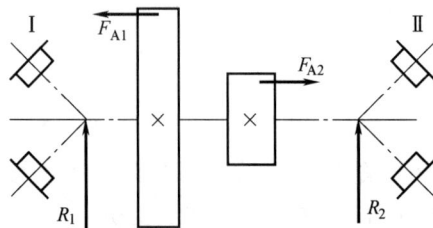

图 9-22 齿轮轴 3

9-6　图 9-22 所示齿轮轴由一对圆锥滚子轴承 30312E 支承,轴承处径向力 R_1=13600N,R_2=22100N, 大齿轮处轴向载荷 F_{A1}=3000N, 小齿轮处轴向载荷 F_{A2}=8000N。载荷平稳无冲击,计算其当量动载荷 P_1 和 P_2。

拓展阅读

　　轴承作为关键的机械零部件,其市场需求持续增长。近年来,受益于国家政策的支持和国内市场的强劲需求,轴承行业实现了高质量快速发展,国内轴承产品以中低端产品为主,中高端轴承产品的国产化正在加速实现。尽管国内企业在产品稳定性和精度等技术指标上已大幅提升,但与国际领先企业相比,在高端轴承产品及国际竞争力方面仍有较大差距。

　　目前轴承行业的发展呈现出以下几个显著特点:

　　① 技术高端化和精密化。高精度、高性能和高可靠性的轴承产品逐渐成为市场主流,广泛应用于航空航天、高速铁路、风力发电和精密机床等领域。这些领域对轴承的精度、转速、承载能力和寿命提出了更高的要求,推动轴承技术的不断创新和升级。

　　② 材料创新。新型材料如陶瓷、碳纤维和高分子复合材料等在高速精密轴承制造中得到广泛应用。这些材料具有高硬度、轻质和耐高温等优点,能够显著提高轴承的性能和寿命,满足各种高精度和高效率的机械设备需求。

　　③ 表面处理技术优化。表面处理技术如离子注入、激光熔覆和喷涂等在高速精密轴承制造中不断得到优化和改进。这些技术能够改变轴承表面的物理和化学性质,提高其硬度和耐腐蚀性,延长轴承的使用寿命,保证机械设备的稳定运行。

　　④ 设计与制造技术革新。随着计算机技术和数值模拟方法的不断发展,新型设计与制造技术在轴承制造中得到了广泛应用。有限元分析、优化设计和逆向工程等技术的应用,可以优化轴承的结构设计,提高其性能和可靠性。精密加工、超精密加工和快速原型制造等先进制造工艺的应用,可以有效降低制造成本,提高生产效率。

　　⑤ 智能化与自动化生产。随着智能制造的推进,轴承制造过程中的智能化与自动化水平不断提升。通过引入机器人、自动化生产线和智能检测设备等,实现了轴承的自动化生产、智能监控和在线检测,提高了生产效率和产品质量,降低了人工成本和不良率。

　　⑥ 绿色环保生产。随着环保意识的提高,轴承行业也越来越注重绿色环保生产。企业在生产过程中尽量采用环保材料和工艺,降低能耗和排放,探索循环经济和绿色制造模式,以实现可持续发展。

　　⑦ 市场需求增长。随着新能源汽车、轨道交通和航空航天等领域高端装备的快速发展,轴承市场需求持续增长。精密轴承在这些领域的应用不断扩大,为轴承行业的发展提供了广阔的市场空间。

　　轴承行业正处于产业升级和转型调整的关键期,行业集中度持续提升,对轴承的性能、转速、精度、寿命和环保等提出了更高要求,传统制造业正面临着前所未有的转型升级之路。通过技术创新促进轴承制造的高质量发展,为"中国智造"添上浓墨重彩的一笔,无疑是业内人员应该深入思考并付之行动的目标。

第 10 章 轴

本章知识导图

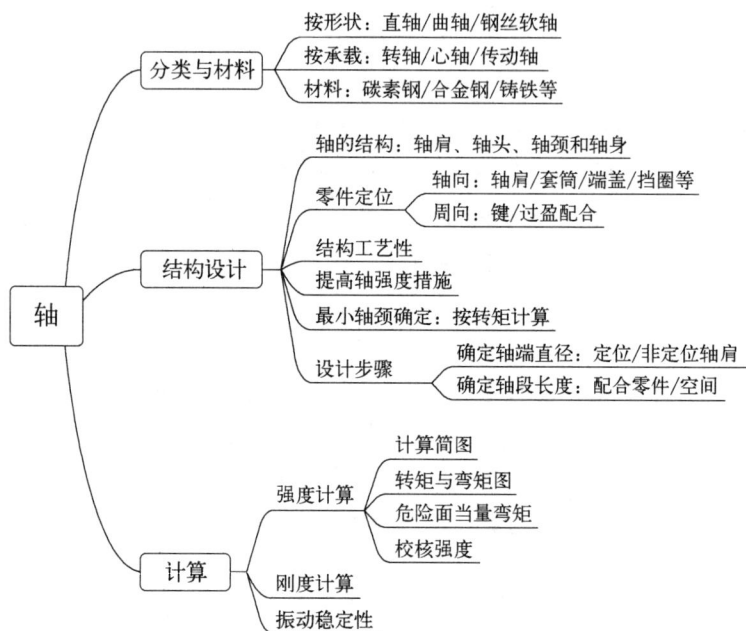

本章学习目标

（1）熟悉轴的分类和材料；

（2）掌握轴的结构设计方法；

（3）掌握轴的强度计算过程。

轴是减速器的重要零件之一，承担着传动的作用，将齿轮、带轮和链轮等传动件紧密连接，确保运动和动力能够顺畅传递。轴的设计是贯穿于整个减速器设计的核心部分，不仅需要考虑到强度和刚度要求，还需要考虑到平衡和振动等多方面的因素，以保障传动件在工作中的稳定性和准确性。轴的设计、制造和安装质量直接影响到机械设备的性能，合理的轴设计可以减摩降振，提高传动效率，是机械设备获得良好整体性能的基础。

10.1　轴的分类和材料

10.1.1　轴的用途及分类

　　轴是组成机器的重要零件，用来支承旋转的机械零件（如齿轮、蜗轮和带轮等），各种做回转运动（或摆动）的传动零件都必须安装在轴上才能进行运动及动力的传递。因此，轴的主要功用是支承回转零件及传递运动和动力，轴工作状况的好坏直接影响到整台机器的性能和质量。

　　按轴线形状的不同，轴可分为直轴、曲轴和钢丝软轴三类，后两类轴属于专用零件。

　　① 直轴：各轴段轴线为同一直线。

　　如图10-1所示，直轴按外形不同又可分为光轴和阶梯轴两种。光轴形状简单容易加工，应力集中少，但轴上零件不易装配和定位，常用于心轴和传动轴。阶梯轴各轴段截面的直径不同，这样设计使得各轴段的强度接近，也便于轴上零件的拆卸和定位，在机器中的应用最为广泛，常用于转轴。直轴一般是实心的，有特殊要求时（如减轻重量）也可制成空心轴，如航空航天类发动机的主轴。空心轴内径和外径的比值通常为0.5～0.6，以保证轴的刚度及扭转稳定性。

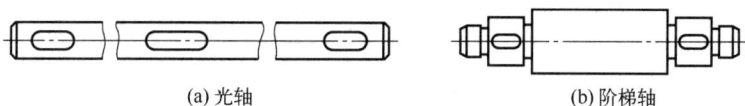

(a) 光轴　　　　　　　　　(b) 阶梯轴

图 10-1　直轴

　　② 曲轴：各轴段轴线不在同一直线上。

　　如图10-2所示，曲轴可以实现直线运动与旋转运动的转换，广泛应用于内燃机、柴油机、涡轮增压器和压缩机等机械设备中。

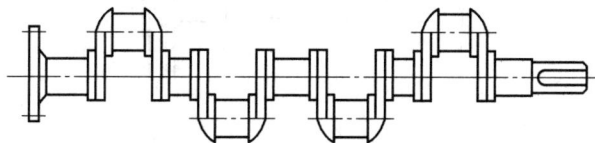

图 10-2　曲轴

　　③ 钢丝软轴：由多组钢丝分层卷绕而成，具有良好的挠性。

　　如图 10-3 所示，钢丝软轴不受空间限制，可将回转运动灵活地传递到任何所需的空间位置，常用于操纵机构、仪表等机械设备以及医疗设备中。

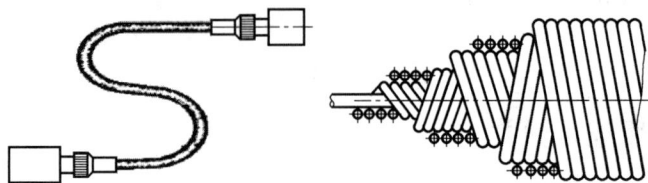

图 10-3 钢丝软轴及其绕制方法

按照轴承承受载荷的不同，轴可分为转轴、心轴和传动轴三类。

① 转轴：工作时既承受弯矩又传递转矩。

如图10-4所示，转轴是机器中最常见的轴，很多时候简称为轴，在工作过程中受载较为复杂且容易磨损，如齿轮减速器中的轴。

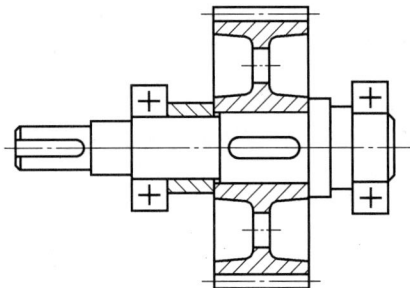

图 10-4 支承齿轮的转轴

② 心轴：只承受弯矩而不传递转矩的轴。

如图10-5所示，心轴结构比较简单，按旋转与否分为固定心轴（如自行车的前轮轴）和转动心轴（如火车的车轮轴）两种。

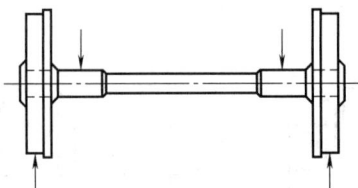

图 10-5 心轴

③ 传动轴：只传递转矩而不承受弯矩的轴。

如图10-6所示，传动轴结构更加简单，有时会承受很小的弯矩，计算过程中可以忽略不计，如汽车中连接变速箱与后桥之间的轴。

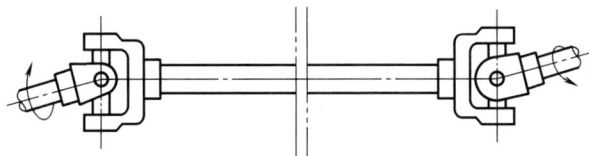

图 10-6　传动轴

10.1.2　轴的材料及选择

轴可能的失效形式有断裂、过大的塑性变形或弹性变形、轴颈磨损（采用滑动轴承时）和强烈振动等，其中断裂是主要的失效形式。轴对材料的力学性能要求是疲劳强度高、对应力集中敏感性小和耐磨性好，其他要求有价格合理、易于加工和热处理等。

轴的材料种类很多，常用材料是碳素钢和合金钢，选择时应主要考虑如下因素：

① 轴的强度、刚度及耐磨性要求；

② 轴的热处理方法和机加工工艺性要求；

③ 轴的材料来源和经济性等。

碳素钢比合金钢价格便宜，对应力集中敏感性小，可通过正火或调质等热处理方法提高其抗疲劳强度和耐磨性，改善其综合性能。碳素钢因为加工工艺性好，应用最为广泛，一般用途的轴常采用 35、45 和 50 等优质碳素结构钢，尤其是 45 钢，不重要或受力较小的轴常采用 Q235 和 Q275 等碳素结构钢。

合金钢强度高，耐冲击，但对应力集中敏感且价格贵，多用于重载、高速、冲击较大及有耐腐蚀等特殊要求的重要的轴。常见的合金结构钢有 20Cr、40Cr、35CrMo 和 40MnB 等，添加不同元素的合金钢具有不同的力学性能，如 20CrMnTi 等低碳合金钢具有较好的耐磨性，20CrMoV 和 38CrMoAl 等合金钢具有较好的高温力学性能。

在一般工作温度下，各种钢材弹性模量 E 的数值相差不大，选用合金钢和采取热处理方法都只能提高轴的抗疲劳强度或耐磨性，对提高轴的刚度没有实效。

球墨铸铁和高强度铸铁价格低廉，具有良好的工艺性，吸振性好，对应力集中的敏感性低，不需要锻压设备，被广泛应用于制造结构形状复杂的轴，如曲轴或凸轮轴等，缺点是脆性大、不耐冲击且铸件质量难以控制。

轴的毛坯多用轧制的圆钢或锻钢，锻钢内部组织均匀，强度较好，重要的大尺寸轴常用锻造毛坯。轴的常用材料及其力学性能见表 10-1，表中力学性能指标数值为均值。

表 10-1　轴的常用材料及其力学性能

材料及热处理	毛坯直径 /mm	硬度 HBS	强度极限 /MPa	屈服极限 /MPa	弯曲疲劳极限/MPa	应用说明
Q235			400	235	170	用于不重要和载荷不大的轴
35 正火	≤100	149~187	520	270	250	具有良好塑性和适当强度，用于一般转轴

续表

材料及热处理	毛坯直径/mm	硬度 HBS	强度极限/MPa	屈服极限/MPa	弯曲疲劳极限/MPa	应用说明
45 正火	≤100	170~217	600	300	250	应用最为广泛
45 调质	≤200	217~255	650	360	280	
40Cr 调质	≤100	241~286	750	550	350	用于载荷较大，但无很大冲击的重要轴
	100~300	241~266	700	500	340	
40CrNi 调质	≤100	270~300	900	750	430	用于很重要的轴
	100~300	240~270	800	580	370	
40MnB 调质	≤200	241~286	750	500	330	用于重要的轴
35CrMo 调质	≤100	207~296	750	550	390	用于重载荷的轴
20Cr 渗碳淬火回火	≤60	HRC 56~62	650	400	300	用于强度、韧性及耐磨性要求均较高的轴
QT600-3		190~270	600	370	220	用于外形复杂的轴
QT800-2		250~340	800	480	300	

10.2 轴的结构设计

轴的结构设计是根据轴上零件安装、定位以及轴的制造工艺等方面的要求，合理确定轴的结构形式和尺寸。轴的结构设计如果不合理，会影响轴的工作能力和轴上零件的工作可靠性，还会增加轴的制造成本和轴上零件装配的困难性。轴的结构设计是轴设计中的重要内容，也是后续强度计算的基础。

10.2.1 轴的结构

轴通常由轴头、轴环、轴端及不装任何零件的轴段等部分组成，如图 10-7 所示为圆柱齿轮减速器中的高速轴，以此为例说明轴上各部分名称。

轴段：轴上截面不等的各部分。

轴肩：轴上直径急剧变化的台阶部分，常用于轴上零件的轴向定位。

轴头：安装轮毂的轴段，支承转动零件，如与带轮 2 和齿轮 5 配合的轴段。

轴颈：与轴承配合处的轴段，位于轴两端的轴颈只承受弯矩，如与滚动轴承 6 配合的轴段，位于轴中间的轴颈同时承受弯矩和转矩。根据轴颈所承受载荷的方向，轴颈又分为承受径向力的径向轴颈和承受轴向力的止推轴颈。

轴身：轴头与轴颈间的轴段称为轴身，如齿轮 5 和轴承 6 中间的过渡部分轴段。

轴头和轴颈作为配合表面，是轴上较重要的部分，一般应具有较高的加工精度和较小的表面粗糙度，轴身则无此类要求。

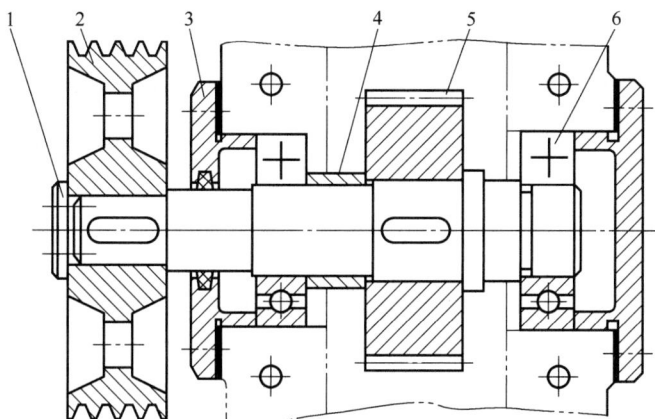

图 10-7 轴的结构

1—轴端挡圈；2—带轮；3—轴承端盖；4—套筒；5—齿轮；6—滚动轴承

10.2.2 影响轴结构的因素和应满足的设计要求

轴的结构与整体结构有关，设计时应根据具体情况进行分析，一般应考虑如下因素：

① 轴在机器上的安装位置及固定方式；

② 轴的毛坯种类；

③ 轴上安装零件的类型、尺寸、数量、配置情况以及轴连接固定的方法；

④ 轴所承受载荷的性质、大小、方向及分布情况；

⑤ 轴的加工方法、装配方法以及其他特殊要求等；

⑥ 轴上零件的装拆等。

在进行轴的设计时必须综合考虑各种因素，一般应满足如下要求：

① 应具有合理的结构和良好的工艺性，便于轴上零件的定位和装拆，便于轴的制造；

② 应具有足够的强度和刚度，在规定的工作期限内不会失效；

③ 振动稳定性好，不发生强烈振动和共振。

10.2.3 轴上零件的定位

零件在轴上的固定或连接方式随零件的作用而异，固定方法不同轴的结构也就不同。为了保证轴上零件能正常工作，防止在受力时发生轴向或者周向的相对运动，必须对轴上零件进行可靠的轴向和周向定位，以保证其准确的工作位置。

（1）轴向定位

轴上零件轴向定位的目的是限制轴上零件相对于轴的移动，使其准确可靠地处在合适位置上，保证机器正常工作。常见的轴向定位方式有如下几种。

① 轴肩和轴环定位：如图10-8所示，结构简单方便可靠，可承受较大轴向力，最为常用，多用于齿轮、链轮、带轮、联轴器和轴承等零件的定位。

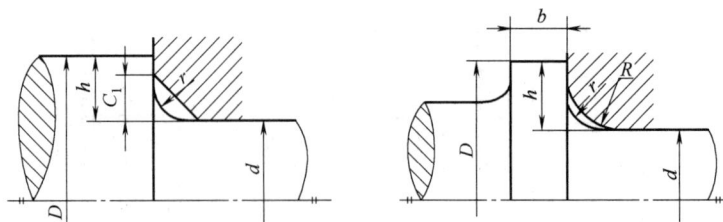

图 10-8 轴肩和轴环定位

轴肩分为定位轴肩和非定位轴肩两类。定位轴肩的高度 h 一般取 $(0.07\sim0.1)d$，d 为与零件相配处轴的直径。非定位轴肩是为了加工和装配方便而设置的，不承受轴向力，其高度没有严格的规定，一般取 $1\sim2$mm。轴环的功能与轴肩相同，其宽度 b 一般取 $1.4h$ 以上。滚动轴承配合处的轴肩高度必须低于轴承内圈端面的安装高度，以便拆卸轴承。应注意的是，采用轴肩定位会使轴的直径加大，且在轴直径变化处会产生应力集中，轴肩过多也不利于加工。在满足轴上零件定位要求时，轴肩数量应尽量少。为使零件紧靠轴肩得到可靠的定位，轴肩处的过渡圆角半径 r 必须小于与之相配的零件毂孔端部的圆角半径 R 或倒角尺寸 C_1。轴和零件上倒角及圆角尺寸的常用范围见表 10-2。

表 10-2　零件倒角 C_1 与圆角半径 R 的推荐值　　　　　　　　　　　　　　　　　单位：mm

直径 d	6~10	10~18	18~30	30~50	50~80	80~120	120~180
C_1 或 R	0.5~0.6	0.8	1.0	1.2~1.6	2.0	2.5	3.0

② 套筒定位：图 10-7 中构件 4 即套筒，结构简单，定位可靠，轴上无须开槽、钻孔和切制螺纹，不影响轴的疲劳强度。套筒定位一般用于轴上两个零件间距较小时的定位，两零件的间距较大时不宜采用套筒定位，否则会增大套筒质量及材料用量，并存在产生压杆失稳的风险。定位时应保证套筒与被定位零件可靠接触，因套筒与轴的配合较松，当轴的转速较高时不宜采用套筒定位。

③ 轴承端盖定位：图 10-7 中构件 3 即轴承端盖，常用螺钉或榫槽与箱体连接而使滚动轴承的外圈得到轴向定位。轴承端盖可分为闷盖和透盖两类，透盖中心孔径应略大于该处轴径并进行密封。通常情况下，整个轴相对机器箱体的位置也可以利用轴承端盖来确定。

④ 轴端挡圈定位：如图 10-9 所示，可承受较大的轴向力。轴端挡圈一般采用单螺钉

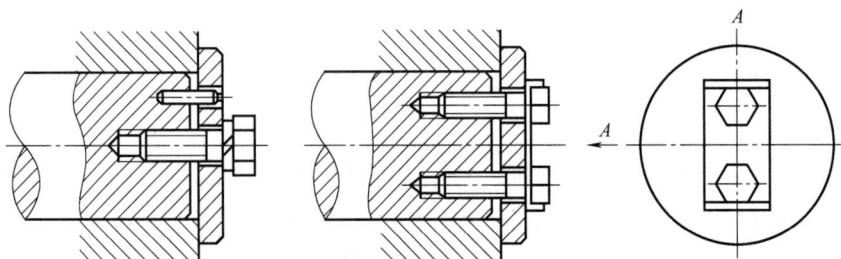

图 10-9 轴端挡圈定位

固定，为了防止轴端挡圈转动造成螺钉松脱，可加圆柱销锁定轴端挡圈，也可采用双螺钉加止动垫圈防松等固定方法。

⑤ 圆螺母定位：如图 10-10 所示，定位可靠装拆方便，适用于轴向力较大或两零件间距离较大时。采用圆螺母定位时，轴上须加工螺纹，螺纹处有较大的应力集中，会降低轴的疲劳强度。一般用于轴的中部和端部，常用圆螺母与止动垫圈配合或双圆螺母进行防松。

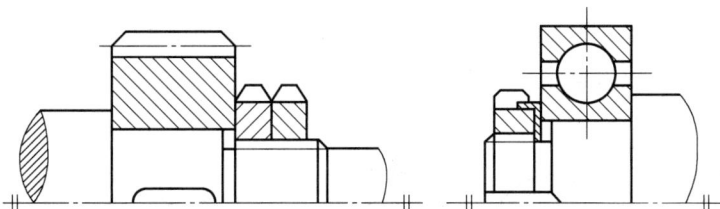

图 10-10　圆螺母定位

如图 10-11 所示的弹性挡圈定位、锁紧挡圈定位和紧定螺钉定位仅适用于无轴向力或轴向力较小的情况，不可承受剧烈振动和冲击。弹性挡圈结构简单，定位方便，但轴上的沟槽会引起应力集中，削弱轴的强度。锁紧挡圈和紧定螺钉常用于光轴上零件的定位，适用于转速很低或仅为防止零件偶然沿轴向滑动的场合，紧定螺钉兼有周向定位作用。

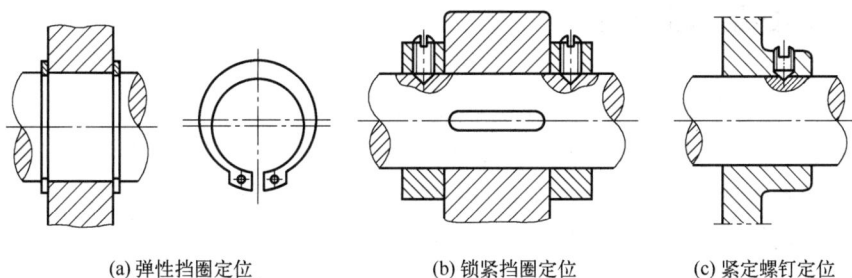

(a) 弹性挡圈定位　　　(b) 锁紧挡圈定位　　　(c) 紧定螺钉定位

图 10-11　轴向力较小时的定位

对于承受冲击载荷或轴上零件与轴的同轴度要求较高的轴端零件，常用圆锥面定位，可传递较大的轴向力，圆锥面一般与轴端压板联合使用。

轴上零件的轴向定位方法主要取决于轴向力的大小，当零件受较大轴向力时，常用轴肩、轴环或过盈配合等方式；受中等轴向力时，可用套筒、圆螺母、轴端挡圈、圆锥面或圆锥销钉等方式；受较小轴向力时，可用弹簧挡圈、挡环或紧定螺钉等方式。选择固定方式时还应考虑轴加工制造、零件装拆难易程度、所占位置大小和对轴强度的影响等因素。

为了保证轴上零件定位可靠，轴的各段长度应略小于轴上零件轮毂的宽度，如图10-7中与齿轮5配合的轴段长度略小于齿轮轮毂宽度，一般取1~3mm。

（2）周向定位

为了传递运动和转矩，防止轴上零件与轴做相对转动，轴和轴上零件必须可靠地沿周向固定。固定方式的选择，要根据传递转矩的大小和性质、轮毂与轴的对中精度要求和加工的难易等因素来决定。

如图10-12所示，轴上零件的周向定位是通过键、花键、销、紧定螺钉以及过盈配合来实现的。其中最常用的方法是采用平键联接 [图（a）]；当载荷较大时可采用花键联接 [图（b）]；当载荷不大时可采用销连接 [图（c）]；当要求轴与零件对中性好且承载能力高时，可采用胀紧连接 [图（d）] 或轴与零件毂孔间的过盈配合（轴径略大于孔径）来实现周向固定；型面连接 [图（e）] 不但具有对中性好且承载能力高的优点，还可以避免因键槽和尖角所引起的应力集中，缺点是加工相对复杂。

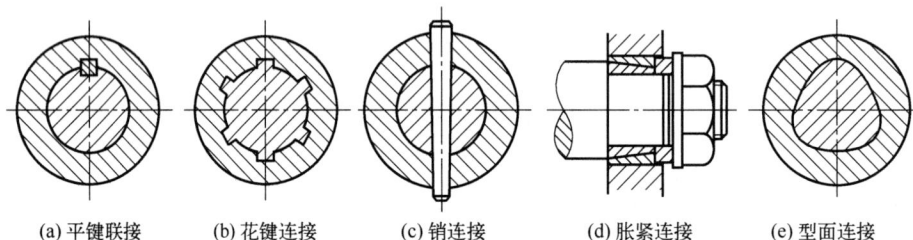

(a) 平键联接 (b) 花键连接 (c) 销连接 (d) 胀紧连接 (e) 型面连接

图 10-12 轴的周向定位

10.2.4 轴的结构工艺性

轴的结构工艺性是指轴的结构形式应便于加工和装配轴上的零件，生产率高且成本低。一般来说，轴的结构越简单工艺性越好，在满足使用要求的前提下，轴的结构形式应尽量简化，阶梯轴的级数应尽可能少。轴的结构尺寸（如直径、圆角半径、倒角、键槽、退刀槽和砂轮越程槽等）应符合国家设计标准和有关规定。

轴颈和轴头的直径应取标准值，直径大小由与之相配合零件的内孔决定，轴身尺寸应取符合标准以mm为单位的整数。为了减少加工刀具种类和提高劳动生产率，轴上直径相近处的圆角、倒角、键槽宽度、砂轮越程槽宽度和退刀槽宽度应尽可能采用相同的尺寸。

如图10-13所示，阶梯轴常设计成两端小中间大的形状，以便于零件从两端装拆；为了便于装配零件并去掉毛刺，轴端应制出45°的倒角；当轴上有两个以上键槽时，应置于轴的同一条母线上，以便一次装夹后可以完成加工。

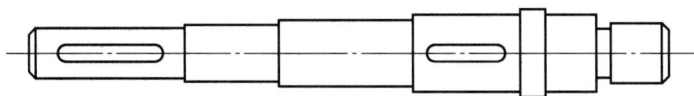

图 10-13 阶梯轴

如图10-14所示，需要磨削加工的轴段应留有砂轮越程槽 [图（a）]，需要切制螺纹的轴段应留有退刀槽［图（b）］。

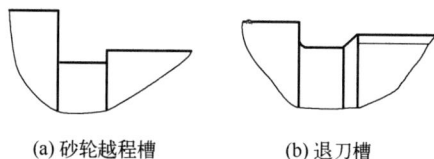

(a) 砂轮越程槽　　　(b) 退刀槽

图 10-14 工艺槽

　　轴的结构设计应使各零件在装配时尽量不接触其他零件的配合表面，如果需从轴的一端装入两个过盈配合的零件，则轴上两配合轴段的直径不应相等。否则第一个零件压入后，会把第二个零件配合的表面拉毛，影响配合。

10.2.5　提高轴强度的措施

　　（1）合理布置和改进轴上零件以减少轴上载荷

　　尽量将轴设计成具备或接近等强度条件的形状，以充分利用材料的承载能力。对于只传递转矩的传动轴，为了使轴段剖面上的剪应力大小相等，常制成光轴或接近于光轴的形状；对于受交变弯曲载荷的轴，实际生产中一般制成阶梯轴。

　　为了减小轴所承受的弯矩，传动件应尽量靠近轴承，并尽可能不采用悬臂的支承形式，力求缩短支承跨距及悬臂长度等。

　　如图10-15所示，当转矩由一个传动件输入，而由几个传动件输出时，为了减小轴上的转矩，不要将输出件置于一端［图（a）］，应将输入件放在输出件的中间［图（b）］。

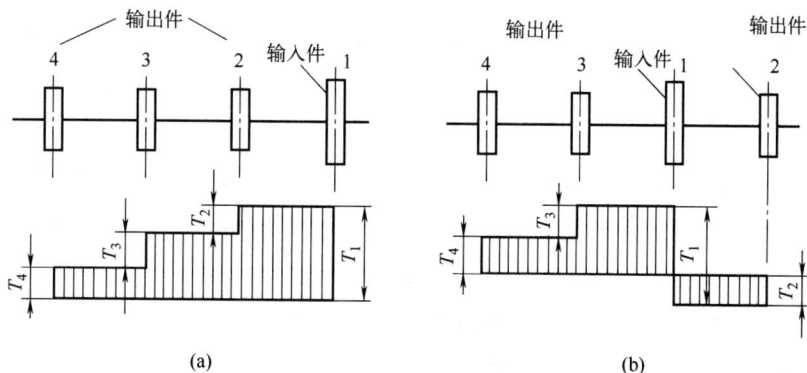

(a)　　　　　　(b)

图 10-15 改变零件布置来减载

　　如图10-16所示为卷扬机输出轴，大齿轮和卷筒分开放置时［图（a）］，其中间的轴承受弯扭组合，为了减小轴上的载荷，应将大齿轮和卷筒连在一起［图（b）］，这样卷筒轴只受弯矩。

图 10-16 改变零件结构来减载

（2）改善轴的结构以减小应力集中

轴通常是在变应力条件下工作的，轴的截面尺寸发生突变处会产生应力集中，轴的疲劳破坏往往在此发生，设计轴时尽量避免各轴段剖面突然改变。阶梯轴各轴段的剖面是变化的，过渡处必然存在应力集中，应将过渡处制成适当大的圆角，必要时可采用如图10-17所示的减载槽、中间环或凹切圆角等减载结构。

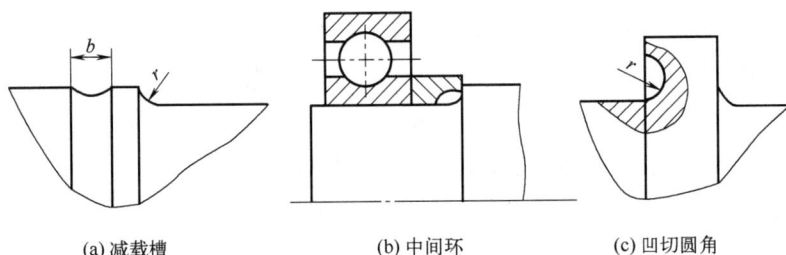

(a) 减载槽　　　　　(b) 中间环　　　　　(c) 凹切圆角

图 10-17 减载结构

这些方法也可以避免轴在热处理时产生淬火裂纹的危险，同时还应尽量避免在轴上开孔或开槽。和用指状铣刀加工的键槽相比，用盘状铣刀加工的键槽在过渡处对轴的截面削弱较为平缓，应力集中较小；渐开线花键比矩形花键在齿根处的应力集中小，进行轴的结构设计时应予以考虑。

由于切制螺纹处的应力集中较大，应尽量避免在轴上受载较大的区段切制螺纹。当轴与轮毂为过盈配合时，配合边缘处会产生较大的应力集中，且配合过盈量愈大引起应力集中愈严重，在设计中应合理选择零件与轴的配合方式。

（3）改进轴的表面质量以提高轴的疲劳强度

轴的表面粗糙度和表面强化处理方法也会对轴的疲劳强度产生影响。轴的表面愈粗糙疲劳强度愈低，应合理减小轴的表面及圆角处的加工粗糙度值。当采用对应力集中甚为敏感的高强度材料制作轴时，表面质量应特别注意。

表面强化处理的方法有表面渗碳、表面渗氮、碳氮共渗和氰化等化学热处理，也有表面高频淬火、碾压和喷丸等强化处理。通过碾压或喷丸进行表面强化处理时，可使轴的表层产生预压应力，从而提高轴的抗疲劳强度。

10.2.6　最小轴径的确定

轴在进行结构设计之前，轴承间距离尚未确定，支反力的作用点不知道，因此不能确定弯矩的大小及分布情况。此时可以先按转矩通过剪切强度初步估算轴的最小直径，以此为基础进行轴的结构设计，定出轴的全部几何尺寸，最后校核轴的弯扭组合强度。

按转矩初步计算轴端直径的强度条件为

$$\tau = \frac{T}{W_T} = \frac{9.55 \times 10^6 P}{0.2 d^3 n} \leqslant [\tau] \qquad (10\text{-}1)$$

式中　τ——轴的工作切应力，MPa；

　　　$[\tau]$——材料的许用切应力，MPa；

　　　d——计算截面处轴的直径，mm；

　　　W_T——轴的抗扭截面系数，mm³，直径为d的实心圆截面$W_T=\pi d^3/16\approx0.2d^3$；

　　　T——轴承受的转矩，N·m；

　　　P——轴传递的功率，kW；

　　　n——轴的转速，r/min。

最小轴径为

$$d \geqslant \sqrt[3]{\frac{9.55 \times 10^6 P}{0.2[\tau]n}} = C\sqrt[3]{\frac{P}{n}} \qquad (10\text{-}2)$$

式中，C为轴的材料系数，与轴的材料和载荷情况有关，见表10-3。当作用在轴上的弯矩较小或只传递转矩时，C取较小值，否则取较大值。

表 10-3　常用材料的 C 值

轴材料	Q235、20	35	45	40Cr、35SiMn、42SiMn、38SiMnMo、20CrMnTi
$[\tau]$/MPa	15~25	20~30	30~40	40~52
C	150~125	135~118	118~107	107~98

当轴截面上开有键槽时，应考虑键槽对轴的强度的削弱，适当增大轴径。对于直径$d>100$mm的轴，有一个键槽时轴径增大3%，有两个键槽时轴径增大7%；对于直径$d<100$mm的轴，有一个键槽时轴径增大5%，有两个键槽时轴径增大10%。轴径需要圆整为标准直径，其常见系列值见表10-4。

表 10-4　轴的标准直径系列　　　　　　　　　　　　单位：mm

10	11.2	12.5	13.2	14	15	16	17	18	19	20	21.2
22.4	23.6	25	26.5	28	30	31.5	33.5	35.5	37.5	40	42.5
45	47.5	50	53	56	60	63	67	71	75	80	85
90	95	100	106	112	118	125	132	140	150	160	170

10.2.7 轴的结构设计步骤

轴上零件的装配方案不同，轴的结构形状也不相同，设计时可拟定几种装配方案进行分析与选择。在满足设计要求的情况下，轴的结构应力求简单，一般轴的结构设计步骤如下：

① 合理选择轴的材料和热处理方法，按轴所受转矩估算轴的最小轴径 d。

② 按定位和装拆要求确定轴肩高度及直径。有配合要求的轴段，应采用或尽量采用标准直径。轴与标准件配合时，如联轴器、密封圈和轴承等，其直径必须与标准件的内孔直径一致；轴与非标准件配合时，如带轮和齿轮等，为加工方便也应尽量采用标准直径（优先数系）。

③ 确定轴段长度。轴段长度应与配合零件的宽度相适应，与传动件配合的轴段应略短于轮毂宽度以保证定位可靠。零件间在轴向留有适当的运动间隙，并保证装拆与调整空间。轴承应尽可能靠近传动件，以减小两支点间的跨距或悬臂长度，提高轴的刚度和强度。

【**例题 10-1**】 分析图 10-18（a）所示齿轮轴系结构的错误并改正。图中轴承用脂润滑。

解： 该齿轮轴系结构存在以下几方面错误：

① 轴上零件的定位方面。联轴器轴向未定位，周向未定位；齿轮周向未定位，套筒对齿轮的轴向定位不可靠。

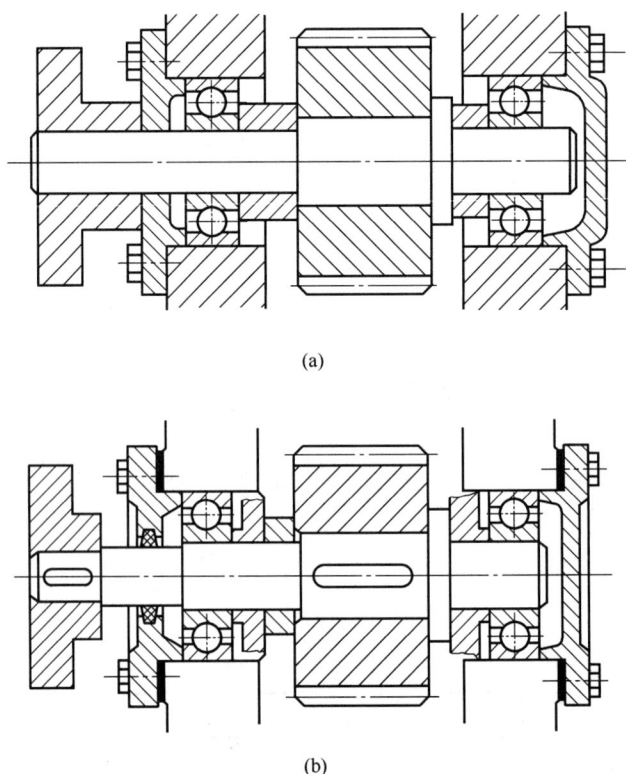

(a)

(b)

图 10-18 齿轮轴系结构示例

② 转动件与静止件的关系方面。联轴器与轴承端盖接触，轴与轴承端盖接触。

③ 零件的结构工艺性方面。箱体两端面与轴承端盖接触处无凸台，使端面加工面积过大；轴承端盖外端面加工面积过大；轴的两端均伸出过长，增加了加工和装配长度。

④ 装拆与调整方面。轴上缺轴肩，轴承装配不方便；套筒过高，轴承无法拆卸；箱体两端面与轴承端盖间缺少调整垫片，无法调整轴承间隙。

⑤ 润滑与密封方面。轴与轴承透盖间缺密封措施，缺挡油环。

针对以上错误，改正后的结构如图10-18（b）所示。

10.3 轴的计算

轴的结构设计完成后，轴上零件位置均已确定，外载荷和支承反力的作用点也随之确定，可以画出轴的受力简图、转矩图、弯矩图和当量弯矩图，按弯扭组合进行强度校核。比较重要的轴，需要按照疲劳强度条件进行精确校核；瞬时过载很大或应力循环不对称性较为严重的轴，需要按峰尖载荷校核其静强度，以免产生过量的塑性变形；有刚度要求的轴，需要进行刚度校核；有振动稳定性要求的轴，需要进行临界转速计算。

10.3.1 轴的强度计算

进行轴的强度校核计算时，应根据轴的具体受载及应力情况，采取相应的计算方法，并恰当地选取许用应力。对于仅仅（或主要）传递转矩的轴（传动轴），应按扭转强度条件计算；对于只承受弯矩的轴（心轴），应按弯曲强度条件计算；对于既承受弯矩又传递转矩的轴（转轴），应按弯扭合成强度条件进行计算。

对一般轴进行强度计算的步骤如下：
① 作出轴的计算简图（即力学模型）；
② 计算转矩 T，作出转矩图；
③ 计算弯矩 M，作出弯矩图；
④ 求出危险截面当量弯矩 M_{ca}；
⑤ 校核轴的强度。

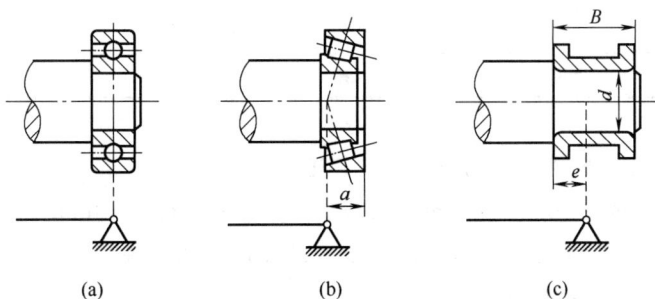

图 10-19 轴上支承反力作用点

作轴的计算简图时，一般以集中载荷代替分布载荷，轴与轴上零件的自重通常忽略不计。轴上支承反力的作用点，根据轴承的类型和组合按图 10-19 确定，图（a）所示向心轴承，其作用点取为载荷分布段的中点；图（b）所示向心推力轴承，其作用点产生偏移，a 值可以查该轴承样本手册；图（c）所示滑动轴承，作用点位置 e 值取决于宽径比 B/d，$B/d \leqslant 1$ 时 $e = 0.5B$，$B/d > 1$ 时 $e = 0.5d$。

已知轴的弯矩和转矩后，可针对某些危险截面（即弯矩和转矩大而轴径可能不足的截面）作弯扭合成强度校核计算。按第三强度理论计算当量弯曲应力，则有

$$\sigma_{ca} = \frac{M_{ca}}{W} = \frac{\sqrt{M^2 + (\alpha T)^2}}{W} \leqslant [\sigma_{-1}] \qquad (10\text{-}3)$$

式中　M_{ca}——当量弯矩，N·mm；

σ_{ca}——当量弯曲应力，MPa；

$[\sigma_{-1}]$——材料的许用弯曲应力，MPa；

W——抗弯截面系数，mm^3，直径为 d 的实心圆截面 $W = \pi d^3/32 \approx 0.1d^3$；

α——考虑转矩和弯矩加载情况及产生应力的循环特性差异系数。

对频繁正反转的轴，转矩引起对称循环变应力，$\alpha = 1$；对于脉动变化的转矩，$\alpha = 0.6$；对于不变化的转矩，$\alpha = 0.3$。所谓不变的转矩只是理论上的，实际上机器的运转不可能完全均匀，为安全起见，常按脉动循环计算，转矩变化规律不清楚时也按脉动循环处理。常见材料的许用应力见表 10-5。

表 10-5　常见材料的许用应力　　　　　　　　　　　　　　　　　　　　　　　单位：MPa

材料	静载强度极限 σ_B	静载许用应力 $[\sigma]$	脉动循环许用应力 $[\sigma_0]$	对称循环许用应力 $[\sigma_{-1}]$
碳素钢	400	130	70	40
	500	170	85	50
	600	200	95	55
	700	230	110	65
合金钢	800	270	130	75
	900	300	140	80
	1000	330	150	90
铸钢	400	100	50	30
	500	120	70	40

【**例题 10-2**】　如图 10-20 所示为输送机传动装置，齿轮减速器低速轴的转速 $n = 140 r/min$，传递功率 $P = 5kW$。轴上齿轮齿数 $z = 58$，法向模数 $m_n = 3mm$，螺旋角 $\beta = 11°17'33''$，左旋，齿宽 $b = 70mm$。电机的转向如图所示。试设计该低速轴。

解：（1）选择轴的材料和热处理方式

普通用途中、小功率减速器，输出轴选用 45 钢，正火处理。

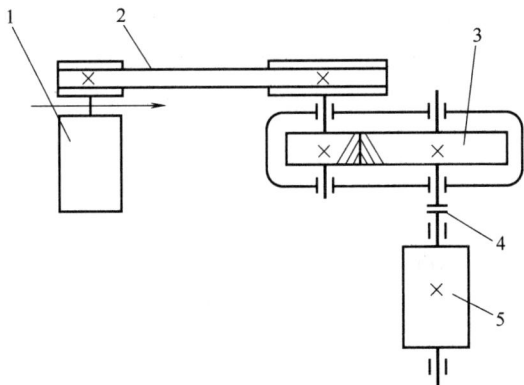

图 10-20 输送机传动装置

1—电动机；2—带传动；3—齿轮减速器；4—联轴器；5—滚筒

（2）按扭转强度初估轴的最小直径

查表 10-3 取 C=110，查表 10-5 取 $[\sigma_{-1}]$=55MPa，解得

$$d \geqslant C\sqrt[3]{\frac{P}{n}} = 110 \times \sqrt[3]{\frac{5}{140}} = 36.2 \ (\text{mm})$$

轴端安装联轴器，按一个键槽轴径增大 5% 处理，最小轴径增加后为 38mm。考虑补偿轴的可能位移选用弹性柱销联轴器，按转速 n 和传递功率 P 查相关机械设计手册，选用 HL3 弹性柱销联轴器，其标准孔径 d_1=38mm，即轴端直径 d_1=38mm。

（3）确定轴承和齿轮的润滑

齿轮的圆周速度为

$$v = \frac{\pi d n}{60 \times 1000} = \frac{\pi \times 3 \times 58 \times 140}{60 \times 1000 \cos 11°17'33''} = 1.3 \ (\text{m/s})$$

齿轮采用油浴润滑，轴承采用脂润滑。

（4）轴系初步设计

轴上安装有轴端挡圈、联轴器、轴承端盖、轴承、挡油盘、套筒和齿轮。

联轴器右端用轴肩定位和固定，左端用轴端挡圈固定，依靠 C 型普通平键连接实现周向固定。齿轮右端由轴环定位固定，左端由套筒固定，用 A 型普通平键连接实现周向固定。为防止润滑脂流失，采用挡油盘内部密封。

绘图时结合尺寸的确定，首先画出齿轮轮毂位置，然后由齿轮端面到箱体内部的距离确定箱体位置,选择轴承并确定轴承位置,根据分箱面螺栓连接的布置设计轴的外伸部分。

（5）轴的结构设计

轴的结构设计主要有以下内容：各轴段径向尺寸的确定，各轴段轴向长度的确定，其余尺寸（如键槽、圆角、倒角、退刀槽等）的确定。

① 径向尺寸的确定。

从轴段 d_1 = 38mm 开始，逐段选取相邻轴段的直径。

d_2 起定位作用，定位轴肩高度 $h_{\min}$ 可在（0.07 ~ 0.1）d 范围内按经验选取，故

43.32mm≤d_2≤45.6mm，该直径处将安装密封毡圈，按标准直径系列取 d_2=45mm。

d_3 为非定位轴肩，便于轴承安装，h 取 2mm 到 3mm 即可，但该直径处与轴承内径配合，按标准直径取 d_3 = 50mm。轴上载荷较小，故暂选轴承型号为 7210C，宽度为 20mm。

d_4 为非定位轴肩，便于齿轮安装，该直径处与齿轮孔径配合，按标准直径系列取 d_4=53mm。

d_5 起定位作用，定位轴肩高度 h_{min} 可在（0.07~0.1）d 范围内按经验选取，故 60.42mm≤d_5≤63.6mm，按标准直径系列取 d_5=62mm。

d_7 与 d_3 一致，均为轴承安装处，故 d_7=d_3=50mm。

d_6 为轴承轴肩，查相关机械设计手册应取 d_6=57mm。

② 配合轴段轴向长度的确定。

联轴器 HL3 的安装部分宽度 B_1=60mm，为保证轴端挡圈对联轴器定位可靠，轴段长应取 L_1=58mm。

齿轮轮毂宽度 B_2=70mm，为保证套筒对齿轮定位可靠，轴段长应取 L_4=68mm。

7210C 轴承宽度为 20mm，挡油盘宽度取 1mm，轴段长应取 L_7 = 21mm。

③ 其他轴段长度的确定。

其他轴段的长度与箱体等设计有关。一般情况下齿轮端面与箱壁的距离 Δ_2 取 10~15mm，本题取 15mm；轴承端面与箱体内壁的距离 Δ_3 与轴承的润滑有关，油润滑时 Δ_3 取 3~5mm，脂润滑时 Δ_3 取 5~10mm，本题取 5mm；箱体壁厚 l 与减速器的类型和参数相关，对于普通一级减速器 l 取 55~65mm，本题取 60mm；考虑外箱体面上螺钉安装时需要扳手空间，轴承盖螺钉至联轴器距离 Δ_1 取 10~15mm，本题取 10mm；轴承盖外圈厚度及其上螺钉头厚度由配合段轴径及连接螺栓外径决定，本题取 10mm。

$$L_2=60-5-20+10+10=55（mm）$$
$$L_3=20+5+15+2=42（mm）$$

L_5 为轴环宽度，一般大于 1.4h，轴段长可取 L_5=8mm。

$$L_6=5+15-8-1=11（mm）$$

设计完成后如图 10-21 所示。

（6）轴的强度校核

① 计算齿轮受力。

齿轮直径和所受转矩分别为

$$d=\frac{m_n z}{\cos\beta}=\frac{3\times58}{\cos11°17'33''}=177.43（mm）$$

$$T=9.549\times10^6\frac{P}{n}=9.549\times10^6\times\frac{5}{140}=341036（N\cdot mm）$$

齿轮所受切向载荷、径向载荷和轴向载荷分别为

$$F_t=\frac{2T}{d}=\frac{2\times341036}{177.43}=3844（N）$$

$$F_r=\frac{F_t\tan\alpha}{\cos\beta}=\frac{3844\times\tan20°}{\cos11°17'33''}=1427（N）$$

$$F_a=F_t\tan\beta=3844\times\tan11°17'33''=767（N）$$

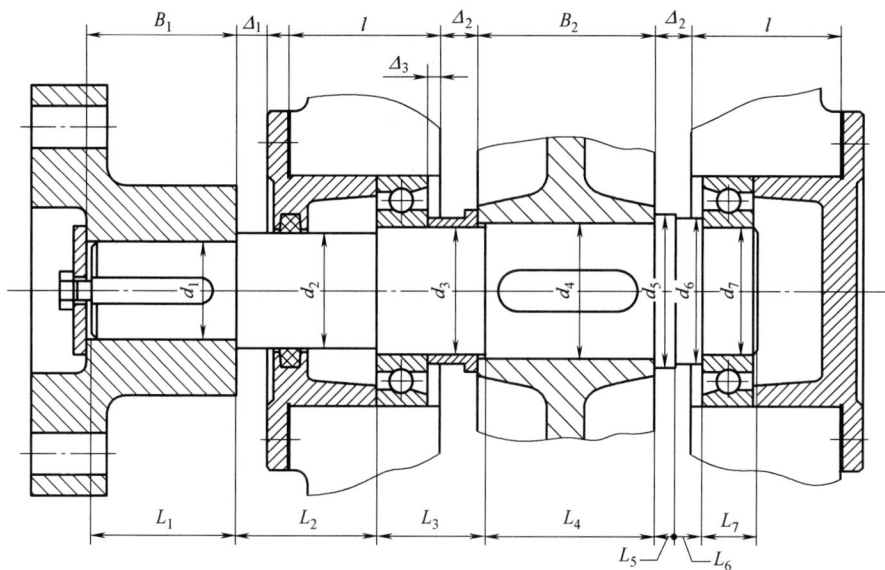

图 10-21　轴系结构草图

② 轴上载荷分析。

角接触球轴承正装，轴承力作用点取轴承宽度中点时，计算更安全，故两支反力间的跨距 $L = 130\text{mm}$。

齿轮作用点取齿轮宽度中点，故力到两轴承中点距离均为 65mm。

轴受扭转和两个垂直平面内弯曲组合作用，轴上载荷分析如图 10-22 所示。

水平面支反力为

$$F_{\text{HI}} = \frac{F_{\text{a}}d/2 + 65F_{\text{t}}}{130} = \frac{767 \times 177.43/2 + 65 \times 1427}{130} = 1237 \ (\text{N})$$

$$F_{\text{HII}} = F_{\text{r}} - F_{\text{HI}} = 1427 - 1237 = 190 \ (\text{N})$$

危险截面为 b 截面，最大弯矩为

$$M_{\text{Hb}} = 65F_{\text{HI}} = 65 \times 1237 = 80405 \ (\text{N}\cdot\text{mm})$$

竖直面支反力为

$$F_{\text{VI}} = F_{\text{VII}} = F_{\text{t}}/2 = 3844/2 = 1922 \ (\text{N})$$

危险截面为 b 截面，最大弯矩为

$$M_{\text{Vb}} = 65F_{\text{VI}} = 65 \times 1922 = 124930 \ (\text{N}\cdot\text{mm})$$

危险截面为 b 截面，如果两平面最大弯矩不在同一个位置，需要分别合成后比较大小。危险截面最大合成弯矩为

$$M_{\text{b}} = \sqrt{M_{\text{Hb}}^2 + M_{\text{Vb}}^2} = \sqrt{80405^2 + 124930^2} = 148568 \ (\text{N}\cdot\text{mm})$$

轴单向运转时转矩为脉动循环，取 $\alpha=0.6$，故 $\alpha T=204622 \ \text{N}\cdot\text{mm}$，最大当量弯矩为

$$M_{\text{eb}} = \sqrt{M_{\text{b}}^2 + (\alpha T)^2} = \sqrt{148568^2 + 204622^2} = 252868 \ (\text{N}\cdot\text{mm})$$

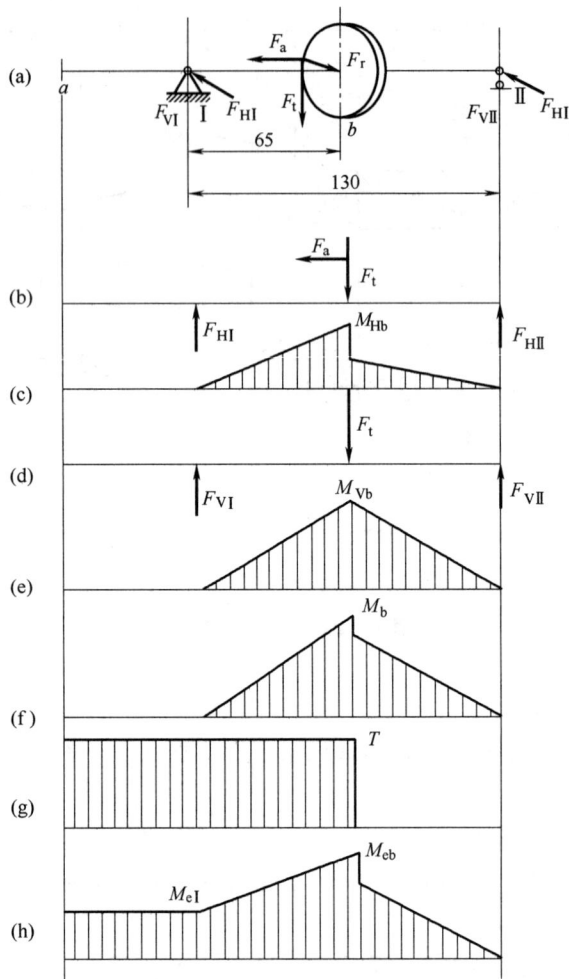

图 10-22 轴上载荷分析图

③ 轴的强度校核。

b 截面受载最大，应该进行校核，解得

$$\sigma_{ca} = \frac{M_{ca}}{0.1d^3} = \frac{252868}{0.1 \times 53 \times 53 \times 53} = 16.99 \ (\text{MPa}) \leqslant [\sigma_{-1}]$$

Ⅰ 截面直径较小，也应该进行校核，解得

$$\sigma_{ca} = \frac{M_{ca}}{0.1d^3} = \frac{204622}{0.1 \times 50 \times 50 \times 50} = 16.37 \ (\text{MPa}) \leqslant [\sigma_{-1}]$$

强度足够。

如果危险截面上强度不足，则需要根据设计公式重新计算该截面处最小直径，其他轴段直径按设计需要依序进行调整。

（7）绘制轴的零件工作图

图略，应满足制图规范。

10.3.2　轴的刚度计算

轴受载后会发生弯曲和扭转等变形，如果变形过大，超过允许变形范围，轴上零件就不能正常工作，甚至影响机器的性能。因此对于有刚度要求的轴，必须进行刚度校核计算，轴的刚度分为弯曲刚度和扭转刚度两种，下面分别进行讨论。

（1）弯曲刚度

轴的弯曲刚度以挠度 y 和转角 θ 来度量。对于光轴，可直接用材料力学中的公式计算其挠度或转角；对于阶梯轴，可将其转化为当量直径的光轴后进行计算。挠度或转角用莫尔定理进行计算，弯曲刚度条件为

$$y = \sum \int_0^{l_i} \frac{M_i M'}{EI} \mathrm{d}l \leqslant [y] \tag{10-4}$$

式中　　E——材料的弹性模量，MPa；

I——截面对中性轴的惯性矩，mm^4，直径为 d 的实心圆截面 $I = \pi d^4/64$；

l_i——第 i 段轴的长度，mm；

M_i、M'——外力和单位载荷对第 i 段轴产生的弯矩，N·mm；

y、$[y]$——计算点的计算挠度和许用挠度，mm。

（2）扭转刚度

轴的扭转刚度以扭转角来度量，扭转刚度条件为

$$\varphi = \frac{Tl}{GI_\mathrm{p}} \times \frac{180}{\pi} \leqslant [\varphi] \tag{10-5}$$

式中　　G——材料的剪切模量，MPa；

I_p——截面对形心的极惯性矩，mm^4，直径为 d 的实心圆截面 $I_\mathrm{p}=\pi d^4/32$；

l——轴的长度，mm；

T——轴承受的转矩，N·mm；

φ、$[\varphi]$——计算扭转角和许用扭转角，（°）。

10.3.3　轴的振动稳定性

由于回转件结构不对称、材质不均匀或加工安装有误差等原因，回转件质心与几何轴线间一般总有微小的偏心距，因此转动时会产生离心力，使轴受到周期性载荷的干扰。若轴所受外力的频率与轴的自振频率一致，运转便不稳定，会发生显著的振动，这种现象称为轴的共振，产生共振时轴的转速称为临界转速。

如果轴的转速停滞在临界转速附近，轴的变形将迅速增大，甚至达到使轴甚至整个机器破坏的程度。对于重要的尤其是高转速的轴，必须计算其临界转速，使轴的工作转速 n 避开临界转速 n_c。轴的临界转速可以有许多个，最低的一个称为一阶临界转速。工作转速低于一阶临界转速的轴称为刚性轴，超过一阶临界转速的轴称为挠性轴。

对于刚性轴，应使 $n<(0.75\sim0.85)n_{c1}$；

对于挠性轴，应使 $1.4n_{c1}\leqslant n\leqslant 0.7n_{c2}$。

上述 n_{c1} 和 n_{c2} 分别为一阶临界转速和二阶临界转速。

本章小结

按照轴线形状的不同，轴可分为直轴、曲轴和钢丝软轴三类；按照承受载荷的不同，轴可分为转轴、心轴和传动轴三类。

轴的常用材料是碳素钢和合金钢，应用最广泛的是 45 钢。

轴可能的失效形式有断裂、过大的塑性变形或弹性变形、轴颈磨损（采用滑动轴承时）和强烈振动等，其中断裂是最主要的失效形式。

本章重点：轴的结构设计包括定出轴的合理外形和全部结构尺寸。为了防止轴上零件受力时发生沿轴向或周向的相对运动，轴上零件都必须进行轴向和周向定位，以保证其准确的工作位置。轴上的零件应便于装拆和调整，轴应具有良好的加工工艺性。

本章难点：设计时先按转矩通过剪切强度初步估算轴的最小直径，以此为基础进行轴的结构设计，定出轴的全部几何尺寸。一般轴采用第三或者第四强度理论，按弯扭组合进行强度校核；比较重要的轴，需要按照疲劳强度条件进行精确校核。有刚度要求或振动稳定性要求的轴，需要进行刚度校核或临界转速计算。

习题

10-1 分别说明心轴、转轴和传动轴的应用特点，各举 1~2 个应用实例。

10-2 说明一般轴上零件常采用的定位和固定方法。

10-3 传动轴由电机带动，已知传递的功率为 10kW，转速为 120 r/min，估算轴的直径。

10-4 图 10-23 所示直齿圆柱齿轮轴，齿轮用油润滑，轴承用脂润滑。

（1）指出其中的结构错误。

（2）画出正确的结构图。

10-5 图 10-24 所示斜齿圆柱齿轮轴，齿轮用油润滑，轴承用油润滑。

（1）指出其中的结构错误。

（2）画出正确的结构图。

10-6 一级标准圆柱斜齿齿轮减速器，输入轴传递的功率为 6kW，输入轴的转速为 120r/min，工作为单向转动。小齿轮的齿数为 25，法向模数为 4mm，螺旋角为 10°20′，宽度为 85mm；大齿轮的齿数为 78，法向模数为 4mm，螺旋角为 10°20′，宽度为 80mm。设计输入轴和输出轴。

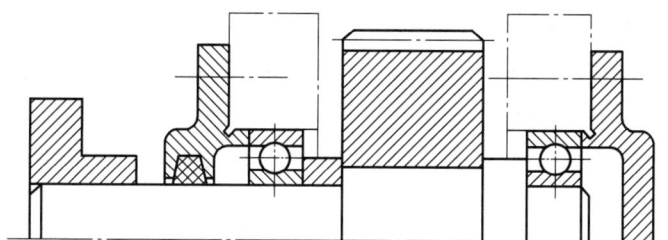

(a)

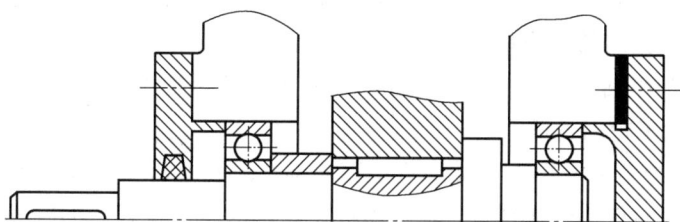

(b)

图 10-23 直齿圆柱齿轮轴

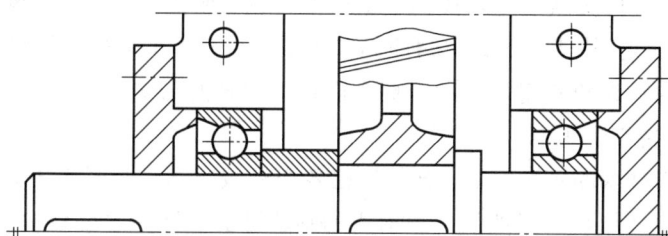

(a)

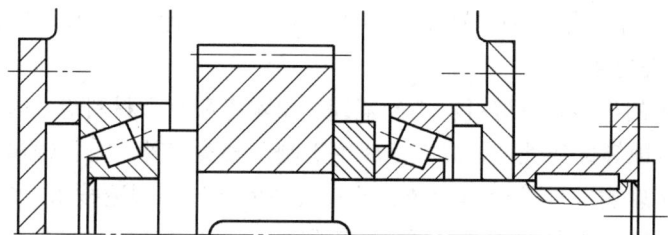

(b)

图 10-24 斜齿圆柱齿轮轴

拓展阅读

　　轴作为机械产品中的关键零部件，其发展历程从古代到现代经历了显著的演变和进步。

（1）轴的起源和早期应用

早期的轴主要由木材或石材制成，材料易于获取和加工，适用于支承简单的手工操作工具的旋转运动，主要用于农业和手工业等领域，如车轮的轴心和纺车的转轴等。随着文明发展，更耐用的材料被尝试用来制造轴，如青铜和铁等金属，金属轴的出现使得轴类零件能够承受更大的载荷和更复杂的运动。

实例1：木质陶轮底座考古。

2010年3月，跨湖桥文化遗址发现了木质陶轮底座，是人类第一次利用轮轴机械制陶的证据，距今已有8000年历史。这个木质陶轮底座像个梯形圆台，上台面中心位置有一个凸起小圆柱作为陶轮转盘的轴，转盘通过圆台上的轴来支承旋转。这一发现证明中国比西亚更早开始利用轴承的原理，是轴在机械应用中的早期实例。

实例2：古代车轮的发明。

距今4700年的黄帝时期，人类历史上第一部车辆驶上历史舞台，黄帝造车故称轩辕氏。车轮作为车辆的重要组成部分，其发明标志着轴的应用进入新的阶段。车轮直径逐渐增大并演变成带轴的轮子，形成最早的车轮雏形。车轮的发明不仅推动了交通运输的发展，也促进了轴的设计和制造技术的进步。

实例3：古代文献中的轴。

在《诗经》等古代文献中可以找到关于轴的记载。例如《国风·邶风·泉水》篇中有"载脂载辖，还车言迈"的诗句，其中辖即为车轴端键，相当于现代的销钉。这些文献反映了古代人们对轴的认识和应用，有助于更全面地了解轴的历史。

（2）轴的发展和演变

随着金属加工技术的不断发展，金属轴在各个领域得到了广泛应用。铜和铁等金属材料因其优良的力学性能和加工性能，逐渐成为制造轴类零件的主要材料。工业革命时期，随着机械工业的兴起，对轴类零件的需求不断增加，同时对其精度和性能也提出了更高要求。实际生产中开始采用精密加工技术来制造轴类零件，以确保其尺寸精确度和表面质量。

（3）现代工业化生产

随着科学技术的进步，新型材料不断涌现，如陶瓷和复合材料等，这些材料具有耐高温、耐磨损和耐腐蚀等优良性能，被广泛应用于制造轴类零件。陶瓷轴和复合材料轴的出现，极大地拓宽了轴类零件的应用领域。计算机辅助设计和制造技术（CAD/CAM）的普及，使得轴类零件的设计和制造过程更加精确和高效。通过计算机模拟优化轴的性能，并使用数控机床等先进设备来制造高精度的轴类零件，是目前轴类零件设计和制造的趋势。

面对不断发展的机械制造要求，轴的设计理念也在不断演进，未来集成现代智能技术的轴设计极有可能进一步提高机械的运行效率与可靠性。

第 11 章 联轴器和离合器

本章知识导图

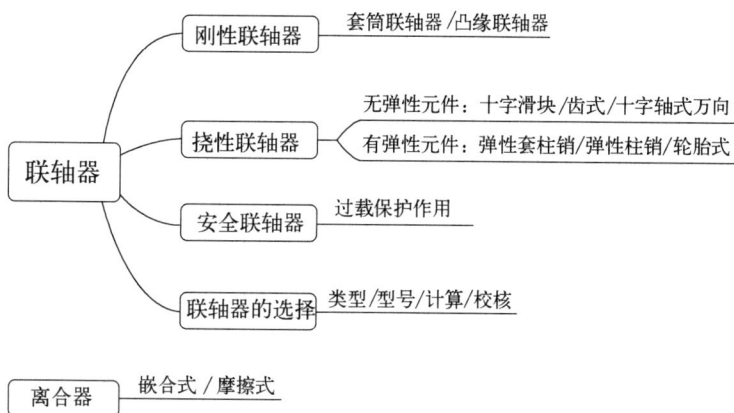

```
                          ┌── 刚性联轴器 ──── 套筒联轴器/凸缘联轴器
                          │
                          │                  ┌─ 无弹性元件：十字滑块/齿式/十字轴式万向
                          ├── 挠性联轴器 ──────┤
              联轴器 ──────┤                  └─ 有弹性元件：弹性套柱销/弹性柱销/轮胎式
                          │
                          ├── 安全联轴器 ──── 过载保护作用
                          │
                          └── 联轴器的选择 ── 类型/型号/计算/校核

              离合器 ──── 嵌合式 / 摩擦式
```

本章学习目标

（1）理解常用联轴器及离合器的主要结构、工作原理；

（2）掌握常用联轴器的设计方法。

常用工作机械多由原动装置、传动装置和执行装置等组成，每种装置之间需要互相连接起来，联轴器就是用来连接这些装置的重要零件。如右图所示，螺旋输送机由电动机通过齿轮减速器、锥齿轮传动来驱动其工作。其中，电动机轴和减速器输入轴以及减速器输出轴和小锥齿轮轴分别采用联轴器连接。联轴器应该如何设计呢？

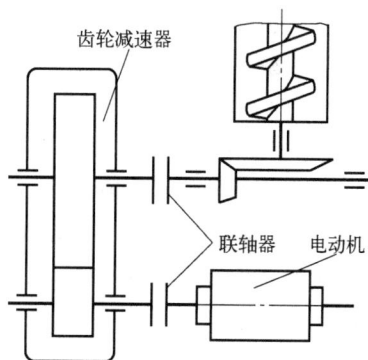

齿轮减速器

联轴器   电动机

11.1 联轴器

联轴器是机械传动中常用的零部件，通常用来连接两轴使其一起转动并传递运动和转矩，有时也可以作为一种安全装置起到过载保护的作用。

机器中被连接的两轴，由于制造及安装误差、承载后的变形及温度变化的影响等，往往不能保证严格对中，而存在着某种程度的相对位移，如图 11-1 所示。因此，要求联轴器在传递运动和转矩的同时，还应具有一定范围的补偿相对位移的能力。

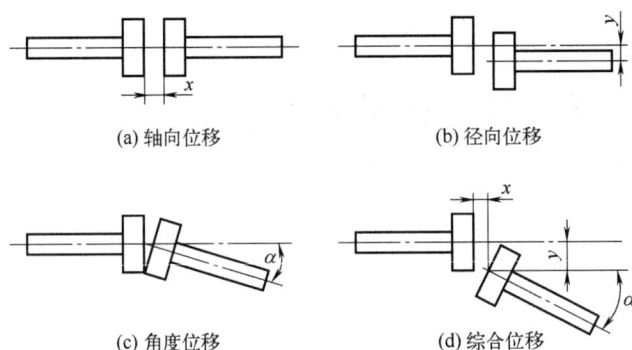

(a) 轴向位移   (b) 径向位移

(c) 角度位移   (d) 综合位移

图 11-1 轴线的相对位移形式

    根据联轴器对各种相对位移有无补偿能力（即能否在发生相对位移条件下保持连接的功能），可将其分为刚性联轴器（无补偿能力）和挠性联轴器（有补偿能力）。挠性联轴器又可分为无弹性元件的挠性联轴器和有弹性元件的挠性联轴器。

11.1.1 刚性联轴器

    刚性联轴器不能补偿两轴的相对位移，适用于严格对中并在工作中不发生相对位移的两轴，这类联轴器有套筒式、凸缘式等结构形式。

    （1）套筒联轴器

    套筒联轴器是利用套筒和销、键（花键）等连接方式与两轴相连接，如图 11-2 所示。图 11-2（a）所示的套筒联轴器通过键与两轴连接，用紧钉螺钉固定套筒的位置；图 11-2（b）所示的套筒联轴器通过锥销固定轴和套筒的位置，其锥销在超载时可被剪断，起到安全保护的作用，可用在需要过载保护的场合。

    套筒联轴器结构简单，制造容易，径向尺寸小，但装拆不方便，需要两轴沿轴向移动。适用于低速、轻载，两轴对中性较好并要求联轴器径向尺寸小的场合。

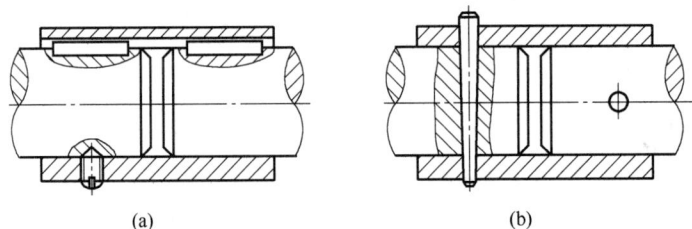

(a)   (b)

图 11-2 套筒联轴器

    （2）凸缘联轴器

如图 11-3（a）所示，凸缘联轴器由两个带凸缘的半联轴器组成，半联轴器分别由键与两轴连接，并利用两半联轴器的凸肩与凹槽的配合进行对中，然后两个半联轴器用普通螺栓连接，工作时依靠两半联轴器结合面的摩擦力传递转矩。如图 11-3（b）所示为用铰制孔螺栓连接对中的联轴器，工作时依靠铰制孔螺栓承受挤压和剪切来传递转矩。凸缘联轴器结构简单、传递转矩较大，但要求两轴的同轴度要好，适用于刚性大、振动小和低速、大转矩的连接场合。

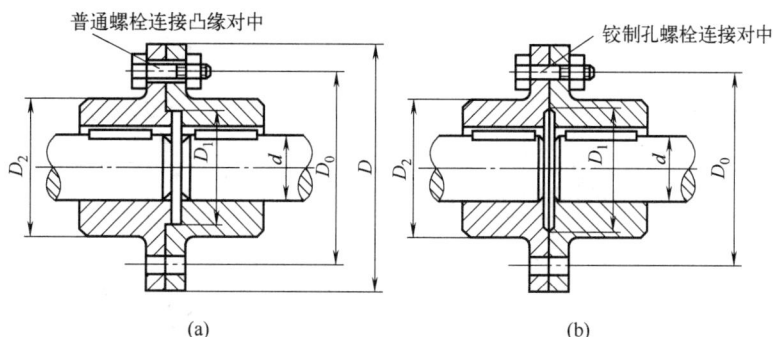

图 11-3　凸缘联轴器

11.1.2　挠性联轴器

（1）无弹性元件的挠性联轴器

这类联轴器因具有挠性，故可补偿两轴的相对位移。但因无弹性元件而不能缓冲减振。常用的有以下几种。

① 十字滑块联轴器。

如图 11-4（a）所示为十字滑块联轴器，由两个具有径向通槽的半联轴器和一个具有相互垂直凸榫的十字滑块组成［图 11-4（b）］。由于滑块的凸榫能在半联轴器的凹槽中移动，故补偿了两轴间的位移。为了减少滑块引起的摩擦，要予以一定的润滑并对工作表面进行热处理以提高硬度。十字滑块联轴器常用 45 钢制造，要求较低时也可以采用 Q275，此时无须热处理。

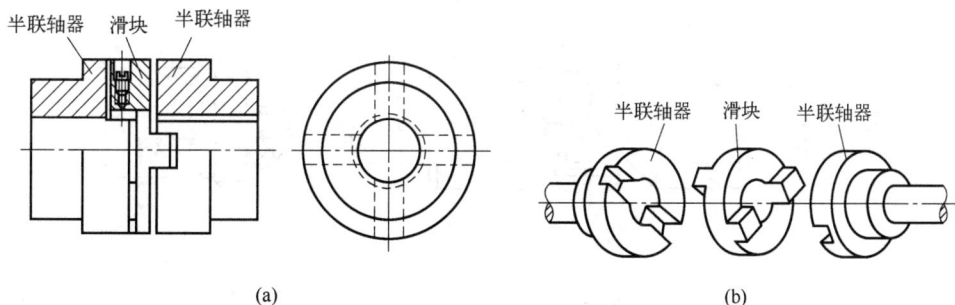

图 11-4　十字滑块联轴器

② 齿式联轴器。

图 11-5（a）所示为齿式联轴器的结构，由两个带有内齿及凸缘的外套筒和两个带有外齿的内套筒组成。两个外套筒用螺栓连接，两个内套筒用键与两轴连接，内、外齿相互啮合传递转矩。由于外齿的齿顶制成椭球面且保证与内齿啮合后具有适当的顶隙和侧隙，故在传动时，套筒可有轴向和径向位移以及角位移，如图 11-5（b）所示为位移补偿示意图。为了减少磨损，使用中应对齿面进行润滑。

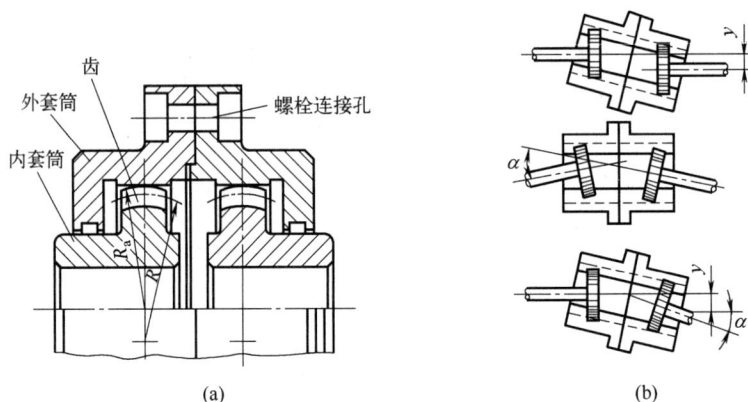

图 11-5 齿式联轴器

齿式联轴器中，所用齿轮的齿廓曲线为渐开线，啮合角为 20°，齿数一般为 30~80，材料一般用 45 钢或 ZG310-570。这类联轴器能传递很大的转矩，并允许有较大的偏移量，安装精度要求不高，但质量较大，成本较高，在重型机械中广泛应用。

③ 十字轴式万向联轴器。

图 11-6 所示为十字轴式万向联轴器，它由两个叉形接头 1、3，一个中间连接件 2，销轴 4 和 5 组成。销轴 4 和 5 互相垂直配置并分别把两个叉形接头与中间连接件 2 连接起来。十字轴式万向联轴器两轴间的夹角可达 35°~45°，而且机器运转时，夹角发生改变仍能正常工作。这种联轴器的缺点是：当主动轴角速度为常数时，从动件的角速度并不是

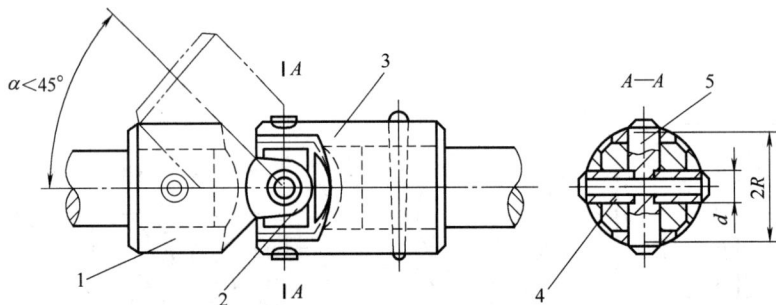

图 11-6 十字轴式万向联轴器

常数，因而在传动中将产生附加动载荷。为了避免这种情况，常将十字轴式万向联轴器成对使用组成双万向联轴器 [图 11-7（a）]。应注意，安装时必须保证主动轴、从动轴与中间轴之间的夹角相等，并且中间轴两端的叉形接头应在同一平面内 [图 11-7（b）]。

万向联轴器在传动中允许两轴线有较大的偏斜，广泛应用于汽车、金属切削机床、重型机械、精密机械等机器中。

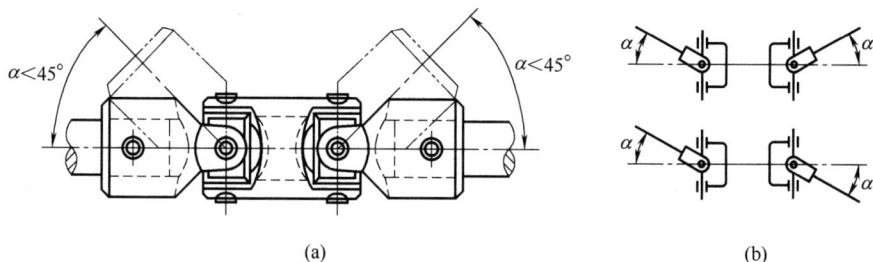

图 **11-7**　双万向联轴器

（2）有弹性元件的挠性联轴器

这类联轴器因装有弹性元件，不仅可以补偿两轴间的相对位移，而且具有缓冲减振的能力。制造弹性元件的材料有非金属和金属两种。非金属材料有橡胶、塑料等，其特点为质量小、价格便宜、有良好的弹性滞后性能，因而减振能力强，金属材料制成的弹性元件（主要为各种弹簧）强度高、尺寸小、寿命较长。

① 弹性套柱销联轴器。

弹性套柱销联轴器（图 11-8）的构造与凸缘联轴器类似，不同之处是用套有弹性套的柱销代替了刚性的螺栓。通过弹性套传递转矩，故可缓冲减振。弹性套的材料常用耐油橡胶，截面形状做成如图 11-8 中网纹部分所示的蛹状，以提高其弹性。柱销材料多用 35 钢，半联轴器用铸铁或铸钢，其与轴的配合可以采用圆柱或圆锥配合孔。

弹性套柱销联轴器易制造、易拆卸、成本低，但弹性套易磨损，寿命短。适用于载荷平稳、启动频繁的中、小功率传动。

② 弹性柱销联轴器。

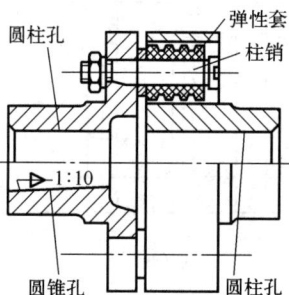

图 **11-8**　弹性套柱销联轴器

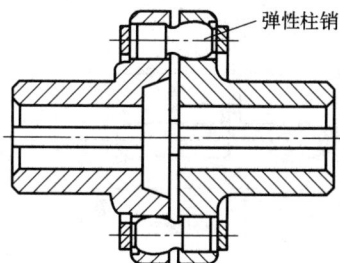

图 **11-9**　弹性柱销联轴器

弹性柱销联轴器（图 11-9）与弹性套柱销联轴器外形相似，与其不同的是，弹性柱销联轴器用弹性柱销将两个半联轴器连接起来。为防止柱销脱落，采用了挡板。柱销多用尼龙或酚醛布棒等弹性材料制造。

与弹性套柱销联轴器相比，弹性柱销联轴器传递转矩的能力很大，结构更为简单，安装、制造方便，耐久性好。弹性柱销有一定的缓冲和吸振能力，允许被连接的两轴有一定的轴向位移以及少量的径向位移和角位移，适用于轴向窜动较大、正反转变化较多和启动频繁的场合。由于尼龙柱销对温度较敏感，故使用温度限制在-20~70℃。

③ 轮胎式联轴器。

轮胎式联轴器如图 11-10 所示，用螺栓 2 和轮胎环 3 来连接两半联轴器 1、5 以实现两轴的连接。轮胎环由橡胶或帘线橡胶复合材料制成，轮胎环内侧用硫化方法与钢质骨架黏接成一体，钢质骨架 4 上的螺栓孔处焊有螺母，用螺栓与两半联轴器的凸缘连接。轮胎联轴器具有很高的弹性，补偿两轴相对位移的能力较大，而且结构简单、无须润滑、装拆和维护都比较方便。其缺点是承载能力不高、外形尺寸较大，两轴相对扭转角的增加会使轮胎外形扭歪，轴向尺寸略有减小，在两轴上产生较大的附加轴向力，使轴承负载加大而降低寿命。

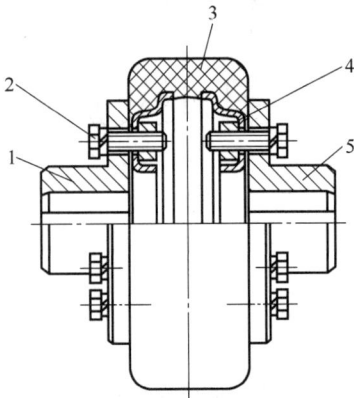

图 11-10 轮胎式联轴器

11.1.3 安全联轴器

安全联轴器的作用是：当工作转矩超过机器允许的极限转矩时，连接件将发生折断、脱开或打滑，从而使联轴器自动停止传动以保护机器中的重要零件不致损坏。

图 11-11 所示为剪切销安全联轴器，这种联轴器有凸缘式和套筒式两种。当传动的转矩超过限定值时，销钉被剪断从而使连接中断。

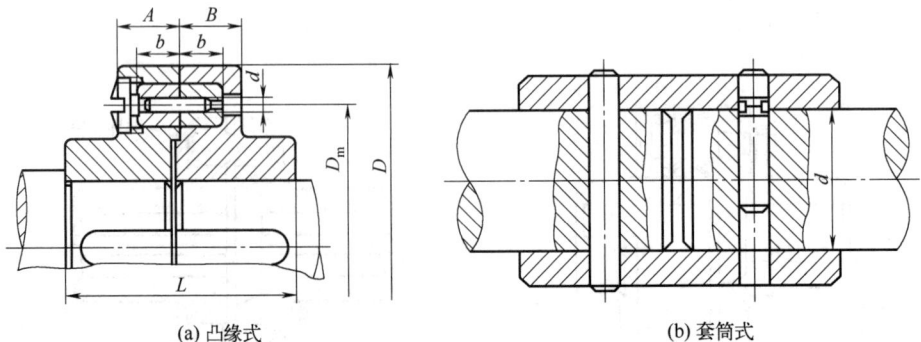

(a) 凸缘式　　　　(b) 套筒式

图 11-11 剪切销安全联轴器

销钉材料可采用 45 钢淬火或高碳工具钢，其预备剪断处应预先切槽，使剪断处的残余变形最小，以免毛刺过大有碍于更换报废的销钉。这类联轴器由于销钉材料力学性能的不稳定以及制造尺寸的误差等原因，致使工作精度不高；而且销钉剪断后不能自动恢复工作能力，因而必须停车更换销钉。尽管如此，但由于其构造简单的特点，所以对很少过载的机器还常采用。

11.1.4　联轴器的选择

（1）联轴器类型的选择

类型选择时应考虑以下问题：

① 所需传递转矩的大小和性质以及对缓冲吸振能力的要求。如大功率的重载传动，可选用齿式联轴器；对冲击载荷大或要求消除轴系扭振的系统，可选用轮胎式联轴器等具有高弹性的联轴器。

② 联轴器工作转速的高低和引起离心力的大小。对于高速传动轴，应选用转动惯量小的联轴器。

③ 两轴相对位移误差的性质和大小。对安装调整后难以保证严格对中的轴系，或工作中两轴将产生较大的附加相对位移时，应选用挠性联轴器。如当径向位移较大时，可选滑块联轴器，角位移较大或空间相交两轴的连接可选用万向联轴器等。

④ 联轴器的可靠性和工作环境。通常由金属元件制成的无须润滑的联轴器比较可靠；需要润滑的联轴器，其性能易受润滑程度的影响，且可能污染环境。含有橡胶等非金属元件的联轴器对温度、腐蚀性介质及强光等比较敏感，而且容易老化。

⑤ 联轴器的装拆、维护和经济性。在满足使用性能要求的前提下，应选用装拆方便、维护简单、成本低的联轴器。如刚性联轴器结构简单，装拆方便，可用于低速刚度大的传动轴。一般的非金属弹性元件联轴器（如弹性套柱销联轴器、弹性柱销联轴器等），由于具有良好的综合性能，广泛适用于一般中、小功率传动。

（2）确定联轴器的计算转矩

联轴器的计算转矩可按下式计算：

$$T_c = K_A T \tag{11-1}$$

式中　T_c——计算转矩，N·mm；

　　　T——名义转矩，N·mm；

　　　K_A——工况系数，可由表 11-1 查取。

表 11-1　联轴器和离合器的工况系数 K_A

工作机		K_A			
工作情况	实例	电动机 汽轮机	四缸和四缸 以上内燃机	双缸 内燃机	单缸 内燃机
转矩变化很小	发电机、小型通风机、小型离心泵	1.3	1.5	1.8	2.2
转矩变化小	透平压缩机、木工机床、运输机	1.5	1.7	2.0	2.4

工作机		K_A			
工作情况	实例	电动机 汽轮机	四缸和四缸 以上内燃机	双缸 内燃机	单缸 内燃机
转矩变化中等	搅拌机、增压泵、有飞轮的压缩机、冲床	1.7	1.9	2.2	2.6
转矩变化和冲击载荷中等	织布机、水泥搅拌机、拖拉机	1.9	2.1	2.4	2.8
转矩变化大、冲击载荷大	造纸机、挖掘机、起重机、碎石机	2.3	2.5	2.8	3.2
转矩变化大、有强烈冲击载荷	压延机、无飞轮的活塞泵、重型初轧机	3.1	3.3	3.6	4.0

（3）确定联轴器规格型号

根据所选联轴器类型及计算转矩 T_c，按照 $T_c \leqslant [T]$ 选定联轴器规格型号。其中 $[T]$ 为所选类型联轴器的许用转矩。

（4）校核最大转速

被连接轴的最高工作转速 n 不应超过所选联轴器的许用转速 n_{max}，即 $n \leqslant n_{max}$。

（5）协调轴孔直径

每种规格型号的联轴器对应的轴孔直径均有一个范围（或给出轴孔直径的最大和最小值，或给出轴孔直径尺寸系列），设计直径应在所选型号联轴器所给定的孔径范围内。被连接的两轴直径可以不同，两个轴端的形状也可以不同，如主动轴轴端为圆柱形，从动轴轴端为圆锥形。

（6）规定部件相应的安装精度

按照所选联轴器允许轴的相对位移偏差，规定轴系零部件相应的安装精度。通常标准中只给出单项位移偏差的允许值。如果有多项位移偏差存在，则必须根据联轴器的尺寸大小计算出相互影响的关系，以此作为规定部件安装精度的依据。

【例题 11-1】 带式输送机传动装置中，要求选用一电动机，其功率 $P=15\text{kW}$，转速 $n=1460\text{ r/min}$，电动机外伸轴直径 $d=42\text{ mm}$，减速器输入轴直径 $d_1=40\text{ mm}$。试选择所需的联轴器。

解：（1）类型选择

为了隔离振动与冲击，选用弹性套柱销联轴器。

（2）载荷计算

公称转矩

$$T = 9550\frac{P}{n} = 9550 \times \frac{15}{1460} = 98.1 \text{（N·m）}$$

由表 11-1 查得 $K_A = 1.5$，计算转矩

$$T_c = K_A T = 1.5 \times 98.1 = 147 \text{（N·m）}$$

由《弹性套柱销联轴器》（GB/T 4323—2017）可查得 LT6 型弹性套柱销联轴器的许用转矩为 355 N·m，即满足 $T_c \leq [T]$，许用转速为 3800r/min，轴径有 40mm 和 42mm，符合要求。

所选联轴器为 LT6 联轴器 $\dfrac{ZC42 \times 112}{JB40 \times 112}$ GB/T 4323—2017。

11.2　离合器

离合器和联轴器一样，通常也用来连接两轴使其一起转动并传递运动和转矩，不同的是，联轴器连接的两轴只有在机器停止运转，经过拆卸后才能分离，而离合器连接的两轴可在机器工作过程中方便地实现分离与接合。

工作中对离合器的基本要求有：分离、接合迅速，平稳无冲击，分离彻底，动作准确可靠；结构简单，重量轻，惯性小，外形尺寸小，工作安全，效率高；接合元件耐磨性好，使用寿命长，散热条件好；操纵方便省力，制造容易，调整维修方便。离合器种类繁多，大多已经标准化、规格化和系列化，一般只需要根据工作要求正确选择它们的类型和尺寸，必要时对其中易损的薄弱环节进行承载能力的校核计算。离合器按其工作原理分为嵌合式和摩擦式两大类。

（1）嵌合式离合器

如图 11-12（a）所示，嵌合式离合器由端面带牙的两个半离合器组成，其中一个半离合器用键与主动轴连接，另一个半离合器用导向键与从动轴连接。由操纵机构带动从动轴上的半离合器做轴向移动，以实现两个半离合器的离合。为使两半离合器能够对中，在主动轴半离合器上固定一个对中环，它与从动轴为间隙配合，从动轴可以在对中环内自由转动。

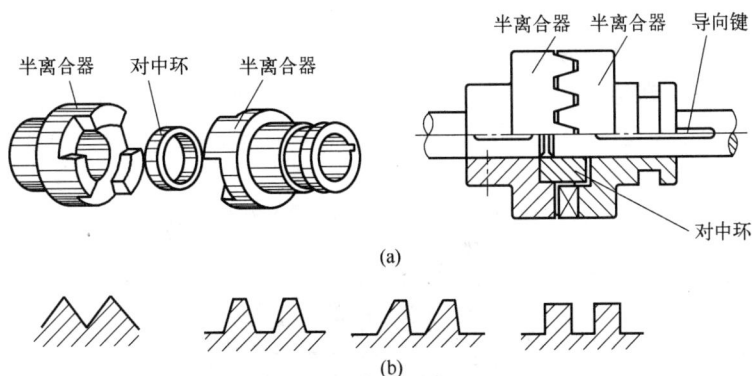

图 11-12　嵌合式离合器

嵌合式离合器的常见牙型有梯形、矩形、锯齿形等［图 11-12（b）］。梯形齿齿根强度高，接合容易，且能自动补偿牙的磨损与间隙；矩形齿接合与分离困难，牙的强度低，磨损后无法补偿；锯齿形牙根强度高，可传递较大转矩，但只能单向工作。

嵌合式离合器一般应在两轴静止或转速差很小的情况下接合与分离，以减小齿间冲击、延长齿的寿命。其结构简单，尺寸小，使用方便，应用较广。

（2）摩擦式离合器

摩擦式离合器是在主动摩擦盘转动时，由主、从动盘的接触面间产生的摩擦力矩来传递转矩的，有单盘式和多盘式两种结构。

①单盘式摩擦离合器。

图 11-13 是单盘式摩擦离合器的结构图。两个摩擦盘用键和导向键分别与主动轴、从动轴相连接，操纵环可以控制从动轴上的摩擦盘沿从动轴移动，与主动轴上的摩擦盘结合，这样主动轴上的转矩即由两盘接触面间产生的摩擦力矩传到从动轴上。摩擦离合器的接触面可以是平面［图 11-13（a）］或锥面［图 11-13（b）］。在同样的压紧力下，锥面可以传递更大的转矩。为了增大两摩擦盘之间的摩擦，常在摩擦盘表面加装摩擦片，以具有更好的耐压、耐磨、耐油和耐高温的性能。

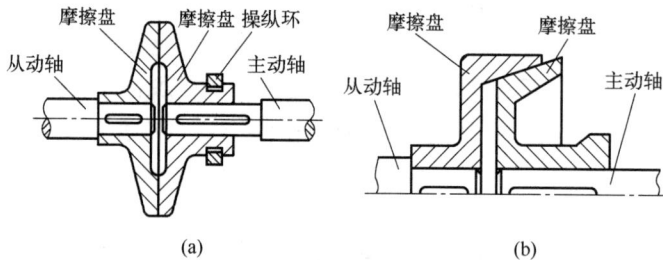

(a)　　　　　　　(b)

图 11-13　单盘式摩擦离合器

② 多盘式摩擦离合器。

图 11-14 是多盘式摩擦离合器的结构图。其中，主动轴、外鼓轮和一组外摩擦片组成主动部分，外摩擦片可以沿外鼓轮的内槽移动。从动轴、套筒和一组内摩擦片组成从动部分，内摩擦片可以沿套筒上的槽滑动。套筒上均布三个纵向槽，槽内安装有曲臂压杆。当操纵滑环左移时，通过曲臂压杆顺时针转动，挡板将两组摩擦片压在调整螺母上，离合器

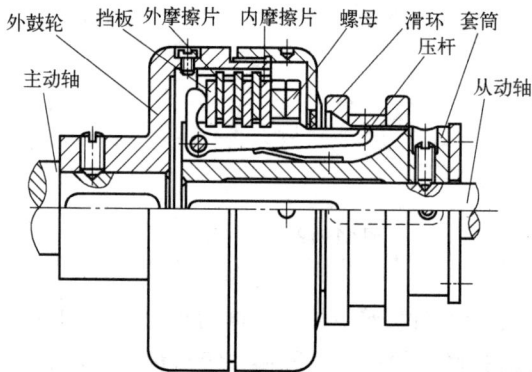

图 11-14　多盘式摩擦离合器

处于接合状态。螺母可调整摩擦片之间的压力。当操纵滑环右移时,通过曲臂压杆下面的弹簧片使其逆时针转动,两组摩擦片压力消除,离合器处于分离状态。

多盘式摩擦离合器也有使用电磁力操纵的,称为电磁摩擦离合器(图 11-15)。它的工作原理是:当直流电经接触环 1 导入电磁线圈 2 后产生磁通 Φ,使线圈吸引衔铁 5,于是衔铁 5 将两组摩擦片 3、4 压紧,离合器处于接合状态。当电流切断时,依靠复位弹簧 6 将衔铁推开,使两组摩擦片松开,离合器就处于分离状态。它可以实现远距离控制,动作迅速,没有不平衡的轴向力,在数控机床等自动机械中广泛应用。

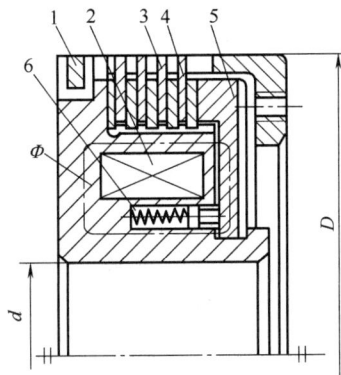

图 11-15　电磁摩擦离合器

摩擦式离合器和嵌合式离合器相比有下列优点:不论在何种速度时,两轴可随时接合或分离;接合过程平稳,冲击振动较小;从动轴的加速时间和所传递的最大转矩可以调节;过载时打滑,以保护重要零件不致损坏。缺点是:外廓尺寸较大;在接合、分离过程中会产生滑动摩擦,发热量较大,磨损也较大。

本章小结

本章讲述了常用联轴器的分类、主要结构及设计方法,并简要介绍了几种常见离合器的结构及工作原理。

本章重点:常用联轴器的分类及设计方法。

习题

11-1　联轴器和离合器的功用是什么?二者的功用有何异同?

11-2　选用联轴器时,应考虑哪些主要因素?

11-3　试校核带式运输机中蜗轮蜗杆减速器的输入联轴器与输出联轴器。如图 11-16,已知电动机功率 $P_1=7.5$kW,转速 $n_1=720$r/min,电动机轴直径 $d_1=42$mm,减速器传动比

$i=25$，传动效率 $\eta=0.8$，输出轴直径 $d_2=60mm$。减速器输入轴选用 HL3 弹性柱销联轴器（额定转矩 $T_n=630N·m$，许用转速 $[n]=5000r/min$），输出轴选用 HL5 弹性柱销联轴器（额定转矩 $T_n=2000N·m$，许用转速 $[n]=3550r/min$），减速器的工作转矩变化较小。

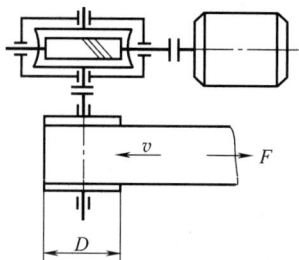

图 11-16　蜗轮蜗杆减速器

11-4　摩擦式离合器与嵌合式离合器的工作原理有什么不同？

11-5　齿式联轴器为什么能补偿综合位移？

拓展阅读

　　超越离合器是利用主动件和从动件的转速变化或回转方向变换而自动接合或脱开的一种离合器。当主动件带动从动件一起转动时，称为结合状态；当主动件和从动件脱开以各自的速度回转时，称为超越状态。

　　常用的超越离合器有棘轮超越离合器、滚柱超越离合器和楔块超越离合器三种。图 11-17 为滚柱超越离合器的结构图，它由爪轮、套筒、滚柱和弹簧顶杆等组成。当爪轮为主动件且顺时针转动时，滚柱受摩擦力作用被楔紧在爪轮和套筒之间，并带动套筒（和从动轴）一起回转，此时离合器处于结合状态；当爪轮逆时针转动时，滚柱被推到空隙较大的部分不再楔紧，离合器便处于分离状态。

　　可见，超越离合器是一种特殊的机械离合器，它只能传递单向的转矩，故可用于防止逆转。如果在套筒随爪轮转动的同时，套筒又从另外的运动系统获得一个转向与爪轮相同，但转速更大的运动，套筒的转速将超越主动件爪轮的转速，爪轮、套筒各自以各自的速度转动，离合器也将处于分离状态，直至套筒的转速低于爪轮的转速时才会再结合。这种从动件可以超越主动件的特性，多应用于内燃机等机械的启动装置中。

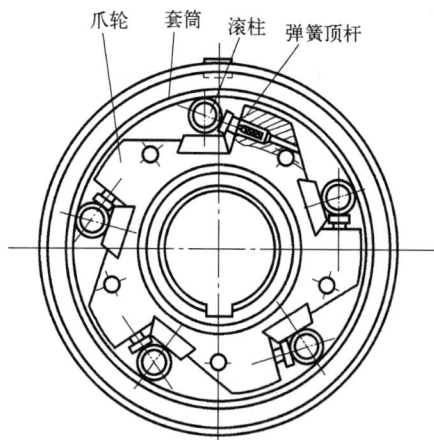

图 11-17　滚柱超越离合器

第 **12** 章 其他常用零部件

本章知识导图

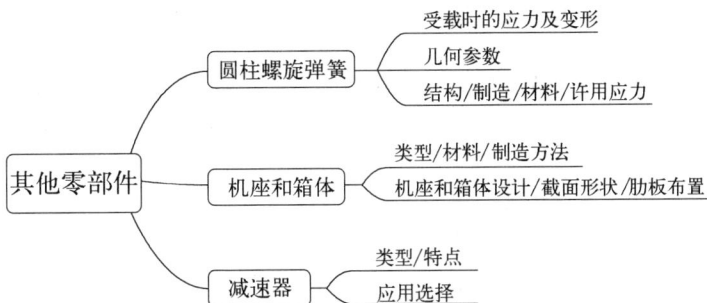

本章学习目标

（1）了解常用弹簧的应用和类型；

（2）理解圆柱弹簧受载时的应力和变形；

（3）理解圆柱螺旋弹簧的制造、材料和许用应力；

（4）了解机座和箱体一般类型与材料选择；

（5）理解机座和箱体结构特点及设计准则；

（6）了解齿轮减速器类型、特点及应用。

在机械设计中，弹簧、机座、箱体和齿轮减速器是不可或缺的常用零部件。弹簧，在电风扇、电脑显示器、医疗手术器械等多种场合发挥着关键作用，提供稳定的支承和调节功能。机座和箱体，作为机械设备的支承和保护结构，其设计需考虑稳固性和可维护性。而齿轮减速器，通过齿轮的啮合实现减速运动，其结构复杂但工作稳定，广泛应用于各种动力传动系统。这些常用零部件将为后续机械设计奠定基础。

12.1 弹簧

12.1.1 弹簧的功用和类型

弹簧是一种弹性元件，可在载荷作用下产生较大的弹性变形。弹簧在各类机械中应用十分广泛。主要应用于以下几方面：

① 控制机构的运动，如制动器、离合器、阀门以及各种调速器中的弹簧等。

② 缓冲及吸振，如车辆弹簧和各种缓冲器中的弹簧。

③ 储存能量，如钟表、仪器中的弹簧。

④ 测量力的大小，如弹簧秤中的弹簧。

按受载情况，弹簧可分为拉伸弹簧［图 12-1（a）］、压缩弹簧［图 12-1（b）、（c）］、和扭转弹簧［图 12-1（d）］。而按照弹簧的形状不同，又可分为螺旋弹簧、环形弹簧、碟形弹簧、板弹簧和平面涡卷弹簧等。

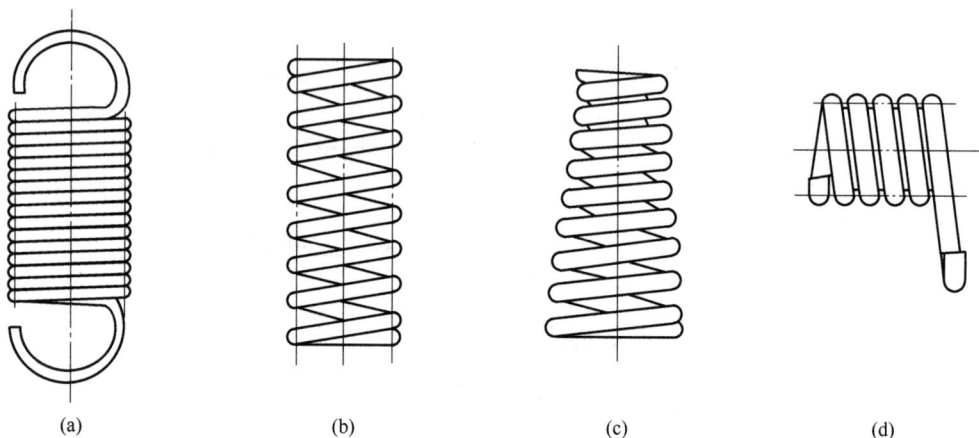

(a)   (b)   (c)   (d)

图 12-1 螺旋弹簧

螺旋弹簧是用金属丝（条）依照螺旋线卷绕而成，得益于其相对简易的制造工艺，该类弹簧在工业领域得到了广泛应用，使用普及率极高。在一般机械中最为常用的是圆柱螺旋弹簧［图 12-1（a）、（b）、（d）］。本节主要介绍圆柱螺旋拉伸、压缩弹簧的结构和设计。

12.1.2　圆柱螺旋拉伸、压缩弹簧的应力与变形

（1）弹簧的应力

圆柱螺旋拉伸弹簧与压缩弹簧的外载荷，即轴向力，均沿弹簧的轴线作用，其应力和变形计算是相同的。现以圆柱螺旋压缩弹簧为例进行分析。

图 12-2 所示为一圆柱螺旋压缩弹簧，轴向力 F 作用在弹簧的轴线上，弹簧丝的截面是圆形的，其直径为 d，弹簧中径为 D，螺旋升角为 α。一般弹簧的螺旋升角很小（$\alpha<9°$），可以认为通过弹簧轴线的截面就是弹簧丝的法截面。由力的平衡可知，该截面上作用着剪力 F 和扭矩 $T=\dfrac{FD}{2}$。

如果不考虑弹簧丝的弯曲，按直杆计算，以 W_T 表示弹簧丝的抗扭截面系数，则扭矩 T 在截面上引起的最大扭切应力（图 12-3）为

$$\tau' = \frac{T}{W_T} = \frac{\dfrac{FD}{2}}{\dfrac{\pi d^3}{16}} = \frac{8FD}{\pi d^3}$$

若剪力引起的切应力为均匀分布，则切应力为

$$\tau'' = \frac{4F}{\pi d^2}$$

弹簧丝截面上的最大切应力集中出现在内侧，即靠近弹簧轴线的一侧（图 12-3），其值为

$$\tau = \tau' + \tau'' = \frac{8FD}{\pi d^3} + \frac{4F}{\pi d^2} = \frac{8FD}{\pi d^3}\left(1 + \frac{d}{2D}\right)$$

令
$$C = \frac{D}{d} \qquad\qquad (12\text{-}1)$$

则弹簧丝截面上的最大切应力为

$$\tau = \frac{8FC}{\pi d^2}\left(1 + \frac{0.5}{C}\right) \qquad\qquad (12\text{-}2)$$

式中　C——旋绕比或弹簧指数，是衡量弹簧曲率的重要参数；

$\dfrac{0.5}{C}$——切应力 τ'' 的影响。

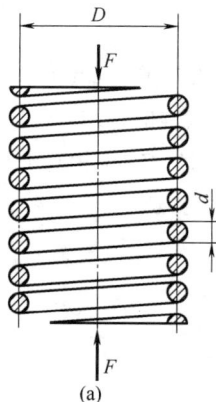

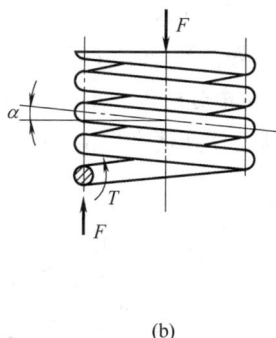

图 12-2 弹簧的受力分析

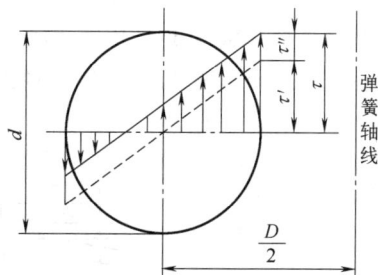

图 12-3 弹簧丝的应力

较精确的分析指出，弹簧丝截面内侧的最大切应力（图 12-4）及其强度条件为

$$\tau = K\frac{8FC}{\pi d^2} \leqslant [\tau] \qquad\qquad (12\text{-}3)$$

式中　$[\tau]$——材料的许用切应力；

　　　K——弹簧的曲度系数。

K 的计算式为

$$K = \frac{4C-1}{4C-4} + \frac{0.615}{C} \qquad\qquad (12\text{-}4)$$

K 值可根据旋绕比 C 直接从图 12-5 查出。

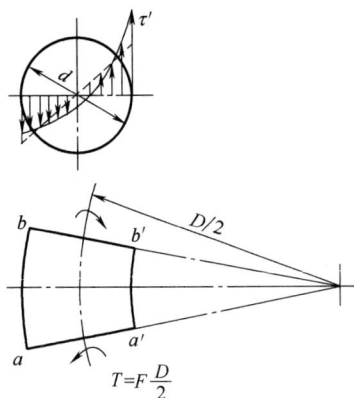

图 12-4 考虑曲率时弹簧丝的扭切力

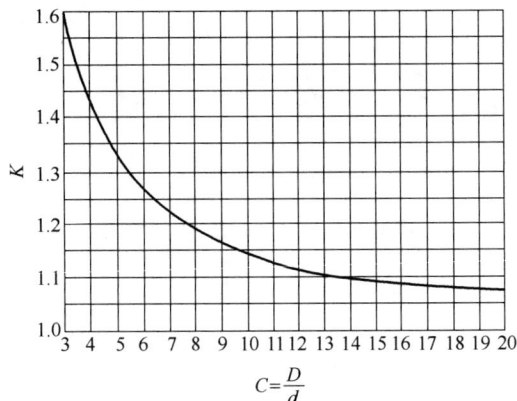

图 12-5 曲度系数

式（12-4）中第一项反映了弹簧丝曲率对扭切应力的影响。如图 12-4 所示，当弹簧丝承受扭矩 T 作用时，截面 aa' 与 bb' 将相对转动一个小角度。由于内侧的纤维长度比外侧的短（即 $a'b' < ab$），内侧单位长度的扭转变形比外侧的大，因此内侧的扭切应力大于直杆的扭切应 τ'，而外侧则反之。显然，旋绕比 C 越小，内侧应力增加越多。式（12-4）中的第二项反映了因 τ'' 分布不均匀对内侧应力产生的影响。

（2）弹簧的变形

弹簧在轴向载荷作用下产生轴向变形量 λ，如图 12-6（a）。现截取微段弹簧丝 ds，如图 12-6（b）所示，当弹簧螺旋升角 α 很小时，可认为半径 OC_1、OC_2 和微段弹簧丝的轴线 ds 在同一平面内。微段弹簧丝 ds 受扭矩 T 后，两端截面相对扭转了 $d\varphi$ 角，于是半径 OC_2 也相对于半径 OC_1 扭转了一个角度 $d\varphi$，使点 O 移到 O'，从而使弹簧产生相应的轴向变形 $d\lambda$。

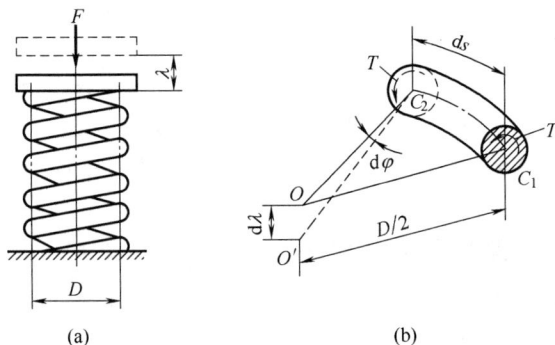

图 12-6 弹簧的变形

积分

$$d\lambda = \frac{D}{2}d\varphi = \frac{D}{2} \times \frac{Tds}{GI_p} = \frac{8FD^2ds}{G\pi d^4}$$

$$\lambda = \int_0^l \mathrm{d}\lambda = \frac{8FD^2}{G\pi d^4}\int_0^l \mathrm{d}s$$

式中　G——弹簧材料的切变模量（钢：$G = 8\times10^4\,\mathrm{MPa}$，青铜：$G = 4\times10^4\,\mathrm{MPa}$）；

　　其他符号意义同前。

积分 $\int_0^l \mathrm{d}s$ 中的参数 l 代表弹簧丝的长度，若弹簧的有效圈数（参与变形的圈数）为 n，则 $l = \pi Dn$，由此可得弹簧的轴向变形量为

$$\lambda = \frac{8FD^3 n}{Gd^4} = \frac{8FC^3 n}{Gd} \tag{12-5}$$

使弹簧产生单位变形量所需的载荷称为弹簧刚度 k（也称为弹簧常数），即

$$k = \frac{F}{\lambda} = \frac{Gd^4}{8D^3 n} = \frac{Gd}{8C^3 n} \tag{12-6}$$

从式（12-6）可以看出，当其他条件相同时，旋绕比 C 越小，弹簧刚度越大，反之则弹簧刚度越小。若 C 值过小，会使弹簧卷绕困难，并在弹簧内侧引起过大的应力；若 C 值过大，弹簧极易出现颤动现象。所以旋绕比 C 应在 4~16 内，常用的为 C=5~8。此外，刚度 k 还与 G、d、n 有关，设计时应综合考虑这些因素的影响。

12.1.3　弹簧的制造、材料和许用应力

（1）弹簧的制造

螺旋弹簧的制造过程包括：卷绕、两端面加工（指压簧）或挂钩的制作（指拉簧和扭簧）、热处理和工艺性试验等。

大批生产时，弹簧的卷制是在自动机床上进行的，小批生产时则常在普通车床上或者手工卷制。弹簧的卷绕方法可分为冷卷和热卷。当弹簧丝直径小于 10mm 时，常用冷卷法。冷卷时，一般用冷拉的碳素弹簧钢丝在常温下卷成，不再淬火，只经低温回火消除内应力。热卷的弹簧卷成后须经过淬火和回火处理。弹簧在卷绕和热处理后，需要进行表面检验及工艺性试验来鉴定弹簧的质量。

弹簧制作完成后，若进一步施行强压处理，其承载能力将得到有效提升。强压处理是把弹簧强制压缩至超出材料屈服极限的程度，并在此极限压缩状态下维持一定时长后再卸载，使弹簧丝表面层产生与工作应力方向相反的残余应力，受载时可抵消一部分工作应力，因此提高了弹簧的承载能力。经强压处理的弹簧，不宜在高温、变载荷及有腐蚀性介质的条件下应用。因为在上述情况下，强压处理产生的残余应力是不稳定的。针对承受变载荷作用的压缩弹簧，可采用喷丸处理提高其疲劳寿命。

（2）弹簧的材料

弹簧在机械中常承受具有冲击性的变载荷，所以弹簧材料应具有高的弹性极限、疲劳极限、一定的冲击韧性、塑性和良好的热处理性能等。常用的弹簧材料有优质碳素弹簧钢、合金弹簧钢和有色金属合金。

① 碳素弹簧钢含碳质量分数为 0.6%~0.9%，如 65、70、85 等碳素弹簧钢。这类钢价

廉易得，热处理后具有较高的强度、适宜的韧性和塑性，但当弹簧丝直径大于 12mm 时，不易淬透，故仅适用于小尺寸的弹簧。

碳素弹簧钢丝按抗拉强度极限的高低分为 B、C、D 三级，分别适用于低、中、高应力弹簧。表 12-1 列出了碳素弹簧钢丝极限强度的下限值。由表中数据可看出，同一级材料，其极限强度随钢丝直径的增加而减小，这是因为直径大则不容易淬透，所以设计碳钢弹簧时，先选定弹簧丝直径，然后校核其强度是否足够。

表 12-1　碳素弹簧钢丝的抗拉强度极限　　　　　　　　　　　　　　　单位：MPa

级别	钢丝直径 d/mm											
	0.5	1.8	1.0	1.2	1.6	2.0	2.5	3.0	3.5	4.0	4.5	5.0
B 级	1860	1710	1660	1620	1570	1470	1420	1370	1320	1320	1320	1320
C 级	2200	1010	1960	1960	1810	1710	1660	1570	1570	1520	1520	1470
D 级	2550	2400	2300	2300	2110	1910	1760	1710	1660	1620	1620	1570

② 对于承受变载荷、冲击载荷或工作温度较高的弹簧，需采用合金弹簧钢。常用的有硅锰钢和铬钒钢等。

③ 对于在潮湿、酸性或其他腐蚀性介质中工作的弹簧，宜采用有色金属合金，如硅青铜、锡青铜、铍青铜等。

选择弹簧材料时应充分考虑弹簧的工作条件（载荷的大小及性质、工作温度和周围介质的情况）、功用及经济性等因素，一般应优先采用碳钢。

（3）弹簧的许用应力

影响弹簧许用应力的因素很多，材料品种、材料质量、热处理方法、载荷性质、弹簧的工作条件以及弹簧丝的尺寸等，都是确定许用应力时需要考虑的关键要素。

弹簧按其载荷性质分为三类：Ⅰ类为受变载荷作用次数在 10^6 以上或很重要的弹簧，如内燃机气门弹簧、电磁制动器弹簧；Ⅱ类为受变载荷作用次数在 $10^3 \sim 10^5$、受冲击载荷的弹簧或受静载荷的重要弹簧，如调速器弹簧、安全阀弹簧、一般车辆弹簧；Ⅲ类为受变载荷作用次数在 10^3 以下的，即基本上受静载荷的弹簧，如摩擦式安全离合器弹簧等。各类弹簧的常用材料和许用切应力分别列于表 12-2 中。

表 12-2　螺旋弹簧的常用材料和许用切应力

材料		许用切应力/MPa			推荐使用温度/℃	推荐硬度 HRC 范围	特性及用途
名称	牌号	Ⅰ类弹簧 $[\tau_1]$	Ⅱ类弹簧 $[\tau_2]$	Ⅲ类弹簧 $[\tau_3]$			
碳素弹簧钢丝（可分为 B、C、D 三级）	65、70	$(0.3 \sim 0.38)\sigma_B$	$(0.38 \sim 0.45)\sigma_B$	$0.5\sigma_B$	-40~130		强度高，但尺寸大则不易淬透。B、C、D 级分别适用于低、中、高应力弹簧
	65Mn	340	455	570	-40~130		

续表

材料		许用切应力/MPa			推荐使用温	推荐硬度	特性及用途
名称	牌号	Ⅰ类弹簧 $[\tau_1]$	Ⅱ类弹簧 $[\tau_2]$	Ⅲ类弹簧 $[\tau_3]$	度/℃	HRC 范围	
合金弹簧钢丝	60Si2Mn	445	590	740	-40~200	45~50	弹性好,回火稳定性好,易脱碳,用于重载弹簧
	50CrVA	445	590	740	-40~210	45~50	疲劳强度高,淬透性和回火稳定性好,常用于受变载荷的弹簧
	60CrMnA	430	570	710	-40~250	47~52	抗高温,用于重载、大尺寸弹簧
青铜丝	QSi-3	196	250	333	-40~120		耐腐蚀,防磁
	QSn4-3	196	250	333	-250~120		

注：1. 钩环式拉伸弹簧因钩环过渡部分存在附加应力，其许用切应力取表中数值的 80%。

2. 对重要的、其损坏会引起整个机械损坏的弹簧，许用切应力 $[\tau]$ 应适当降低，例如受静载荷的重要弹簧，可按Ⅱ类选取许用切应力。

3. 经强压、喷丸处理的弹簧，许用切应力可提高约 20%。

4. 极限切应力可取为：Ⅰ类，$\tau_s=1.67[\tau_1]$；Ⅱ类，$\tau_s=1.25[\tau_2]$；Ⅲ类，$\tau_s=1.12[\tau_3]$。

【例题 12-1】 已知一圆柱螺旋压缩弹簧，钢丝直径 d=10mm，D=50mm，n=10 圈，材料为 60Si2Mn，用在重要场合，受静载荷，问在安全范围内该弹簧工作时最多可压缩多少？

解：只要先求出弹簧丝最大切应力 $\tau = [\tau]$ 时的最大工作载荷 F_2，就可求出该弹簧允许的最大压缩量。

（1）求许用切应力

由弹簧的材料、用途、载荷性质及表 12-2，按Ⅱ类弹簧取许用切应力 $[\tau_2]$=590MPa。

（2）求最大切应力 $\tau = [\tau_2]$ 时的最大工作载荷 F_2

由式（12-3），可解得

$$F_2 = \frac{\pi d^2 [\tau]}{8KC}$$

式中，$C=\dfrac{D}{d}=\dfrac{50}{10}=5$，查图 12-5 得 K=1.31。将各值代入上式得

$$F_2 = \frac{\pi \times 10^2 \times 590}{8 \times 1.31 \times 5} = 3537 \text{（N）}$$

（3）求 F_2 作用时的变形量 λ_2

由式（12-5）得

$$\lambda_2 = \frac{8F_2 C^3 n}{Gd} = \frac{8 \times 3537 \times 5^3 \times 10}{8 \times 10^4 \times 10} = 44 \text{（mm）}$$

故此弹簧工作时，最多可压缩 44mm。

12.2　机座和箱体

机座和箱体是机器设备的基础部件，是机器中底座、机体、床身、壳体，以及基础平台等零件的统称。

作为基础部件，机器的所有部件最终都安装在机座上或在其导轨面上运动。因此，机座在机器中既起支承作用，承受其他部件的质量和工作载荷；又作为整个机器的安装和定位基准，保证各个部件之间的相对位置关系。机座和箱体通常在很大程度上影响着机器的工作精度及抗振性能，若兼作运动部件的滑道（导轨），还影响着机器的运动精度和耐磨性等。另外，作为基础部件，机座和箱体支承和包容着机器中的其他零部件，相对来说质量和尺寸都要更大一些，通常占一台机器总质量中的很大比例（例如在机床中占总质量的70%~90%）。

因此，正确选择机座和箱体等零件的材料和正确设计其结构形式及尺寸，是减小机器质量、节约金属材料、提高工作精度、增强机器刚度及耐磨性的重要途径。现仅就机座和箱体的一般类型、材料、制造方法、结构特点及基本设计准则做简要介绍。

12.2.1　机座和箱体的一般类型与材料选择

（1）机座和箱体的一般类型

机座（包括机架、基板等）和箱体（包括机壳、机匣等）的形式繁多，分类方法不唯一。就其一般构造形式而论，可划分为 4 大类（图 12-7）：机座类［图（a）、（e）、（h）、（j）］机架类［图（d）、（f）、（g）］、基板类［图（c）］和箱壳类［图（b）、（i）］。按结构分类，可分为整体式和装配式；按制造方法分类，可分为铸造类、焊接类、拼焊类、螺接类、冲压类以及轧制锻造类，各种制造方法具有不同特点，适配于特定的应用场景，但一般以铸造、焊接类居多。

（2）机座和箱体的材料及制造方法

机座和箱体一般具有较大的尺寸和质量，材料用量大，同时又是机器中的安装基准、工作基准和运动基准，因此机座和箱体的材料选择必须在满足工作能力的前提下兼顾经济性要求。

常用机座和箱体的材料有如下几种：

① 铸铁：具有较好的吸振性和机械加工性能，是机座和箱体中使用最多的一种材料。铸铁机座多用于固定式机器，尤其是固定式重型机器等机座和箱体结构复杂、刚度要求高的场合。

② 铸钢：具备卓越的综合力学性能，通常应用于对强度要求颇高、形状复杂程度相对较低的基座铸造。

③ 铝合金：多用于飞机、汽车等运行式机器的机座和箱体的制造，以尽可能减小质量。

④ 结构钢：具有良好的综合力学性能，常用于受力大，具有一定振动、冲击载荷要求，

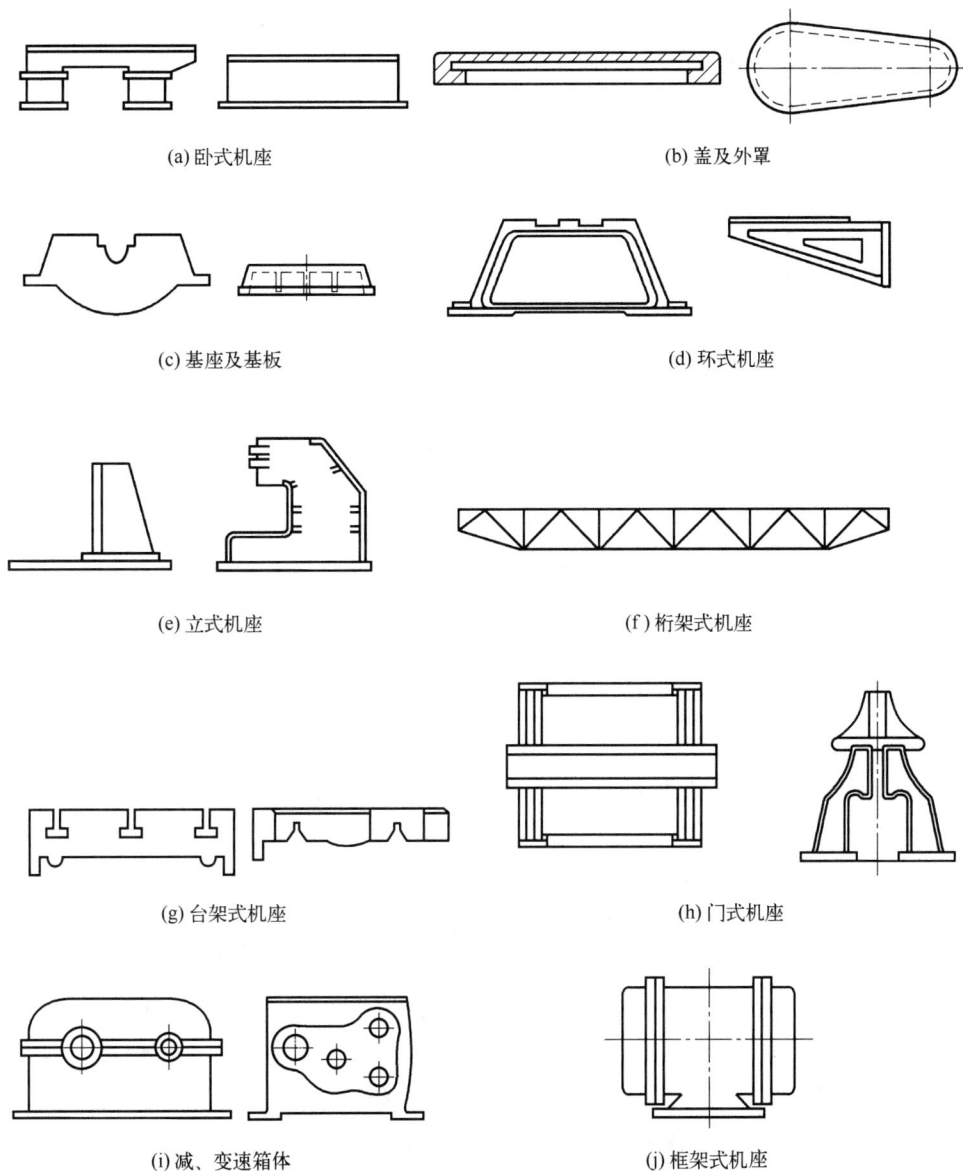

(a) 卧式机座 　　　　　　　　　　　　　　(b) 盖及外罩

(c) 基座及基板 　　　　　　　　　　　　　(d) 环式机座

(e) 立式机座 　　　　　　　　　　　　　　(f) 桁架式机座

(g) 台架式机座 　　　　　　　　　　　　　(h) 门式机座

(i) 减、变速箱体 　　　　　　　　　　　　(j) 框架式机座

图 12-7　机座和箱体的形式

可以采用焊接工艺制造的机座和箱体。

⑤ 花岗岩或陶瓷机座：一般用于精密机械，如激光测长机等测量设备或精密加工设备的基座设计。

设计时，应进行全面分析比较，以期设计合理，且能切实贴合生产现场的实际状况。例如，一般来说，成批生产且结构复杂的零件以铸造为宜；单件小批生产，且生产期限较短的零件则以焊接为宜，但对具体的机座或箱体仍应分析其主要决定因素。比如成批生产的中、小型机床及内燃机等的机座，结构复杂是其主要问题，应以铸造为宜；成批生产的汽车底盘及运行式起重机的机体等以质量小和运行灵活为主，应以焊接为宜；质量及尺寸都不大的单件机座或箱体以制造简便和经济为主，可采用焊接或 3D 打印等制造方法；单件大型机座或箱体若单采用铸造或焊接皆不经济或不可能时，应采用拼焊结构等。

12.2.2 机座和箱体设计

（1）机座和箱体设计要求

机座和箱体的设计除了人机工程、经济性等方面的要求外，一般还应满足以下要求：

① 精度要求：应合理选择和确定机座的加工精度，保证机座上或箱体内外零部件的相互位置关系准确。

② 工作要求：机座和箱体的设计首先要满足刚度，其次要满足强度、抗振性和吸振性、稳定性等方面的要求；当同时用作滑道时，滑道部分还应具有足够的耐磨性。

③ 工艺性要求：机座和箱体体积大，结构复杂，加工工序多，因此必须考虑毛坯制造、机械加工、热处理、装配、安装固定、搬运等工序的工艺问题。

④ 运输性要求：机座和箱体体积大，质量大，因此设计时应考虑设备在运输过程中起吊、装运、陆路运输桥梁承重、涵洞宽度等限制，尽量不要出现超大尺寸、超大质量的设计。

（2）机座和箱体设计

机座和箱体的结构形状和尺寸大小，取决于安装在它的内部或外部的零部件的形状和尺寸及其相互配置、受力与运动情况等。设计时，应使所装的零件和部件便于装拆与操作。

机座和箱体的一些结构尺寸，如壁厚、凸缘宽度、肋板厚度等，对机座和箱体的工作能力、材料消耗、质量和成本，均有重大的影响。但是由于这些部位形状的不规则和应力分布的复杂性，以前大多是按照经验公式、经验数据或比照现用的类似机件进行类比设计，而略去强度和刚度等方面的精确分析与校核。虽然这对那些不太重要的场合是可行的，但却带有一定的盲目性。因而对重要的机座和箱体设计时，考虑到上述设计方法不够可靠，或者资料不够成熟，还需用模型或实物进行实测试验，以便按照测定的数据进一步修改结构及尺寸，从而弥补经验设计的不足。随着科学技术和计算机辅助设计技术的发展，现在可以利用精确的数值计算方法和大型 CAE 工程软件，通过拓扑优化等现代设计手段来确定前述这些结构的形状和尺寸。

设计机座和箱体时，为了机器装配、调整、操纵、检修及维护等的方便，应在适当的位置开设大小适宜的孔洞。金属切削机床的机座还应具有便于迅速清除切屑或边角料的特点。各种机座均应有方便、可靠地与地基连接的装置。

箱体零件上必须镗、磨的孔数及各孔位置的相关影响应尽量减少。位于同一轴线上的各孔直径最好相同或顺序递减。在不太重要的场合，可按照经验设计确定减速器箱体具体尺寸。

在机座和箱体刚度设计时，主要通过采用合理的截面形状和合理的肋板布置来显著提高机座和箱体刚度。另外还可通过尽量减少与其他机件的连接面数，使连接面垂直于作用力，使相连接的各机件间相互连接牢固并靠紧，尽量减小机座和箱体的内应力，以及选用弹性模量较大的材料等一系列的措施来增强机座和箱体刚度。

当机座和箱体的质量很大时，应设有便于起吊的装置，如吊装孔、吊钩或吊环等，如需用绳索捆绑，必须保证起吊时具有足够的刚度，并考虑在放置平稳后，绳索易于解下或抽出。

另外还须指出，机器工作时总会产生振动并引发噪声，对周围的人员、设备、产品质量及自然环境都会带来损害与污染，因而隔振也是设计机座与箱体时应该考虑的问题，特别是当机器转速或往复运动速度较高以及冲击严重时，必须通过阻尼或缓冲等手段使振动波在传递过程中迅速衰减到允许的范围内。最常见的隔振措施是在机座与地基间加装由金属弹簧或橡胶等弹性元件制成的隔振器，它们可根据计算结果的要求从专业工厂的产品中选用，必要时也可委托厂家定做。

12.2.3　机座和箱体的截面形状及肋板布置

（1）截面形状

绝大多数的机座和箱体受力情况都很复杂，因而要产生拉伸（或压缩）、弯曲扭转等变形。当受到弯曲或扭转时，截面形状对于它们的强度和刚度有着很大的影响。如能正确设计机座和箱体的截面形状，从而在既不增大截面面积又不增大（甚至减小）零件质量（材料消耗量）的条件下增大截面系数及截面的惯性矩，就能提高它们的强度和刚度。表 12-3 中列出了机座和箱体常用的几种截面形状（面积接近），通过它们的相对强度和相对刚度的比较可知：虽然空心矩形截面的弯曲强度不及工字形截面的弯曲强度，扭转强度不及圆形截面的扭转强度，但它的扭转刚度却大得很多。而且采用空心矩形截面的机座和箱体的内、外壁上较易装设其他机件。因而对于机座和箱体来说，空心矩形截面是结构性能较好的截面形状。实用中绝大多数的机座和箱体都采用这种截面形状就是这个缘故。

表 12-3　机座和箱体常用的几种截面形状的对比

截面		弯曲			扭转			
形状	面积/cm²	许用弯矩/N·m	相对强度	相对刚度	许用扭矩/N·m	相对强度	单位长度许用扭矩/N·m	相对刚度
	29.0	4.83 $[\sigma_b]$	1.0	1.0	0.27$[\tau_t]$	1.0	6.6G $[\varphi_G]$	1.0
	28.3	5.82 $[\sigma_b]$	1.2	1.15	11.6$[\tau_t]$	43	58G	8.8

截面		弯曲			扭转			
形状	面积/cm²	许用弯矩/N·m	相对强度	相对刚度	许用扭矩/N·m	相对强度	单位长度许用扭矩/N·m	相对刚度
	29.5	6.63 [σ_b]	1.4	1.6	10.4[τ_r]	38.5	207G	31.4
	29.5	9.0[σ_b]	1.8	2.0	1.2[τ_r]	4.5	12.6G	1.9

注：[σ_b]为许用弯曲应力；[τ_r]为许用扭转切应力；G为切变模量；[φ_G]为单位长度许用扭转角。

（2）肋板布置

一般地说，增加壁厚固然可以增大机座和箱体的强度和刚度，但不如加设肋板更有利。因为加设肋板，在增大强度和刚度的同时，零件质量又可较增大壁厚时小；对于铸件，由于无须增加壁厚，可减少铸造的缺陷；对于焊件，壁薄时更易保证焊接的品质。

因此，加设肋板不仅较为有利，而且常常是必要的。肋板布置的正确与否对于加设肋板的效果有着很大的影响。如果布置不当，不仅不能增大机座和箱体的强度和刚度，而且会造成工料浪费及增加制造困难。

由表12-4所列的几种肋板布置情况即可看出：除了第5、6号的斜肋板布置情况外，其他几种肋板布置形式对于弯曲刚度增加得很少；尤其是第3、4号肋板的布置情况，相对弯曲刚度C_b的增加值甚至小于相对质量R的增加值（$C_b/R<1$）。由此可知，肋板的布置中第5、6号所示的斜肋板形式较佳。但若采用斜肋板会造成工艺上的困难，因此可妥善安排若干直肋板。例如，为了便于焊制，桥式起重机箱形主梁的肋板即为直肋板。此外，肋板的结构形状也是关键因素，应随具体的应用场合及不同的工艺要求（如铸、铆、焊、胶等）设计成不同的结构形状。

表12-4　几种肋板布置情况的对比

序号	形状	相对弯曲刚度 C_b	相对扭转刚度 C_r	相对质量 R	$\dfrac{C_b}{R}$	$\dfrac{C_r}{R}$
1（基型）		1.00	1.00	1.00	1.00	1.00

续表

序号	形状	相对弯曲刚度 C_b	相对扭转刚度 C_r	相对质量 R	$\dfrac{C_b}{R}$	$\dfrac{C_r}{R}$
2		1.10	1.63	1.10	1.00	1.48
3		1.08	2.04	1.14	0.95	1.79
4		1.17	2.16	1.38	0.85	1.56
5		1.78	3.69	1.49	1.20	2.47
6		1.55	2.94	1.26	1.23	2.34

12.3 减速器

减速器是衔接原动机与工作机的独立闭式传动装置，通过降低转速和增大转矩以满足各种工作机械的需要。减速器的种类很多，按照传动形式不同可分为齿轮减速器、蜗杆减速器和行星齿轮减速器；按照传动的级数可分为单级和多级减速器；按照传动的布置形式又可分为展开式、分流式和同轴式减速器。本书主要介绍齿轮减速器的特点及应用，并简要阐述标准减速器的选用策略。

12.3.1 齿轮减速器类型与特点

齿轮减速器具有传动效率及可靠性高、工作寿命长以及维护简便等优势，因而在工业领域得以广泛应用。齿轮减速器主要有圆柱齿轮减速器和锥齿轮减速器。圆柱齿轮减速器和锥齿轮减速器的几种主要形式和应用特点见表 12-5、表 12-6。

表 12-5　圆柱齿轮减速器

名称		运动简图	推荐传动比	特点及应用
单级圆柱齿轮减速器			$i \leqslant 8 \sim 10$	轮齿可做成直齿、斜齿或人字齿。直齿用于速度较低（$v \leqslant 8\text{m/s}$）、载荷较轻的传动，斜齿用于速度较高的传动，人字齿用于载荷较重和对平稳性要求高的传动
两级圆柱齿轮减速器	展开式		$i = i_1 i_2$ $i = 8 \sim 60$	结构简单，但齿轮相对于轴承的位置不对称，因此要求轴有较大的刚度。高速级齿轮布置在远离转矩输入端，这样，轴在转矩作用下产生的扭转变形和在载荷作用下产生的弯曲变形可部分地互相抵消，以减缓沿齿宽载荷分布不均匀的现象。用于载荷比较平稳的场合
	分流式		$i = i_1 i_2$ $i = 8 \sim 60$	结构复杂，由于齿轮相对于轴承对称布置，与展开式相比载荷沿齿宽分布均匀、轴承受载较均匀。中间轴危险截面上的转矩只相当于轴所传递转矩的一半。适用于变载荷的场合
	同轴式		$i = i_1 i_2$ $i = 8 \sim 60$	减速器横向尺寸较小，两对齿轮浸入油中深度大致相同。但轴向尺寸和质量较大，且中间轴较长、刚度差，沿齿宽载荷分布不均匀，高速轴的承载能力难以充分利用
	同轴分流式		$i = i_1 i_2$ $i = 8 \sim 60$	每对啮合齿轮仅传递全部载荷的一半，输入轴和输出轴只承受转矩，中间轴只承受全部载荷的一半，故与传递同样功率的其他减速器相比，轴颈尺寸可以减小

续表

名称		运动简图	推荐传动比	特点及应用
三级圆柱齿轮减速器	展开式	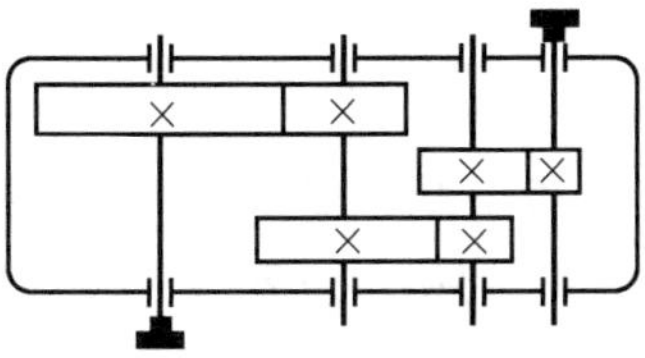	$i = i_1 i_2 i_3$ $i = 40 \sim 400$	同两级展开式
	分流式	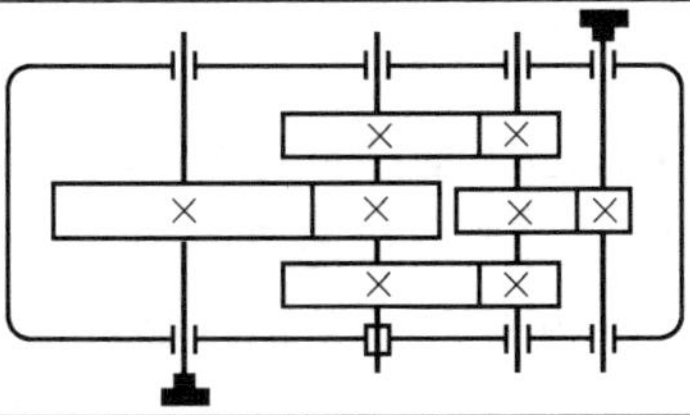	$i = i_1 i_2 i_3$ $i = 40 \sim 400$	同两级分流式

表 12-6　锥齿轮减速器

名称	运动简图	推荐传动比	特点及应用
单级锥齿轮减速器	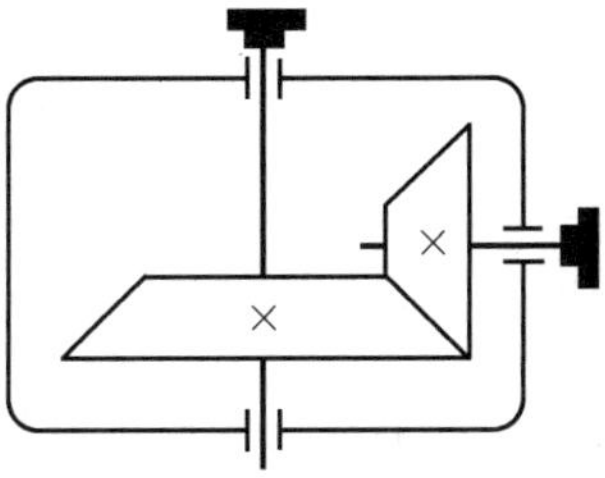	$i \leqslant 8 \sim 10$	轮齿可做成直齿、斜齿或曲线齿。用于两轴垂直相交的传动中，也可用于两轴垂直相错的传动中。由于制造安装复杂、成本高，所以仅在传动布置需要时才采用
两级圆锥-圆柱齿轮减速器	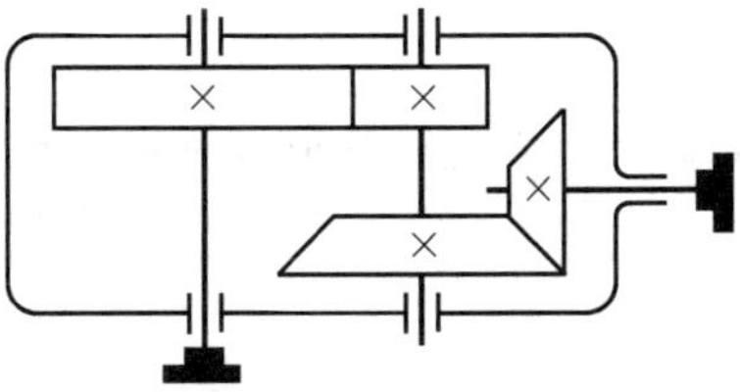	$i = i_1 i_2$ 直齿锥齿轮 $i = 8 \sim 22$； 斜齿或曲线齿锥齿轮 $i = 8 \sim 40$	特点同单级锥齿轮减速器，锥齿轮在高速级，以使锥齿轮尺寸不致太大，否则加工困难
三级圆锥-圆柱齿轮减速器	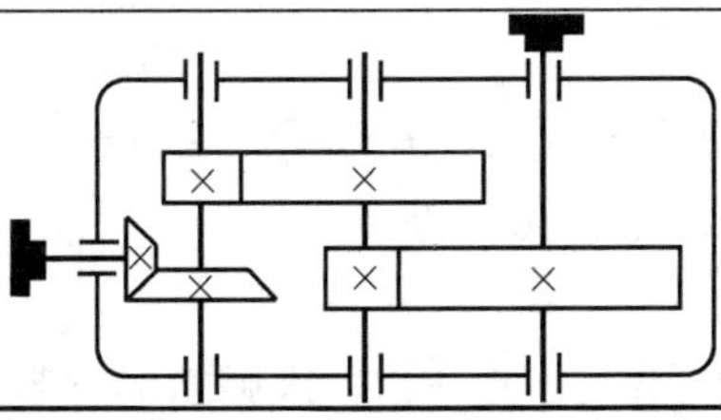	$i = i_1 i_2 i_3$ $i = 25 \sim 75$	同两级圆锥-圆柱齿轮减速器

12.3.2　减速器应用选择

减速器作为标准化程度较高的机械部件，市面上已有成熟完备的标准系列产品可供选用,使用时只需结合所需传动功率、转速、传动比、工作条件和机器的总体布置等具体要求,从产品目录或有关手册中选择即可。只有在选不到合适的产品时,才自行设计制造。

标准减速器的选用主要步骤简述如下:

(1)确定减速器工况条件

依据实际需求,确定减速器的工况条件,如确定减速器所需要传递的最大功率、减速器的输入转速和输出转速、减速器输出轴与输入轴的相对位置及距离、减速器工作环境温度、工作中有无冲击振动、有无正反转要求、是否频繁启动以及在使用寿命上的要求等。

(2)选择减速器类型

在选择减速器的类型时,需要根据传动装置总体配置的要求,如所需传动比、总体布局要求、实际的工作环境和工况条件,并结合不同类型减速器的效率、外廓尺寸或质量、使用范围、制造及运转费用等指标进行综合的分析比较,从而选择最合理的减速器类型。

(3)确定减速器规格

在确定减速器类型的基础上,需要进一步依据输入转速、传动比、功率、输出转矩等参数确定减速器的具体规格,对于大型减速器还需要进行热平衡校核。主要步骤包括减速器的功率校核、减速器的热平衡校核以及减速器轴部位的强度校核,有关的校核方法可以参考相关技术资料。

本章小结

本章首先介绍了弹簧的功用和类型、应力和变形以及弹簧的制造、材料和许用应力,其次介绍了机座和箱体一般类型与材料选择以及结构特点和设计准则等,最后介绍了齿轮减速器类型、特点及标准减速器的选用。

本章重点:螺旋弹簧的制造、材料、许用应力,机座和箱体的结构特点和设计准则。

本章难点:圆柱弹簧受载时的应力和变形、标准齿轮减速器的选用。

习题

12-1 已知一圆柱螺旋压缩弹簧的弹簧丝直径 $d=6mm$,中径 $D=30mm$,有效圈数 $n=10$。采用 C 级碳素弹簧钢丝,受变载荷作用次数为 $10^3 \sim 10^5$。

(1)求允许的最大工作载荷及变形量;

(2)若端部采用磨平端支承圈结构 [图 12-2(a)],求弹簧的并紧高度 H_S 和自由高度 H_0;

(3)验算弹簧的稳定性。

12-2 试设计一能承受冲击载荷的圆柱螺旋压缩弹簧。已知 $F_1=40N$,$F_2=240N$,工作行程 $\lambda=40mm$,中间有 $\phi30mm$ 的心轴,弹簧外径不大于 45mm,用 C 级碳素弹簧钢丝制造。

拓展阅读

齿轮减速器的发展经历了从简单机械结构到现代高性能精密装置的演变过程：

早在公元前 3 世纪，古希腊数学家阿基米德就研究过一种简单的螺旋齿轮机构，这种机构可以说是齿轮减速器的雏形，为后来齿轮减速器的发展奠定了基础。然而，真正意义上的齿轮减速器的发展始于工业革命时期。18 世纪末至 19 世纪初，随着蒸汽机和机械制造技术的发展，齿轮机构开始被广泛应用于实际中。

19 世纪初，英国工程师 Eaton 等开始发明用小齿轮驱动大齿轮的齿轮减速装置，这些装置在化工行业、船舶领域等得到了广泛应用。到了 1880 年，德国率先研制出行星齿轮传动装置的专利产品，进一步推动了齿轮减速器的发展。19 世纪末至 20 世纪初，随着电力工业的迅速发展，齿轮减速器在配电、发电和传输系统中得到了广泛应用。

到了 20 世纪，随着科学技术的不断进步，齿轮减速器在设计和制造方面也取得了重大突破。20 世纪 30 年代，行星齿轮减速器首次在美国被用于电线和缆绳拉拔设备上。此后，行星减速器得到快速发展，并被广泛应用于空压机、包装机械、机器人和重型机械等领域。到了 80 年代，数字化设计和数值模拟技术的出现，使齿轮减速器的设计和制造更加精确和高效。数控加工技术和材料科学的进步进一步提升了齿轮减速器的品质和性能，使其在精密机械和高精度传动系统中得到广泛应用。

进入 21 世纪，随着机器人技术、航天航空和汽车工业的发展，人们对齿轮减速器的需求也在不断增加。为了适应高速、高转矩以及多种复杂工况的工作要求，齿轮减速器设计和制造领域致力于提高传动效率、减少噪声和振动，并采用新型材料和润滑剂。如今，齿轮减速器已经成为现代工业中不可或缺的一部分，被广泛应用于机械设备、自动化系统、输送线、发电厂以及其他领域。未来，随着工业自动化和智能制造的发展，齿轮减速器将继续发展和演变。新材料的应用和先进制造技术的不断提升将进一步提高齿轮减速器的效率和可靠性。同时，数字化和智能化技术的融入将使齿轮减速器更加智能化，具备远程监测、故障诊断和自动化控制等功能。

参考文献

［1］ 濮良贵，陈国定，吴立言. 机械设计［M］. 10 版. 北京：高等教育出版社，2019.

［2］ 温诗铸，黄平，田煜，等. 摩擦学原理［M］. 5 版. 北京：清华大学出版社，2018.

［3］ 成大先. 机械设计图册：第 1 卷［M］. 北京：化学工业出版社，2000.

［4］ 曾华林. 机械设计基础课程设计［M］. 哈尔滨：哈尔滨工业大学出版社，2016.

［5］ 任小鸿. 机械创新能力开发与实践［M］. 北京：化学工业出版社，2019.

［6］ 胡琴. 机械设计基础［M］. 北京：化学工业出版社，2018.

［7］ 周洪亮，张会端. 机械设计［M］. 北京：电子工业出版社，2023.

［8］ 杨可桢，程光蕴，李仲生，等. 机械设计基础［M］. 北京：高等教育出版社，2020.

［9］ 成大先. 机械设计手册［M］. 6 版. 北京：化学工业出版社，2016.

［10］ 王三民，诸文俊. 机械原理与设计［M］. 北京：机械工业出版社，2021.

［11］ 宋宝玉. 简明机械设计课程设计图册［M］. 2 版. 北京：高等教育出版社，2013.

［12］ 张南，高启明，宿强. 机械设计基础［M］. 哈尔滨：哈尔滨工业大学出版社，2020.

［13］ 田同海. 机械设计作业集［M］. 2 版. 北京：机械工业出版社，2015.